Physik der mechanischen Werkstoffprüfung

Von

Dr. phil. Wilhelm Späth VDI
Beratender Physiker

Mit 84 Abbildungen im Text

Berlin
Verlag von Julius Springer
1938

ISBN-13: 978-3-642-98211-8 e-ISBN-13: 978-3-642-99022-9
DOI: 10.1007/978-3-642-99022-9

Softcover reprint of the hardcover 1st edition 1938

Vorwort.

Die Lage der modernen Werkstoffprüfung ist durch zwei entscheidende Tatsachen zu kennzeichnen. Einmal droht die fast unübersehbare Fülle der Einzelbeobachtungen das Wissen von den Werkstoffeigenschaften in Einzelheiten aufzulösen, deren sinnvolle Verknüpfung durch gemeinsame Grundanschauungen immer schwieriger wird. Sodann zerteilt sich die Untersuchung der Werkstoffe immer entschiedener in zwei Richtungen, die klassische, statische Belastungsprobe und die moderne, dynamische Dauerprüfung.

Darum scheint dringend nötig zu sein, ohne Rücksicht auf die Einzelbedürfnisse des Tages, die physikalischen Grundfragen der Werkstoffprüfung kritisch zu betrachten, um für die Unzahl von Einzelbeobachtungen eine festere Grundlage zu finden, und das Gemeinsame der statischen und dynamischen Prüfung aufzuzeigen.

Entfernen sich die Darlegungen des Buches auch häufig von dem Gewohnten, so dienen sie doch zur Herausstellung des Verbindenden der verschiedenen Werkstoffeigenschaften, deren Deutung aus wenigen Grundvorstellungen heraus angestrebt wird. Hierdurch werden auch enge Wechselbeziehungen zwischen der statischen und dynamischen Prüfung sichtbar, so daß die heute der Werkstoffprüfung drohende Gefahr einer endgültigen Zerspaltung in zwei verselbständigte Richtungen beseitigt wird.

Der grundsätzliche Charakter des Buches und die Rücksicht auf den Raum machten es ratsam, das einschlägige Schrifttum nur in einzelnen Beispielen zur Belegung anzuführen.

Es wurde auf die Beifügung eines besonderen Sachverzeichnisses verzichtet, da in diesem Buche nur wenige Stichworte behandelt werden, die sich jedoch in stets verschiedener Beleuchtung durch das ganze Buch hindurchziehen.

Viele der berührten Fragen harren noch ihrer endgültigen Lösung. In Einzelfällen war es möglich, durch verständnisvolle Unterstützung der Firmen Carl Schenck Darmstadt, Mohr & Federhaff Mannheim und Losenhausenwerk Düsseldorf wichtige Fragen und deren praktische Auswirkung auf die Prüftechnik weitgehend zu klären und nutzbar zu machen. Die völlige Ausschöpfung aller für die praktische Werkstoffprüfung sich ergebenden Folgerungen wird immerhin noch einer längeren Entwicklungsarbeit bedürfen.

Wuppertal-Barmen, im April 1938.

W. Späth.

Inhaltsverzeichnis.

A. Die Kennlinien statischer Belastungsvorrichtungen.

I. Einführung.

Zur statischen Festigkeitsprüfung eines Werkstoffes belastet man ein Probestück mit allmählich steigenden Kräften und bringt es in verhältnismäßig kurzer Zeit zum Bruch. Hierbei durchläuft die Belastung in Abhängigkeit von der Verformung eine mehr oder weniger verwickelte Kurve, das Belastungs-Verformungs-Schaubild. Ihm entnimmt man die diesem Werkstoff eigentümlichen Festigkeitswerte, die heute die Grundlage zur Beurteilung der Güte desselben in statischer Hinsicht bilden.

Die Belastung des Prüfstücks kann auf verschiedene Weise erfolgen. Die hier gegebenen Möglichkeiten sollen zunächst ohne Rücksicht auf ihre etwaige praktische Bedeutung im Zusammenhang kurz erläutert werden.

1. Die verschiedenen Belastungsmöglichkeiten.

Die einfachste Lösung besteht darin, an das Prüfstück eine Masse zu hängen und die Anziehungskraft dieser Masse im Erdschwerefeld als belastende Kraft auszunutzen. Eine Veränderung der Prüfkraft kann hierbei durch Veränderung der Masse erreicht werden.

Eine Weiterentwicklung dieser Methode verbindet die Masse nicht unmittelbar mit dem Prüfkörper, sondern schaltet zwischen Prüfkörper und Masse einen Hebel. Entsprechend der Hebelübersetzung werden die benötigten Massen wesentlich kleiner; zur Veränderung der Last steht nunmehr außer der Wahl der Masse eine Verstellung der Hebelübersetzung zur Verfügung.

Eine Abart dieser Hebeleinrichtungen stellt die Pendelwaage dar, bei der ein Pendel mit steigender Last allmählich aus der senkrechten Ruhelage herausgeschwenkt wird.

Bei einer anderen grundsätzlichen Lösung wird der Prüfkörper zusammen mit weiteren Konstruktionsteilen in einen gemeinsamen Kraftfluß gebracht, und dieser Anordnung durch ein Getriebe ein Verzerrungszustand aufgezwungen. Hier wird also nicht wie bei der Gewichtsbelastung eine bestimmte Last aufgebracht, und die bei dieser Last sich zeigende Verformung bestimmt, sondern es wird umgekehrt dem Prüfkörper eine bestimmte Verformung aufgezwungen, und die dieser Verformung entsprechende Gegenkraft des Prüfstücks gemessen. In dieser Grundform der zwangsschlüssigen Verformung bieten sich heute die meisten Prüfeinrichtungen dar.

Man kann ferner das Kraftfeld, in dem sich eine Belastungsmasse befindet, verändern. Durch eine Verzögerung oder Beschleunigung der Prüfeinrichtung oder nur der Belastungsmasse können zusätzliche Wirkungen erzeugt werden. Dies ist der Fall z. B. bei Stoßversuchen, wobei die Kraft in sehr kurzer Zeit bis zum Bruch des Stabes gesteigert wird. Meist wird hierbei die Masse zunächst für sich in Bewegung gesetzt und erst beim eigentlichen Belastungsversuch mit dem Prüfstück in Verbindung gebracht.

Eine weitere grundsätzliche Möglichkeit besteht in der Ausnutzung der Zentrifugalbeschleunigung einer rotierenden Masse. Der Prüfstab wird mit dem einen Ende an einer umlaufenden Welle befestigt, während das andere Ende eine Schwungmasse trägt. Wird die ganze Anordnung in Umdrehung versetzt, so wird der Stab, ähnlich etwa wie die Speiche eines Schwungrades, durch eine gleichbleibende Zentrifugalkraft beansprucht. Durch Änderung der Masse, oder durch Verstellung der Umlaufgeschwindigkeit kann die Belastung des Probestücks verändert werden.

Theoretisch denkbar ist ferner die Ausnutzung von Reibungskräften. Hierbei wird der einseitig eingespannte Prüfstab mit einem Reibstück verbunden, an dem Reibräder vorbeigleiten.

Auch durch elektrische oder magnetische Einrichtungen können Belastungskräfte erzeugt werden. Man bringt hierbei den Prüfkörper, je nachdem, ob er magnetisch oder dielektrisch ist, in ein magnetisches oder elektrisches Feld, wodurch entsprechende mechanische Wirkungen ausgelöst werden. Die erzielbare mechanische Kraft ist allerdings zu klein, um den Probestab bis zum Bruch zu belasten. Man kann aber auch diese Kräfte zunächst auf einen Anker aus geeignetem Werkstoff wirken lassen und diesen Anker am Prüfstab befestigen.

Diese Aufzählung zeigt, daß sehr verschiedene Wege zur Erzeugung eines Kraftfeldes in einem Prüfstück beschritten werden können. Es ist nicht gleichgültig, in welcher Weise die Belastung erfolgt, da jede Belastungsmethode ihre besonderen Eigentümlichkeiten besitzt.

2. Die Bedeutung der Kennlinien.

Die Aufzeichnung der Abhängigkeit von aufgebrachter Last und erzeugter Verformung scheint grundsätzlich so einfach zu sein, daß die physikalische Durchdringung des Belastungsvorganges gegenüber Fragen technisch-praktischer Art bei der Gestaltung von Prüfeinrichtungen in den Hintergrund getreten ist. Wenn man in einer Prüfmaschine ein Probestück unter allmählich ansteigender Last prüft, so schreibt man das erzielte Belastungs-Verformungs-Schaubild den jeweiligen Eigenschaften des untersuchten Werkstoffes allein zu. Eine wichtige Aufgabe bei der Untersuchung eines physikalischen Vorganges besteht aber bekanntlich darin, den besonderen Einfluß, den die Prüfeinrichtung selbst in den Ablauf des zu verfolgenden Geschehens bringt, zu ermitteln. So ist, um ein Beispiel zu nennen, der elektrische Vorgang in einem stromdurchflossenen Widerstand nicht nur von diesem Widerstand, sondern auch von den im ganzen Stromkreis vorhandenen Widerständen abhängig.

Auch bei der mechanischen Belastungsprüfung muß der zu untersuchende Prüfkörper in Verbindung mit anderen Einrichtungen gebracht werden, er liegt mit diesen in einem gemeinsamen Kraftfluß. Das Probestück bildet also nur einen Teil des mechanischen Systems. Um die Vorgänge bei der Belastung völlig zu verstehen, müssen die Eigenschaften des ganzen Systems berücksichtigt werden. Man muß sich also über die jeweilige „Charakteristik" oder „Kennlinie" der Prüfeinrichtung klar werden. Diese Kennlinie hat den Zusammenhang der Last mit den jeweiligen Verformungen der Prüfeinrichtung selbst darzustellen.

Die Kennlinie gibt an, in welcher Weise sich das statische Gleichgewicht in einer Prüfeinrichtung durch eine Veränderung im Prüfstück verlagert. Sie erleichtert die Trennung der eigentlichen Werkstoffeigenschaften von den zufälligen Einflüssen der jeweiligen Prüfeinrichtung. Die Kennlinien der verschiedenen Prüfeinrichtungen sollen daher zunächst behandelt werden.

Bei der Durchführung eines statischen Belastungsversuchs sind im allgemeinen durch statische Beziehungen die Vorgänge ausreichend zu beschreiben. Immerhin treten auch schnelle Veränderungen, insbesondere beim Fließen auf. Diese schnellen Zustandsänderungen spielen sich in einem mechanischen System ab, worin der Prüfkörper nur einen Teil darstellt. Gleichzeitig mit der Untersuchung der statischen Kennlinien muß daher eine Untersuchung des dynamischen Gesamtaufbaus der Prüfeinrichtung erfolgen.

II. Maschinen mit Laufgewichtswaage.

1. Kennlinie.

In Abb. 1a ist eine Prüfeinrichtung mit Laufgewichtswaage schematisch dargestellt. Die Anziehungskraft im Erdschwerefeld auf ein Belastungsstück m wird durch eine Hebelübersetzung auf das Probestück übertragen. Das Probestück ist zur Kennzeichnung seiner Elastizität als Feder gezeichnet. In einem bestimmten Augenblick möge Gleichgewicht herrschen zwischen der elastischen Gegenkraft der Probestabfederung und der durch das Belastungsstück eingeprägten Kraft. Die Größe dieser Kraft ergibt sich aus der Masse m, dem Erdschwerefeld und dem Übersetzungsverhältnis z des Hebels.

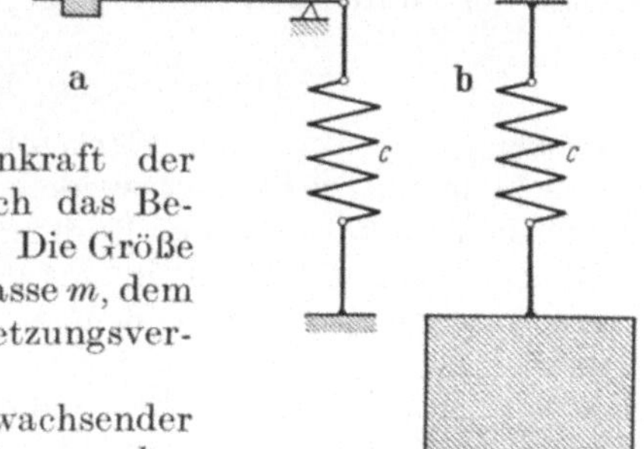

Abb. 1. Schwingungstechnisches Ersatzbild einer Prüfeinrichtung mit Laufgewichtswaage.

Der Prüfkörper habe sich mit wachsender Belastung gemäß Abb. 2 längs der geraden Linie OA bis zum Punkt A elastisch verformt. Es trete nun eine bildsame Verformung des Prüfkörpers von A nach D ein, dieser fließe also um das Stück AD. Wenn hier und in den folgenden Ausführungen von dieser zusätzlichen Längung des Prüfstücks die Rede ist, so handelt es sich zunächst um eine theoretische Annahme, die zur klaren Herausschälung nötig ist. Diese Fließerscheinung soll, ohne Rücksicht auf etwaige Änderungen der Last, sich um das angenommene Stück

AD vollständig ausbilden, sie soll außerdem so langsam vonstatten gehen, daß stets ein quasi-statischer Verlauf gewährleistet ist.

Zum Ausgleich dieses Fließens sinkt das Belastungsgewicht um ein entsprechendes Stück ab. Da sich hierdurch aber weder die Übersetzung noch die Anziehung im Erdschwerefeld auf das Belastungsstück ändert, so ist in der neuen Stellung die auf das Probestück wirkende Kraft die gleiche geblieben. Wenn sich also das Probestück um die Strecke AD längt, so erfolgt diese Längung unter gleichbleibender Belastung. Die einmal erreichte Kraft wird von der Prüfeinrichtung weiter ausgeübt, ohne Rücksicht auf etwaige bildsame Verformungen des Prüfkörpers.

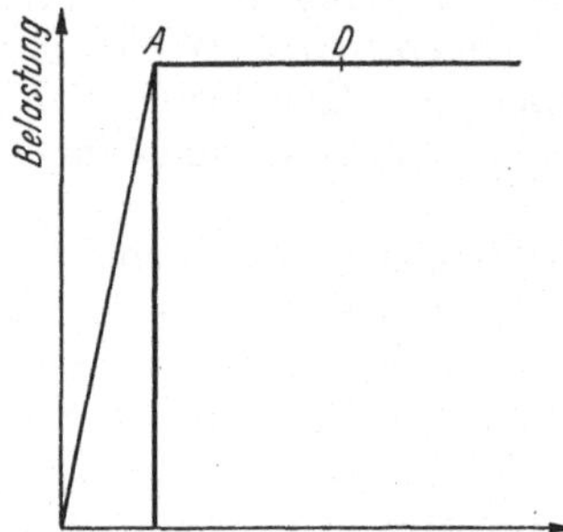

Abb. 2. Kennlinie einer Prüfmaschine mit Laufgewichtswaage.

Die Kennlinie der Maschinen mit Laufgewichtswaage ist also eine waagerecht verlaufende Gerade. Dies besagt, daß unter einer bestimmten Last einsetzende Fließerscheinungen sich unter dieser gleichbleibenden Last abspielen müssen. Zu der im Augenblick des Fließbeginns vorhandenen elastischen Dehnung des Prüfkörpers tritt die bildsame Dehnung in ihrer vollen Größe AD hinzu.

Um es noch einmal zu betonen, diese Überlegungen gelten nur für den Fall, daß sich das Fließen sehr langsam und gleichmäßig abspielt. Treten plötzlich einsetzende und schnell ablaufende Fließerscheinungen auf, so kann zunächst nichts über den Vorgang zwischen den beiden Punkten A und D ausgesagt werden. Nach Ablauf gewisser Ausgleichsvorgänge wird jedoch auch in diesem Fall das endgültig sich einstellende, neue Gleichgewicht durch den Punkt D gegeben sein.

2. Dynamische Verhältnisse.

Da bei der praktischen Werkstoffprüfung mit ziemlich schnellen Fließerscheinungen gerechnet werden muß, so sind auch die jeweiligen dynamischen Verhältnisse der Prüfeinrichtung zu berücksichtigen. Insbesondere müssen die Trägheitskräfte der zu beschleunigenden Massen betrachtet werden, die bei einem Ausgleichsvorgang in Bewegung zu setzen sind[1].

Von Wichtigkeit ist hierbei zunächst die Kenntnis der Federkonstanten c des Prüfstückes. Handelt es sich z. B. um einen Prüfstab von der Länge l und dem Querschnitt q und besitzt der Werkstoff den Elastizitätsmodul E, dann ist die Federkonstante c, also die Kraft zur Verlängerung des Probestücks um 1 cm

$$c = \frac{q}{l} \cdot E .$$

Dieses federnde Glied ist nun unter Zwischenschaltung des als vollkommen starr und masselos vorausgesetzten Waagebalkens mit der

[1] Späth, W.: Meßtechn. Bd. XII (1936) S. 21.

Masse m verbunden. Da das Trägheitsmoment der Masse m in bezug auf den Drehpunkt des Waagebalkens mit dem Quadrat des Abstandes zunimmt, so ist die auf die Befestigungsstelle des Probestabes mit dem Waagebalken reduzierte Ersatzmasse

$$M = z^2 m, \tag{1}$$

worin z das Übersetzungsverhältnis des Hebels bedeutet.

Die Anordnung stellt also gemäß Abb. 1b ein Schwingungssystem dar, bestehend aus der Federkonstanten c des Prüfstabes und der Ersatzmasse M. Die Eigenfrequenz ω eines solchen Schwingungssystems errechnet sich bekanntlich zu

$$\omega = \sqrt{\frac{c}{M}} = \frac{1}{z}\sqrt{\frac{c}{m}}\,. \tag{2}$$

Zur Veranschaulichung der Verhältnisse sei ein Beispiel durchgerechnet für die Werte $q = 1\ \text{cm}^2$, $1 = 10$ cm, $E = 2 \cdot 10^6\ \text{kg/cm}^2$, $m = 20$ kg und $z = 400$. Die Eigenfrequenz der Prüfeinrichtung errechnet sich zu 8, und damit ergibt sich die sekundliche Eigenschwingungszahl zu

$$n = \frac{\omega}{2\pi} \sim 1{,}3.$$

Dies stimmt auch mit der Erfahrung überein. Wenn man den Waagebalken einer Zerreißmaschine bei eingespannter Probe mit der Hand anstößt, so zeigen sich abklingende Schwingungen in der Größenordnung von 1 Schwingung je Sekunde (Hz).

Die Ersatzmasse M errechnet sich für die angenommenen Daten nach Gl. (1) zu $M = 3200$ t. Es ist sehr nützlich, sich diese Verhältnisse stets vor Augen zu halten. Wenn sich z. B. die Länge des Probestücks plötzlich zu ändern versucht, so ist hierbei die träge Masse von 3200 t zu überwinden, trotz einer statischen Kraft von nur 8 t.

Sieht man eine Übersetzung von z vor, so wächst die Massenträgheit mit dem Quadrat der Übersetzung, die Belastung selbst nimmt dagegen nur mit z zu. Erzeugt man also im obigen Beispiel die gleiche Belastung durch unmittelbare Gewichtsbelastung, so ist das entsprechende Belastungsstück zm groß. Diese Masse geht unmittelbar als schwingende Masse in den Schwingungsvorgang ein, und die Frequenz des aus Prüfstück und daran befestigter Belastungsmasse ist

$$\omega = \sqrt{\frac{c}{zm}} = \frac{1}{z}\sqrt{\frac{cz}{m}}\,.$$

In dem obengenannten Beispiel ergibt sich damit eine Frequenz von

$$\omega = 160,$$

$$n = 26.$$

Vom schwingungstechnischen Standpunkt aus ist es daher am günstigsten, die Belastungsmasse unmittelbar mit dem Prüfkörper zu verbinden. Allerdings wird hierbei das Belastungsstück entsprechend groß. Je größer dagegen die Übersetzung und je kleiner damit das Belastungsstück für eine bestimmte Belastung gewählt wird, desto größer ist der Einfluß der Massenträgheit.

Wird in der üblichen Art ein Laufgewicht auf einem Waagebalken zur allmählichen Erhöhung der Belastung verschoben, so erniedrigt sich im gleichen Ausmaß die Eigenfrequenz des Systems, der Waagebalken spielt immer langsamer um eine bestimmte Gleichgewichtslage.

Die Höhe dieser Eigenfrequenz ist von entscheidender Bedeutung für die Möglichkeit der richtigen Anzeige schneller Änderungen, die sich im Prüfstab abspielen. Eine Prüfeinrichtung kann als „Indikator" zur Indizierung der Vorgänge in einem Prüfstab aufgefaßt werden, genau so wie die bekannten Indikatoren zum Indizieren der Vorgänge in Arbeitsmaschinen Verwendung finden. Es ist bekannt, daß die Eigenfrequenz derartiger Anzeigegeräte möglichst hoch sein muß, um schnelle Vorgänge phasen- und amplitudengerecht aufzeichnen zu können, besonders dann, wenn es sich um stoßartige, plötzlich auftretende Erscheinungen handelt. Auf jeden Fall muß die Eigenfrequenz um ein Vielfaches höher sein als die Frequenz der zu messenden Vorgänge. In dem obengenannten Beispiel beträgt die Eigenschwingungszahl der Maschine mit Laufgewichtswaage, also des Indikators, etwa 1 Schwingung je Sekunde und die hierbei zu bewegende Masse beträgt 3200 t. Selbst in dem günstigsten Fall bei unmittelbarer Anbringung des Belastungsgewichts am Prüfstab, also bei $z = 1$, beträgt diese träge Masse noch 8 t. Es braucht nicht besonders betont zu werden, daß diese Verhältnisse völlig ungeeignet sind, um irgendwelchen Fließerscheinungen im Werkstoff nachzugehen. Ganz allgemein muß hier festgestellt werden, daß die Berücksichtigung dynamischer Erscheinungen bei der statischen Prüfung von Werkstoffen oft zu wünschen übrig läßt, und es wird sich noch häufig Gelegenheit finden, hierauf zu verweisen.

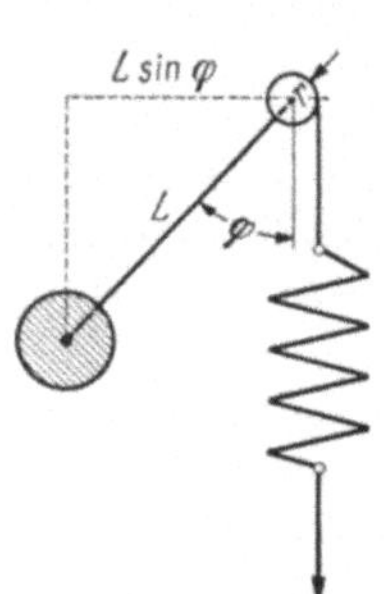

Abb. 3. Maschine mit Neigungswaage.

III. Maschinen mit Neigungswaage.

In Abb. 3 ist eine solche Maschine dargestellt. Durch Ziehen am unteren Ende des Prüfstabes wird der ganze Stab nach unten bewegt, wobei allmählich das Pendel angehoben wird. Entsprechend dem Ausschlag des Pendels aus der Nullage wird eine steigende Belastung auf den Prüfstab ausgeübt. Da diese Waage selbstanzeigend ist, so kann jederzeit die Last abgelesen werden, ohne daß, wie bei der Laufgewichtswaage, eine Auswiegung nötig ist. Diese Maschinen sind daher zur Ausübung kleiner Lasten sehr beliebt. Das Prinzip der Neigungswaage kommt außerdem zur Messung großer Kräfte beim Pendelmanometer zur Anwendung, worauf später noch eingegangen wird.

1. Kennlinie.

Beträgt das Gewicht der Pendellinse G kg und ist der Hebelarm dieses Gewichtes vom Drehpunkt L, so ist nach Abb. 3 das Drehmoment des Pendels bei einem Ausschlagwinkel φ

$$D = GL \sin\varphi\,.$$

Das gleiche Moment wird auch auf den Prüfstab übertragen. Da der dius r des Angriffspunktes der Last stets gleichbleibt, so ist die auf en Prüfstab übertragene Kraft

$$P = G\frac{L}{r}\sin\varphi .$$

Die Last steigt demnach mit wachsendem Ausschlag nach einer Sinusfunktion an. Sie nimmt zunächst für kleine Ausschläge stark zu, um schließlich für einen Ausschlagwinkel in der Nähe von 90° nur noch wenig anzusteigen.

Hierbei ist das Übersetzungsverhältnis L/r von großer Bedeutung. Ist dieses Übersetzungsverhältnis klein, so ist der Wert der Endkraft bei völlig ausgeschlagenem Pendel klein, der Weg des oberen Prüfstabendes jedoch sehr groß. Ist dagegen dieses Übersetzungsverhältnis groß, so ist die Endkraft groß und der Prüfstab muß sich entsprechend weniger nach unten bewegen, um diesen Endausschlag zu erreichen.

Wenn mit der Anordnung nach Abb. 3, worin der Prüfstab wiederum als Feder gezeichnet ist, ein Belastungsversuch unternommen wird, so wird die Feder elastisch gedehnt und außerdem muß sich diese als Ganzes betrachtet nach unten verschieben. Das Pendel sei nun bis auf 90° ausgeschwenkt und hierbei habe der Prüfkörper die Gerade OA in Abb. 4 durchlaufen. Gleichzeitig hiermit hat die vom Pendel ausgeübte Last eine Sinuslinie durchlaufen, deren letztes Stück in Abb. 4 eingezeichnet ist. Im Punkt A herrscht also Gleichgewicht zwischen der vom Pendel ausgeübten Kraft und der elastischen Gegenkraft des Prüfstücks. Tritt im Prüfstab eine Längung von der Größe AD ein, so hat diese Längung eine Entlastung des Pendels zur Folge, das bis auf E_1 absinkt.

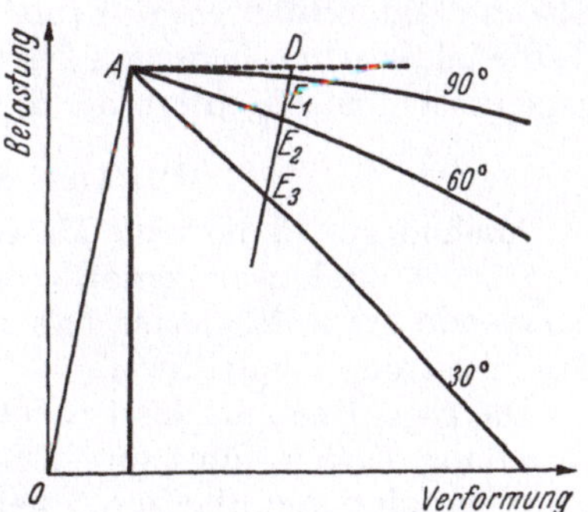

Abb. 4. Kennlinien einer Maschine mit Neigungswaage.

Werden in einem zweiten Versuch die Verhältnisse so gewählt, daß das Pendel nur um 60° bei Erreichen des Punktes A ausschlägt, so ist in diesem Fall der Spannungsverlauf steiler, da nunmehr ein mittleres Stück der Sinuslinie bestimmend wird. Fließt der Probestab um das gleiche Stück AD, so ist der Spannungsabfall entsprechend größer, er reicht nun bis zum Punkt E_2.

In einem letzten Versuch möge das Pendel bei Erreichen der durch den Punkt A gegebenen Last erst 30° ausgeschlagen sein. Das Pendel ist also gemäß der eingezeichneten Linie auf die Endlast angestiegen, wobei diese Linie ein Anfangsstück aus der Sinuslinie darstellt. Die Gleichgewichtslage stellt sich hier erst im Punkt E_3 ein.

In der Abb. 4 sind die Versuchsbedingungen zur klaren Darstellung, abweichend von den üblichen Verhältnissen so gewählt, daß der Weg des oberen Prüfstabendes nur ein geringes Vielfaches der elastischen Dehnung des Stabes i st, und zwar ergibt sich aus der Abb. 4 ein Verhältnis von 1:5 für den letzten Fall. Die Übersetzung müßte also außerordentlich groß gewählt werden, damit für diesen kleinen Weg das Pendel bereits seine Endstellung annimmt. Bei praktischen Maschinen muß der Prüfstab als Ganzes betrachtet einen vielmals größeren Weg zurücklegen gegenüber seiner elastischen Dehnung. Die in Abb. 4 eingezeichneten Kurven verlaufen demnach bei den üblichen Maschinen wesentlich flacher.

Die Kennlinien der Neigungswaage besitzen also eine abfallende Richtung, wobei dieser Abfall nach Einzelstücken einer Sinuslinie erfolgt. Dieser Abfall ist allerdings sehr flach, er ist um so größer, je weniger das Pendel bei Erreichen einer Fließgrenze ausgeschlagen ist.

Wenn demnach der Stab fließt, so kann die Spannung infolge des gestörten Gleichgewichts nicht aufrecht erhalten bleiben. Sie muß auf einer Sinuslinie sinken, bis die elastische Gegenkraft des Prüfstabes ein neues Gleichgewicht mit der Kraft der Neigungswaage findet. Meist ist allerdings dieser Spannungsabfall sehr klein und unter Umständen kaum merklich.

Die für die Werkstoffprüfung wichtigen Fließerscheinungen werden also auf einer Maschine mit Pendelwaage mit ungefähr gleichbleibender Spannung durchfahren, es kann sich keine untere Lastgrenze ausbilden, da die bildsamen Längungen des Probestückes verschwindend gering sind gegenüber dem Eigenhub des Pendels[1].

2. Dynamische Verhältnisse.

Auch hier wird die träge Masse des Pendels bei schnellen Bewegungen vergrößert, und zwar gemäß $(L/r)^2$. Die an Einschwingvorgängen teilnehmende träge Masse ist daher ein außerordentlich hohes Vielfaches der Masse der Pendellinse.

Die Eigenfrequenz des Pendels ist entsprechend sehr niedrig. Mit der Hand angestoßen, führt dieses Schwingungen aus, die bequem mit dem Auge verfolgt und abgezählt werden können. Derartige Einrichtungen sind daher zur Messung von schnellen Vorgängen, etwa in einem fließenden Werkstoff wenig geeignet, da der Ausgleichvorgang selbst nicht erfaßt werden kann. Lediglich die sich schließlich einstellenden Gleichgewichtslagen können beobachtet werden.

IV. Maschinen mit zwangsschlüssiger Verformung.

Bei einer wichtigen und heute weitverbreiteten Bauart von Prüfmaschinen ordnet man das Prüfstück mit anderen Konstruktionsteilen in einen gemeinsamen Kraftfluß ein. Durch ein Getriebe, etwa ein Schneckenradgetriebe, oder auch durch hydraulischen Antrieb, wird der Gesamtanordnung ein Verzerrungszustand aufgezwungen. Die Größe des durch einen bestimmten Verzerrungszustand erzeugten Kraftflusses wird hierbei durch besondere Kraftmeßgeräte gemessen, die ebenfalls in den Kraftfluß, oder in einen Teil desselben eingeschaltet werden. Während also bei den bisher beschriebenen Maschinentypen die Belastung und gleichzeitig auch die Messung dieser Belastung durch ein

---

[1] Nach einer Mitteilung von W. Kuntze: Arch. Eisenhüttenwes. Bd. 9 (1935/36) S. 282 wird bei Maschinen mit Neigungswaage die untere Streckgrenze vollständig verschluckt.

einziges Organ erfolgt, ist bei Maschinen mit zwangsschlüssiger Verformung ein besonderes Kraftmeßgerät nötig.

Als Kraftmeßgeräte kommen Meßdosen, Manometer, Pendelmanometer oder auch Dynamometer, etwa in Form von Meßbügeln oder Kontrollstäben in Frage.

1. Schwingungstechnisches Ersatzbild.

Da heute vorwiegend Zerreißmaschinen mit Druckwasserantrieb in der Prüftechnik Verwendung finden, seien die anzustellenden Betrachtungen am Beispiel dieser Maschinenart durchgeführt. Bei einer solchen Maschine wird das untere Ende des Probestücks mit dem Maschinengestell starr verbunden, während das obere Ende entweder unmittelbar oder aus baulichen Gründen unter Zwischenschaltung eines Gehänges mit dem Kolben einer Preßvorrichtung verbunden wird. Eine solche Einrichtung stellt eine Aufeinanderfolge von Einzelgliedern dar, die im wesentlichen teils als Federn, teils als träge Massen aufzufassen sind. Um in die grundsätzliche Arbeitsweise einzudringen, muß daher an Hand eines schwingungstechnischen Ersatzbildes unter Weglassung alles überflüssigen Beiwerks die Anordnung der bestimmenden Feder- und Massenglieder veranschaulicht werden[1].

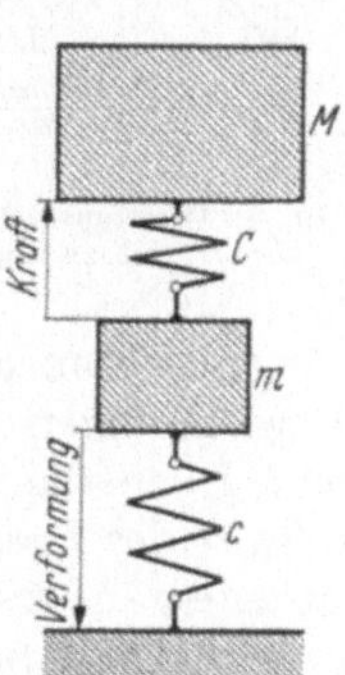

Abb. 5. Schwingungstechnisches Ersatzbild einer hydraulischen Zerreißmaschine.

In Abb. 5 ist das untere Ende der als Feder wirkenden Probe mit einer als sehr groß anzusehenden Masse verbunden. Diese Masse setzt sich zusammen aus der Masse des Spannkopfes, des Maschinenrahmens und unter Umständen auch noch des Fundaments. An diese Masse schließt sich das als Feder aufzufassende Probestück an, dessen Federkonstante c sei. Das obere Ende des Probestückes ist mit einer Masse verbunden, die sich aus oberem Spannkopf, Biegetisch, Gehänge, Querhaupt, Kolben usw. zusammensetzt. An diese Masse schließt sich eine weitere Federung an, die im wesentlichen durch die Zusammendrückbarkeit der Preßflüssigkeit bedingt ist und durch die Federkonstante C gekennzeichnet sei. In diesem Wert C sei auch die Federung der übrigen Bauteile der Maschine enthalten. Die Federung der Preßflüssigkeit stützt sich ab gegen eine Masse M. Auf besondere Verhältnisse bei Anwesenheit von Kraftmeßgeräten, insbesondere von Pendelmanometern zur Messung des Druckes der Preßflüssigkeit, sei hier noch nicht eingegangen, so daß demnach sich als Ersatzbild im wesentlichen eine Masse m ergibt, die auf beiden Seiten mit je einer Federung c bzw. C gegen eine schwere Masse abgestützt ist.

2. Statische Verhältnisse.

Diese Anordnung werde nun auf beliebige Weise unter Spannung gesetzt, wobei die Belastung im Probestab gemäß der geraden Linie OA

[1] Späth, W.: Arch. Eisenhüttenwes. Bd. 9 (1935/36) S. 277.

in Abb. 6 ansteige. Die Neigung der Geraden gegen die Abszissenachse sei α; dann stellt $\operatorname{tg}\alpha$ die Federkonstante des Probestabes, also die verhältnismäßige Zunahme der Last mit der Verformung dar. Da jeweils Gleichgewicht vorausgesetzt wird, muß der Federkraft des Probestabes durch eine gleich große Gegenkraft der Preßflüssigkeit die Waage gehalten werden. Auch in der Preßflüssigkeit spielt sich ein Belastungs-Verformungs-Vorgang ab, der durch die Gerade CA gekennzeichnet sei. Längs dieser Geraden steigt demnach der Druck mit der Zusammenpressung der Flüssigkeit an. Die Neigung dieser Geraden, also $\operatorname{tg}\beta$, kennzeichnet die Federkonstante der Preßflüssigkeit. Im Schnittpunkt A dieser beiden Geraden herrscht jeweils Gleichgewicht, d. h. die Rückstellkraft des Probestabes ist gleich der von der Preßflüssigkeit ausgeübten Belastung. Die elastische Verformung der beiden Federungen ist jedoch im allgemeinen verschieden groß.

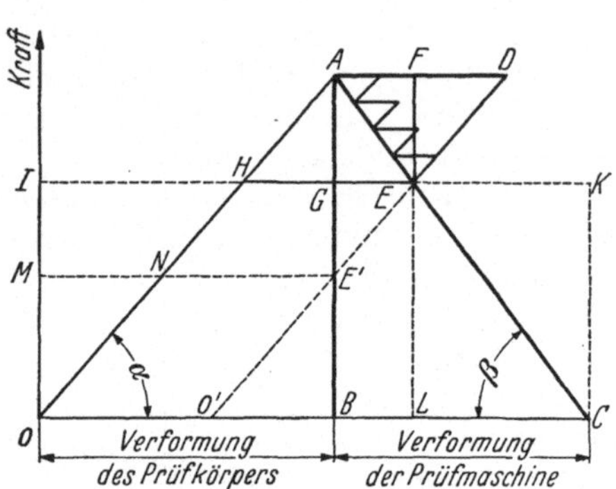

Abb. 6. Gleichgewichtsverschiebung in einer Maschine mit zwangsschlüssiger Verformung.

Zur Veranschaulichung der zu erwartenden Verhältnisse seien einige Berechnungen unter Zugrundelegung einer bestimmten Maschine für 60 t Höchstlast durchgeführt. Bei dieser Maschine beträgt der Querschnitt des Preßzylinders 254 cm², die Höhe der Flüssigkeit im Zylinder ist in der äußersten Lage des Kolbens 25 cm. Der Beiwert der Zusammendrückbarkeit bei Füllung mit Wasser beträgt $\varkappa = 5 \cdot 10^{-5}$, d. h. 1 Liter Wasser wird unter einem Druck von 1 kg/cm² um $5 \cdot 10^{-3}\%$ zusammengedrückt. Nimmt man die Wände des Zylinders als starr an, so beträgt demnach die Zusammendrückung der Flüssigkeitssäule von der Länge L unter einer Pressung von P kg

$$\Delta = \frac{P}{Q}\varkappa L$$

und die Federkonstante C der Flüssigkeitssäule errechnet sich zu

$$C = \frac{P}{\Delta} = \frac{Q}{\varkappa L},$$

nach Einsetzung der Werte:

$$C = 2 \cdot 10^5 \text{ kg/cm},$$

wobei der Höchstwert der Flüssigkeitssäule von 25 cm zugrunde gelegt wird. Um demnach die in dem Zylinder eingeschlossene Wassersäule bei Höchststellung des Kolbens um 1 cm zusammenzudrücken, ist eine Kraft von 200000 kg nötig. Diese Kraft wird für kleinere Flüssigkeitssäulen immer größer, genau so, wie eine kürzere Feder steifer wird. Beträgt z. B. die Höhe der Wassersäule im Zylinder nur noch 2,5 cm, so ist die Federkonstante zehnmal größer, also 2000000 kg/cm. Steht demnach die Prüfmaschine bei höchster Stellung des Kolbens unter der Höchstlast von 60 t, so wird die Flüssigkeitssäule durch den auf ihr lastenden Druck um den beachtlichen Betrag von 3 mm zusammengepreßt. Ist die Höhe der Flüssigkeitssäule 2,5 cm, dann beträgt die Zusammenpressung 0,3 mm.

Für den Prüfstab sei ein Querschnitt von $q = 5\ \mathrm{cm}^2$, eine Länge von $l = 20$ cm und ein Elastizitätsmodul von $E = 2 \cdot 10^6\ \mathrm{kg/cm}^2$ angenommen, dann errechnet sich die Federkonstante c des Prüfstabes zu

$$c = \frac{q}{l} E = 5 \cdot 10^5\ \mathrm{kg/cm}.$$

Unter den angenommenen Verhältnissen ergibt sich also, daß die elastische Verformung der Prüfeinrichtung, allein infolge der Zusammendrückbarkeit der Preßflüssigkeit, wesentlich größer sein kann, als diejenige des Prüfstabes. Wenn jedoch der Kolben sehr tief im Zylinder sich befindet und damit die Höhe der Preßflüssigkeit sehr klein ist, so kann die Federkonstante der Preßflüssigkeit so stark anwachsen, daß nunmehr die elastische Verformung der Preßflüssigkeit kleiner wird als diejenige des Prüfstabes.

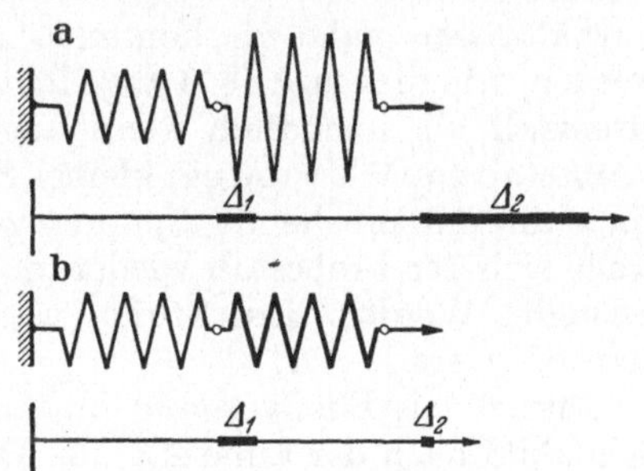

Abb. 7. Vereinfachte Darstellung einer Maschine mit zwangsschlüssiger Verformung.
a) Federkonstante der Maschine wesentlich kleiner als die des Prüfkörpers. b) Federkonstante der Maschine wesentlich größer als die des Prüfkörpers.

Da es sich hier zunächst um die Betrachtung von statischen Gleichgewichtszuständen handelt, kann unter Weglassung der Massen eine Maschine mit zwangsschlüssiger Verformung etwa nach Abb. 7 schematisch dargestellt werden. Die den Prüfstab darstellende Feder ist am linken Ende fest eingespannt und am rechten Ende mit der Belastungsfeder verbunden. Wird nun das rechte Ende der Belastungsfeder nach rechts gezogen, so werden beide Federn verformt. Die elastische Dehnung der Prüfstabfeder sei durch das Stück Δ_1 gekennzeichnet. Ist die Feder der Belastungsvorrichtung weicher, so wird die elastische Dehnung dieser Feder durch das Stück Δ_2 wiedergegeben, wobei also Δ_2 wesentlich größer als Δ_1 ist.

Ist jedoch die Belastungsfeder sehr hart, wie dies in Abb. 7 b angenommen ist, so wird sich die Belastungsfeder nur um das sehr kleine Stück Δ_2 verformen. Die Dehnung Δ_1 des Prüfstücks ist, gleiche Belastung in beiden Fällen vorausgesetzt, gleich groß geblieben.

3. Verschiebung der Gleichgewichtslage.

Nachdem der Prüfstab längs der Geraden OA rein elastisch verformt wurde, wobei gleichzeitig die Federung der Preßflüssigkeit sich längs der Geraden CA verformt, werde angenommen, daß sich der Prüfstab um das Stück AD bildsam dehnt. Diese Dehnung soll wiederum sehr langsam und gleichmäßig ohne Rücksicht auf etwaige Änderungen der Last erfolgen. Im übrigen möge von außen kein Einfluß ausgeübt werden, insbesondere sei die Nachlieferung von Preßflüssigkeit unterbunden. Durch das Fließen des Probestabes von A nach D gerät die ganze Anordnung aus dem Gleichgewicht. Nach Ablauf eines Ausgleichsvorgangs, auf den hier noch nicht eingegangen wird, stellt sich ein neues Gleichgewicht ein. Der Prüfstab sucht sich nach der Linie DE zu verkürzen. Im Punkt E, also im Schnittpunkt der Entlastungslinie des Prüfstabes mit der Kennlinie der Prüfeinrichtung, fängt sich die ganze Anordnung, denn hier steht die in der Probe bei der Verformung OL herrschende Federkraft EL mit der Federkraft der Prüfeinrichtung wieder im statischen Gleichgewicht.

Im einzelnen spielt sich der Vorgang allerdings nicht in der beschriebenen Weise in zwei Einzelschritten, also in einer Verlängerung der Probe um AD und einer anschließenden Verkürzung der Probe nach der Geraden DE ab. Diese beiden Einzelschritte müssen, um den tatsächlichen Verhältnissen nahe zu kommen, in einzelne kleine Stufen eingeteilt werden, wie dies in Abb. 6 angedeutet ist. Diese Einzelstufen müssen im Grenzfall als unendlich klein angenommen werden. Wenn sich der Probestab zunächst um ein kleines Stück bildsam dehnt, so erfolgt sofort auch die entsprechende Spannungserniedrigung. Hieran anschließend länge sich der Probestab wiederum, wobei sich erneut eine Lastsenkung einstellt. Werden diese Stufen unendlich klein angenommen, so erhält man die Gerade AE.

Durch den Fließvorgang im Ausmaße von AD fällt demnach das Schaubild nach der Linie AE ab. Die Richtung dieser Geraden ist nicht durch den Probestab, sondern durch die Neigung des Belastungs-Verformungs-Schaubildes der Prüfeinrichtung bestimmt.

Die außen meßbare Verlängerung des Probestabes entspricht nicht dem Stück AD, um das derselbe tatsächlich geflossen ist; diese ist vielmehr durch das Stück GE bestimmt. Da die anfängliche Summe der beiden elastischen Verformungen von Prüfstab und Prüfeinrichtung, also das Stück OC während des ganzen Fließvorganges konstant aufrecht erhalten bleibt, andererseits zu diesen elastischen Verformungen eine bleibende Dehnung hinzutritt, so muß die jeweilige elastische Verformung des Prüfstücks und auch diejenige der Prüfeinrichtung kleiner werden. Wenn also der Prüfstab sich um das Stück AD dehnt, so muß nach dem Fließen die Summe der elastischen Dehnungen von Prüfstab und Prüfeinrichtung um dieses Stück kleiner sein. Die elastische Verformung der Prüfeinrichtung wird um das Stück GE kleiner, während diejenige des Probestabes sich um das Stück GH vermindert. Der Prüfstab dehnt sich bildsam sozusagen in beide elastische Eigenfederungen hinein. Die Summe von GH und GE ist der Strecke AD gleich.

Es ist daher nicht angängig, die bleibende Dehnung nach dem Fließen etwa durch das Stück AF, entsprechend GE anzugeben. Hierzu tritt noch das Stück GH, um dieses Stück ist der Probestab in seine eigene elastische Dehnung hineingeflossen, die sich entsprechend dem Lastabfall auf IH vermindert hat.

Es ist von besonderem Interesse, das Verhalten der Prüfeinrichtung in Abhängigkeit von verschiedenen Federkonstanten der Belastungsvorrichtung zu untersuchen. Ist die Federkonstante der Belastungsvorrichtung sehr klein, so kann die entsprechende Kennlinie als nahezu waagerecht verlaufend angenommen werden. Die Gerade AD gibt also in diesem Fall die Kennlinie an. Fließt nun das Probestück wiederum von A nach D, so erfolgt diese Verlängerung unter gleichbleibender Spannung, da in diesem Fall das Stück AD gegenüber der sehr großen elastischen Verformung der Prüfeinrichtung zu vernachlässigen ist. Der Punkt D gibt nunmehr die neue Gleichgewichtslage an. In diesem Fall tritt keine Spannungserniedrigung auf, und der bildsame Fließbereich tritt zur anfänglichen elastischen Dehnung des Probestabes in voller Höhe hinzu. Dies ist die Erscheinung der reinen Nachwirkung.

Ist jedoch die Prüfeinrichtung sehr hart, so kann, für den Grenzfall unendlich harter Federung, die Kennlinie der Prüfeinrichtung durch die Senkrechte AB dargestellt werden. Die Federung ist in diesem Fall so hart, daß bei Erreichen der Prüflast AB noch keine meßbare Verformung der Prüfeinrichtung zu beobachten ist. Fließt der Probestab wieder um das Stück AD, so kommt die Anordnung erst bei E' in ein neues Gleichgewicht. Das Schaubild fällt also senkrecht von A bis E' ab. Die Länge des Prüfstabes ist nach dem Fließen gleich groß geblieben. Der Fließvorgang hat sich vollständig in die elastische Dehnung des Prüfstabes hinein ausgebildet. Die anfängliche elastische Verformung des Prüfstabes ist nunmehr in die bildsame Dehnung $E'N$, entsprechend dem Stück AD, und in die restliche elastische Dehnung MN aufgeteilt. Dies ist der Fall der Relaxation. Die elastische Dehnung wird hierbei immer kleiner unter gleichzeitiger Spannungsminderung, die Summe aus elastischer und plastischer Dehnung bleibt jedoch stets gleich groß.

An Hand der schematischen Abb. 7 lassen sich diese beiden Grenzfälle sehr einfach verstehen. Wird die Federung des Prüfstabes zusammen mit einer sehr weichen Belastungsfeder durch Ziehen der Belastungsfeder nach rechts belastet, so dehnt sich die Belastungsfeder um ein Stück Δ_2, das wesentlich größer ist, als die elastische Verformung der Prüfstabfederung Δ_1. Tritt nun im Prüfstab eine bildsame Dehnung auf, so verliert die Belastungsfeder hierdurch nicht merklich ihre Spannung, da die zusätzliche Verschiebung infolge des Fließens verschwindend gering ist gegenüber ihrer elastischen Dehnung. Der Fließvorgang spielt sich also unter gleichbleibender Last ab. Dies ist der Fall der weichen Maschine, die auch Nachwirkungsmaschine genannt werden kann.

Ist jedoch gemäß Abb. 7b die Federung der Belastungsvorrichtung wesentlich härter, so verformt sie sich bei der gleichen Belastungshöhe um ein sehr kleines Stück Δ_2. Tritt wiederum in der Prüfstabfederung ein Fließvorgang auf, so ist diese zusätzliche Dehnung merklich gegenüber dem Eigenhub der Belastungsfeder. Die Belastungsfeder verliert demnach ihre Dehnung, die Spannung fällt ab und der Fließvorgang hat sich in Richtung der Probestabfederung entwickelt. Das ist also der Fall der sehr harten Maschine, die auch als Relaxationsmaschine bezeichnet werden kann.

Zwischen diesen beiden Grenzfällen liegen im allgemeinen die heutigen Maschinen mit zwangsschlüssiger Verformung. Durch eine kräftige Fließerscheinung wird bei ihnen ein Spannungsabfall hervorgerufen, der nicht so groß ist wie bei der reinen Relaxation, andererseits tritt eine Längung der Probe auf, die nicht der vollständigen Fließdehnung im Falle der reinen Nachwirkung entspricht.

Es zeigt sich also, daß die Kennlinie der Prüfmaschinen mit zwangsschlüssiger Verformung durch die Eigennachgiebigkeit der Maschine bestimmt ist. Im Falle einer sehr weichen Maschine verläuft diese Kennlinie annähernd waagerecht, im Falle einer sehr harten Maschine ist diese Kennlinie durch eine Senkrechte gegeben. Die heutigen Maschinen besitzen mehr oder weniger stark geneigte Kennlinien, die zwischen diesen beiden Grenzfällen liegen (Abb. 8).

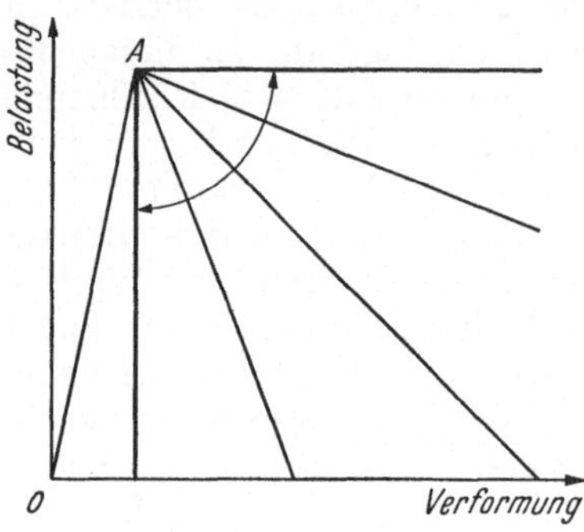

Abb. 8. Kennlinien einer Maschine mit zwangsschlüssiger Verformung.

4. Dynamische Verhältnisse.

Wie in Abb. 5 dargestellt, kann eine Maschine mit zwangsschlüssiger Verformung im wesentlichen aufgefaßt werden als Zusammenschaltung der Masse m mit den beiden an dieser Masse angreifenden Federungen c und C. Die beiden sehr schweren Endmassen, die als eine gemeinsame Endmasse wirksam sind, können vernachlässigt werden. Die Eigenfrequenz eines aus der Federung $c+C$ und der Masse m bestehenden Schwingungssystems errechnet sich zu

$$\omega = \sqrt{\frac{c+C}{m}}\,.$$

In diese Gleichung geht die Summe der Federkonstanten von Probestab und Preßflüssigkeit ein, während als Masse Spannkopf, Biegetisch, Säulen, Traversen und der Kolben in Frage kommen. Diese Teile wiegen bei der genannten Maschine 680 kg. Man erhält demnach für die Höchststellung des Kolbens die Eigenfrequenz ω zu rund 1000. Hieraus ergibt sich eine Eigenschwingungszahl von rund 160 Hz. Ist der Kolben jedoch nur 2,5 cm vom Boden des Zylinders entfernt, so errechnet sich eine entsprechende Eigenschwingungszahl von 500 Hz.

Denkt man sich nun, daß etwa die ganze Anordnung periodisch gedehnt und gekürzt wird, so werden die hierbei auftretenden Spannungsschwankungen durch die Druckschwankungen der Preßflüssigkeit nur phasen- und amplitudengetreu dann aufgezeichnet, solange die Frequenz der Schwankungen etwa 10% der Eigenfrequenz des Systems beträgt. Im Falle der obengenannten Prüfmaschine wird daher bis zu einer Schwingungszahl von 16 Hz die Pressung der Flüssigkeit phasen- und amplitudengerecht mit den im Prüfstab wirkenden Kräften erfolgen. Da ein einseitig gerichteter Vorgang als Teil einer periodischen Änderung aufgefaßt werden kann, so ergibt sich, daß eine kurzzeitige Änderung des Gleichgewichts von etwa $^1/_{16}$ sec Dauer noch richtig angezeigt wird.

Schnellere Änderungen des Gleichgewichtszustandes jedoch bedingen zusätzliche Erscheinungen, bei denen die Masse m immer mehr infolge ihrer Trägheit an Einfluß gewinnt. Immerhin ergibt sich die Schlußfolgerung, daß die Druckschwankungen in der Preßflüssigkeit wesentlich schnelleren Änderungen im Probestab folgen können, als etwa die eingangs beschriebenen Prüfeinrichtungen mit Gewichtsbelastung. Inwieweit allerdings die heute benutzten Anzeigegeräte zur Messung des Preßdrucks schnellen Druckschwankungen folgen können, muß gesondert untersucht werden.

V. Weitere Prüfeinrichtungen.

Nachdem die statischen und dynamischen Eigenschaften der wichtigsten Prüfeinrichtungen beschrieben wurden, sollen noch einige grundsätzlich mögliche Prüfverfahren behandelt werden, um an diesen Beispielen ohne Rücksicht auf ihre Verwendbarkeit aufzuzeigen, wie das Belastungsschaubild der Werkstoffe in der verschiedensten Weise beeinflußt werden kann.

1. Zentrifugalkraft.

Wird gemäß Abb. 9 die Zentrifugalkraft einer umlaufenden Masse als Belastung eines Prüfstabes benutzt und dehnt sich der Prüfstab wiederum plötzlich um das Stück AD (Abb. 10), so wird der Radius der Schwungmasse größer. Da die Schwungkraft mit wachsendem Radius ansteigt, so muß entsprechend auch die auf den Prüfstab ausgeübte Kraft größer werden. Die Belastungskraft steigt also etwa gemäß der Geraden AE_1

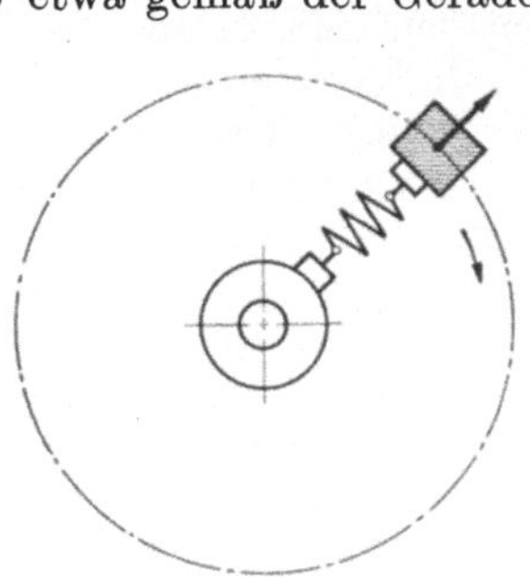

Abb. 9. Ausnutzung von Schleuderkräften zur Erzeugung der Belastung.

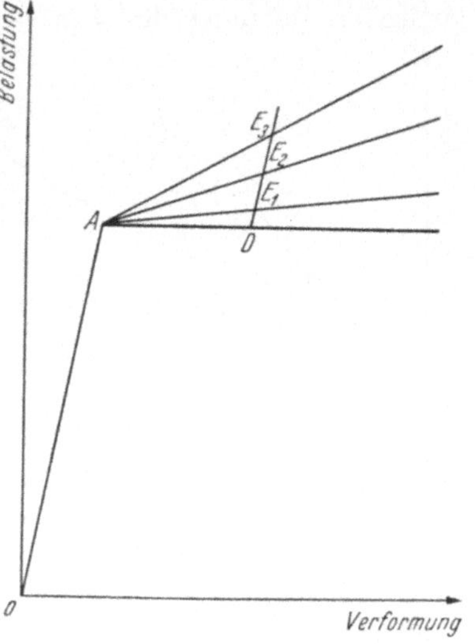

Abb. 10. Kennlinien einer Schleuderkraft-Belastungsvorrichtung.

an. Die Neigung dieser Geraden hängt von der Länge des Prüfstabes ab. Ist der Prüfstab sehr lang, so wird die Verlängerung um das Stück AD einen geringen Einfluß auf die Gesamtlänge ausüben. Ist dagegen der Prüfstab sehr kurz, so wird die Verlängerung immerhin eine merkliche

Vergrößerung des Radius und damit auch der Zentrifugalkraft bewirken. Im letzteren Fall wird also die Gerade AE merklich ansteigen, während im ersten Fall der Anstieg sehr flach erfolgt. Das Grundsätzliche ist aber in beiden Fällen vorhanden, daß nämlich durch eine Verlängerung des Prüfstabes die Last weder gleichbleibt, noch abfällt, wie in den bisher besprochenen Fällen, sondern ansteigt. Kommt also der Prüfstab ins Fließen, so wird durch die hierdurch bedingte Verlängerung des Prüfstabes die Last erhöht. Diese Erhöhung der Last hat ihrerseits eine beschleunigte Ausbildung des Fließvorgangs zur Folge, der sich unter ständig steigender Last in einem Zuge bis zur Verfestigung ausbildet. Die Charakteristik der Belastungsvorrichtung unter Ausnutzung der Zentrifugalkraft einer umlaufenden Masse ist also ansteigend.

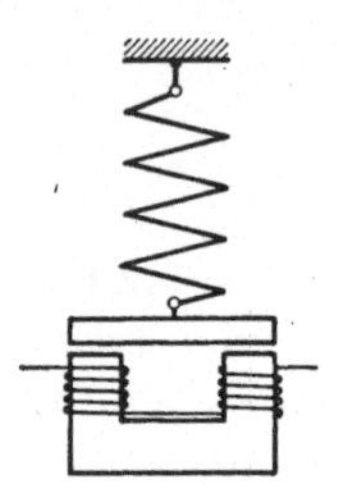

Abb. 11. Ausnutzung magnetischer Kräfte zur Erzeugung der Belastung.

2. Magnetische Kraft.

Noch ausgeprägter ist diese Erscheinung bei Einrichtungen gemäß Abb. 11, wobei durch den Anker eines Elektromagnetes die Belastung ausgeübt wird. Es sei wiederum angenommen, daß der Prüfstab bis zum Punkt A elastisch verformt wird (Abb. 12), etwa durch Vergrößerung der Stromstärke im Magneten. Der Anker wird also mit steigender Kraft zum Magneten gezogen, unter gleichzeitiger elastischer Dehnung des Prüfkörpers. Hierdurch wird der Luftspalt verkleinert. Im Punkt A herrsche Gleichgewicht zwischen Magnetkraft und elastischer Gegenkraft des Probestücks. Fließt der Probestab wiederum um das Stück AD, so nähert sich der Anker dem Magneten. Ist der Luftspalt klein, so bewirkt diese Verlängerung des Probestücks eine beträchtliche Verringerung des Luftspalts. Dadurch steigt aber die magnetische Anziehungskraft stark an. Die Kennlinie dieser Prüfeinrichtung hat demnach einen beschleunigt ansteigenden Verlauf, etwa gemäß den Linien AE. Durch das Fließen wächst also die Belastung sehr stark an, hierdurch wird der Fließvorgang rückwirkend wieder beschleunigt. Der Prüfstab wird also in einem Zuge bis zum Bruch belastet, vorausgesetzt natürlich, daß der Anker nicht inzwischen auf den Magneten aufschlägt.

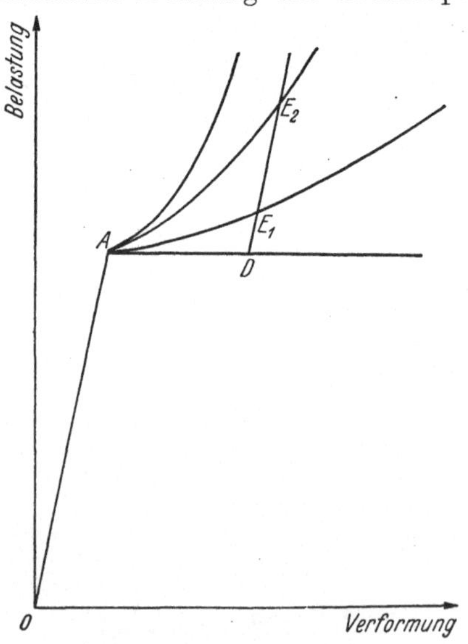

Abb. 12. Kennlinien einer magnetischen Belastungsvorrichtung.

Man kann durch Wahl der Versuchsbedingungen sogar erreichen, daß der Prüfstab seine ganze Schaulinie in einem Zuge durchläuft, ohne daß eine Nachstellung der Kraft von außen nötig wäre. Nimmt man an, daß die Charakteristik des Elektromagnetes stärker ansteigt als diejenige des Prüfstückes und gibt man zunächst eine kleine Kraft durch Einschalten eines schwachen Stromes, so wird der Prüfkörper elastisch gelängt und der Anker nähert sich dem Magneten. Dadurch wird aber die Magnetkraft größer, entsprechend nimmt auch die elastische Dehnung zu. Der Luftspalt des Magnetes wird also noch kleiner usf. Beginnt nun der Probestab zu fließen, so tritt eine beschleunigte Längung ein, der Luftspalt verringert sich noch mehr, und die ganze Schaulinie wird bis zum Bruch durchfahren. Wir haben also hier den Fall, daß schon durch eine kleine elastische Dehnung des Probestückes die ausgeübte Kraft sich selber weiter steigernd, bis zum Bruch anwächst.

Wird an Stelle des Magnets ein Solenoid vorgesehen, in das ein Anker hineingezogen wird, so kann man einen ungefähr waagerechten Verlauf der Charakteristik annehmen, da die auf den Anker ausgeübte Kraft von der jeweiligen Lage des Ankers im Solenoid nur sehr wenig abhängt.

Der Verlauf der Belastungs-Verformungs-Schaulinie eines fließenden Probestückes wird also weitgehend von der jeweiligen Prüfeinrichtung beeinflußt. Je nach der Eigencharakteristik der Prüfeinrichtung kann grundsätzlich durch das Fließen ein Abfall, ein Gleichbleiben oder aber ein Steigen der Spannung erzeugt werden. Mit der Frage der Werkstoffprüfung, insbesondere mit der Frage nach dem Vorhandensein einer kritischen Grenzbelastung, die gerade noch das Fließen in Gang hält, nachdem der Probestab einmal zum Fließen gebracht wurde, hängen diese Erscheinungen nur mittelbar zusammen. Es ist aber einleuchtend, daß die Frage nach einer solchen kritischen Grenzbelastung, also z. B. nach einer unteren Streckgrenze, nur auf Prüfeinrichtungen mit möglichst stark abfallender Charakteristik geklärt werden kann.

VI. Der Einfluß der Kraftmeßgeräte.

Bisher wurde der Verlauf der Kennlinien für die verschiedenen Maschinenarten untersucht. Bei einigen von ihnen, so bei der Maschine mit Laufgewichtswaage und bei derjenigen mit Neigungswaage wird hierbei auch der Einfluß der Kraftmeßgeräte erfaßt, da Belastungseinrichtung und Kraftmessung zusammenfallen. Bei anderen Maschinen dagegen, insbesondere bei den unter IV. genannten mit zwangsschlüssiger Verformung, wird ein besonderes Kraftmeßgerät in den Kraftfluß oder in einen Teil desselben eingeschaltet. Derartige Kraftmeßgeräte bestehen meist aus einer nachgiebigen Anordnung, aus deren Verschiebung unter der Prüfkraft auf diese selbst geschlossen wird. Diese Nachgiebigkeit des Kraftmeßgeräts ist bei der Aufstellung der Kennlinie der ganzen Prüfeinrichtung zu berücksichtigen. Häufig ist sogar die Nachgiebigkeit der Kraftmeßeinrichtung für die Eigenfederung der ganzen Prüfeinrichtung weitaus bestimmend, da man zur Erzielung eines großen Ausschlages für eine gegebene Kraft den Hub der Kraftmeßeinrichtung verhältnismäßig groß macht.

Die durch das Anzeigegerät bedingten Verhältnisse seien am Beispiel des Pendelmanometers untersucht. Dieses Gerät ist heute bei Maschinen mit Druckwasserantrieb sehr beliebt, andererseits bietet seine Untersuchung Gelegenheit, auf die verschiedensten Fragen einzugehen.

1. Kennlinie.

In Abb. 13 ist eine Prüfmaschine mit Pendelmanometer schematisch dargestellt. In einem Preßzylinder mit dem Querschnitt Q bewegt sich ein Kolben, der auf ein Prüfstück wirkt. Das Prüfstück ist zur Kennzeichnung seiner Elastizität wiederum als Feder gezeichnet. Mit diesem Preßzylinder ist eine Rohrleitung verbunden, die den Druck der Preßflüssigkeit in den Meßzylinder leitet. In diesem Zylinder, der den Querschnitt q besitzen möge, spielt ein eingeschliffener Kolben, der sich gegen ein Rückstellglied bewegt. Dieses als Feder angedeutete Rückstellglied besteht beim Pendelmanometer aus einer Neigungswaage. Der Ausschlag dieses Pendels ist ein Maß für die auf den Meßkolben wirksame Kraft. Bei bekanntem Querschnittsverhältnis Q/q ergibt sich dann auch die auf das Prüfstück ausgeübte Belastung. Die Preßflüssigkeit und auch die Zylinder, sowie die verbindende Rohrleitung seien hier als vollkommen starr und unnachgiebig vorausgesetzt.

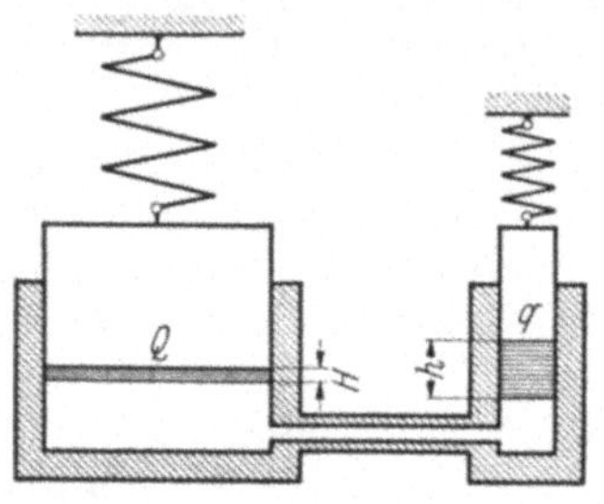

Abb. 13. Schema einer hydraulischen Maschine mit Kraftmeßgerät.

Wird nun durch Einpumpen von Preßflüssigkeit der Druck in den Zylindern erhöht, so steigt die Belastung des Probestücks. Durch die hierbei auftretende elastische Verformung des Probestücks bewegt sich der Preßkolben um ein kleines Stück. Es wird hierdurch im Preßzylinder ein bestimmtes Preßwasservolumen verschluckt, dessen Größe sich aus dem Querschnitt des Preßzylinders und der elastischen Verformung des Prüfkörpers ergibt. Die Abb. 6 kann den weiteren Betrachtungen zugrunde gelegt werden, wenn an Stelle der Verformung dieses Schluckvolumen aufgetragen wird. Bei rein elastischer Verformung des Prüfkörpers steigt die Belastung mit zunehmendem Schluckvolumen gemäß der Linie OA an. Durch den Druckanstieg im Preßzylinder bewegt sich auch der Kolben im Meßzylinder gegen die Rückstellkraft des Meßgliedes, also in diesem Fall gegen das Neigungspendel. Hierbei ist ebenfalls ein Nachschub an Preßflüssigkeit nötig, dessen Größe sich aus dem Querschnitt des Meßkolbens und dem Ausschlag des Meßgliedes ergibt. Heute wird der Querschnitt dieses Meßkolbens etwa 100mal kleiner gewählt, als derjenige des Preßkolbens. Der Hub des Meßkolbens wird aber in Hinsicht auf eine bequeme Meßmöglichkeit mehrere hundertmal so groß gemacht wie die elastische Verformung des Prüfkörpers. Für die jeweilige Belastung verschluckt daher bei den heute üblichen Maschinen der Meßzylinder eine größere Menge Preßflüssigkeit als der Preßzylinder. Wenn man in Abb. 6 die Kraft in Abhängigkeit vom Schluckvolumen des Meßzylinders aufträgt, so erhält man demnach eine Gerade CA, deren Neigung kleiner ist als diejenige von OA. Hierbei ist von der nichtlinearen Skala des Neigungspendels abgesehen, um die Verhältnisse einfach zu halten. Streng genommen stellt CA ein Stück einer flachen Sinuslinie dar. Die beiden Linien OA und CA schneiden sich in A. In diesem Punkt herrscht also Gleichgewicht zwischen der elastischen Kraft des Prüfkörpers und der Rückstellkraft des Neigungspendels. Hierbei hat der Meßzylinder ein Schluckvolumen CB und der Preßzylinder ein solches von OB aufgenommen.

Nach Erreichen des Gleichgewichts in A werde die Zufuhr von Preßflüssigkeit unterbunden, auch sei die ganze Anordnung vollkommen dicht. Nimmt man nun an, daß sich der Prüfkörper um ein bestimmtes Stück verformt, so verändert sich entsprechend dieser Verformung und dem Querschnitt des Preßzylinders das Volumen des Preßzylinders. Die Größe dieses zusätzlichen Schluckvolumens sei durch das Stück AD gegeben. Entsprechend muß aus dem Meßzylinder eine bestimmte Flüssigkeitsmenge zurückgedrückt werden, wodurch der Druck in der Preßflüssigkeit abnimmt. Das Prüfstück entlastet sich hierbei nach der Geraden DO'. Im Schnittpunkt E dieser Entlastungslinie mit der Geraden AC kommt die Anordnung wieder ins statische Gleichgewicht. Das Schluckvolumen des Meßzylinders hat sich hierbei um das Stück EG verringert, während sich das Schluckvolumen des Preßzylinders um das gleiche Stück vergrößert hat. Das restliche Stück GH des durch den Fließvorgang bewirkten zusätzlichen Schluckvolumens wird durch eine entsprechende elastische Rückverformung des Probestückes infolge der Entlastung ausgeglichen.

Durch Betrachtung von Grenzfällen wird der Zusammenhang der Einzelvorgänge sehr deutlich. Der erste Grenzfall ist dadurch gegeben, daß das Schluckvolumen des Meßzylinders wesentlich größer ist als dasjenige des Preßzylinders, so daß die Kennlinie des Meßzylinders ungefähr waagerecht wenigstens in dem kleinen Bereich des Fließvorganges angenommen werden kann. Dies kann dadurch erreicht werden, daß der Querschnitt des Meßzylinders und außerdem der Hub des Meßkolbens für eine bestimmte Last sehr groß gewählt wird. Wenn nunmehr im Prüfstück eine bildsame Verformung auftritt, so wird aus dem Meßzylinder eine entsprechende Flüssigkeitsmenge zurückgedrückt. Diese verhältnismäßig kleine Flüssigkeitsmenge spielt jedoch gegenüber dem großen Schluckvolumen des Meßzylinders keine Rolle, das Neigungspendel wird demnach kaum merklich absinken. Der große Vorrat an Preßflüssigkeit kann also den im Preßzylinder auftretenden zusätzlichen Flüssigkeitsbedarf decken, ohne daß dadurch eine merkliche Veränderung der Spannung auftritt. Der Fließvorgang wird also praktisch bei gleichbleibender Spannung durchfahren, wobei die bleibende Dehnung in voller Höhe zur anfänglichen elastischen Dehnung des Prüfstabes hinzutritt.

Der zweite Grenzfall ist dadurch gegeben, daß das Schluckvolumen des Meßzylinders wesentlich kleiner als dasjenige des Preßzylinders gemacht wird. Dies wird erreicht durch einen möglichst kleinen Querschnitt des Meßzylinders, außerdem muß die Meßfeder bzw. die Übersetzung der Neigungswaage so gewählt werden, daß bereits für einen sehr kleinen Hub beträchtliche Rückstellkräfte auftreten. Für den theoretischen Grenzfall unendlich kleinen Schluckvolumens ist die kennzeichnende Linie des Kraftmessers durch die Senkrechte AB gegeben. Das Schluckvolumen ist also jetzt verschwindend gering gegenüber dem Verbrauch an Preßflüssigkeit im Preßzylinder. Wenn nunmehr durch bildsame Vorgänge im Prüfkörper ein zusätzlicher Bedarf an Preßflüssigkeit im Preßzylinder auftritt, entsprechend dem Stück AD, so kann dieser Bedarf aus dem Meßzylinder nicht gedeckt werden. Die Spannung fällt demnach sehr stark ab und die Anordnung kommt erst im Punkt E' wieder ins statische Gleichgewicht. Die bildsame Verformung tritt in ihrer vollen Größe an Stelle der elastischen Verformung, die sich in entsprechender Weise verringert. Dies ist der Fall der reinen Relaxation. Die bei Beginn des Fließens vorhandene elastische Dehnung erscheint nun aufgeteilt in den bildsamen Anteil $E'N$ und den restlichen Anteil der elastischen Dehnung MN. Wird die bildsame Verformung gleich der anfänglichen elastischen Verformung gewählt, so sinkt die Belastung sogar auf Null, in diesem Fall ist also an die Stelle der ursprünglichen elastischen Verformung die bildsame Verformung getreten, unter völliger Entlastung des Probestückes.

Es sei nochmals betont, daß es sich, wie stets bei diesen Betrachtungen, zunächst nur um die Beurteilung der Einwirkung von Fließerscheinungen auf das Gleichgewicht von Prüfmaschinen unter der Annahme einer bestimmten Größe des Fließens handelt. Dieser Annahme kommt man nahe in den Fällen, in denen eine plötzliche Gleichgewichtsverlagerung im Inneren des Werkstoffes eine entsprechende Längung auslöst, etwa beim Ausgleich innerer Spannungen, oder aber beim Umklappen von Kristallen in eine andere Form. Bei Fließerscheinungen der üblichen Art wird durch den Spannungsabfall selbst das Fließen allmählich zum Stillstand kommen, oder wesentlich verlangsamt werden. Hierüber wird später berichtet werden.

Aus den bisherigen Betrachtungen ergibt sich die Folgerung, daß Prüfmaschinen mit Preßwasserantrieb im allgemeinen eine ziemlich flach abfallende Kennlinie besitzen, besonders dann, wenn Pendelmanometer als Kraftmeßgeräte dienen. Schon die Nachgiebigkeit des Preßwassers infolge der Kompressibilität ist verhältnismäßig groß, dazu tritt noch der große Hub des Pendelmanometers, wodurch ein entsprechend großes Flüssigkeitsvolumen aufgespeichert wird. Derartige Maschinen sind daher als ziemlich weich anzusprechen.

2. Dynamische Verhältnisse.

Pendelmanometer besitzen, ähnlich wie Neigungswaagen, eine sehr geringe Eigenschwingungsdauer, da infolge der Übersetzung die Massenträgheit sehr groß wird. Es lassen sich daher mit diesen Kraftmessern nur sehr langsame Kraftschwankungen verfolgen. Nimmt etwa die Belastung im Probestück schnell ab, so kann das Pendelmanometer dieser Kraftschwankung nicht folgen. Nur allmählich wird es entsprechend seiner Eigenschwingungsdauer herabsinken, wobei in der Pendelmasse merkliche kinetische Energien angehäuft werden können. Das Pendel wird infolgedessen über die neue Gleichgewichtslage hinausschießen, um sich wieder hebend, in die neue Gleichgewichtslage unter stark gedämpften Schwingungen einzuspielen. Ein vom Pendel angezeigter Spannungsabfall, insbesondere eine Zacke bei starken Fließerscheinungen muß daher mit Vorsicht betrachtet werden. Diese nach unten gerichtete Zacke kann bedeuten, daß Flüssigkeit über das neue Gleichgewicht hinaus in den Preßzylinder zurückgedrückt wird. Im Prüfstab tritt daher eine kurzzeitige Spannungserhöhung auf, während das Pendelmanometer einen Abfall anzeigt.

Die bekannten Meßdosen mit Federmanometer besitzen ein wesentlich geringeres Schluckvolumen, sie folgen auch wesentlich schneller den Belastungsschwankungen.

B. Die Auswertung der Belastungs-Verformungs-Schaubilder.

Wenn durch eine statische Prüfung der Zusammenhang von Verformung und Belastung eines Werkstoffes untersucht worden ist, so kann im allgemeinen nicht das ganze Schaubild zur Kennzeichnung des Verhaltens dem betreffenden Werkstoff mitgegeben werden. Auch gibt das Schaubild als solches noch keine Antwort auf die vielfältigen Fragen des gestaltenden Konstrukteurs nach der Bewährung des Werkstoffs unter den Belastungen des Betriebes. Es handelt sich also darum, einzelne möglichst kennzeichnende Werte aus dem Schaubild zu entnehmen, die dem Konstrukteur vor allem die zulässigen Belastungsgrenzen angeben, bis zu denen er seine Gebilde belasten darf, ohne daß ein Bruch zu befürchten ist, oder auch unzulässige, bleibende Verformungen auftreten. Die Auswahl derartiger Spannungswerte richtet sich nach manchen, sich widersprechenden Gesichtspunkten. Vor allem sollen die auszuwählenden Kennwerte mit einem erträglichen Maß von Aufwand in verhältnismäßig kurzer Zeit zu ermitteln sein. Trotzdem das Schrifttum eine Fülle von Erörterungen über die Vor- und Nachteile der verschiedenen Kennwerte enthält, kann die Feststellung gemacht werden, daß bis heute noch keine allgemein befriedigende Lösung dieser Aufgabe gefunden wurde[1].

I. Die statischen Festigkeitswerte.

1. Elastizitätsgrenze.

Als Elastizitätsgrenze wird häufig diejenige kritische Grenzbelastung definiert, bei der das Hookesche Gesetz aufhört, genau zu sein, wo also die Proportionalität zwischen Last und Verformung zu Ende ist.

Diese Definition hat sich z. B. die British Engineering Standards Association zu eigen gemacht; sie ist in England allgemein angenommen[2]. Diese kritische Grenzbelastung wird daher auch manchmal in England die Proportionalitäts- oder auch kurz die P-Grenze genannt.

---

[1] Eine zusammenfassende Darstellung bei G. Sachs u. H. Fiek: Der Zugversuch, Leipzig 1926.

[2] Batson, R. G. und J. H. Hyde: Mech. Testing, Bd. I, London 1931.

Zur Bestimmung dieser E-Grenze wird eine Belastungs-Verformungs-Kurve aufgetragen und derjenige Punkt aufgesucht, bei welchem erstmalig eine Abweichung vom geradlinigen Verlauf auftritt. Hierbei müssen Stöße und Erschütterungen besonders ängstlich vermieden werden, da derartige Störungen die Genauigkeit der Messungen beeinflussen.

Wenn im elastischen Gebiet die zusammengehörigen Werte von Dehnung und aufgebrachter Last bekannt sind, so ist die E-Grenze mit größerer Genauigkeit dadurch zu ermitteln, daß die weiteren elastischen Dehnungen berechnet werden, wobei der Unterschied dieser berechneten Werte und der tatsächlich gemessenen Dehnungen in Abhängigkeit von der Last aufgetragen werden.

Nach einer zweiten Definition ist die E-Grenze diejenige Höchstspannung, bis zu der ein Werkstoff beansprucht werden kann, ohne daß nach Entfernen der Last die geringsten bleibenden Verformungen zurückbleiben dürfen. Diese Grenzbelastung scheint für den Ingenieur von besonderer Bedeutung zu sein, da eine bleibende Dehnung seiner Gebilde meist unerwünscht ist.

Bei näherem Zusehen zeigen sich jedoch schnell grundsätzliche Schwierigkeiten. Da beim Überschreiten der Grenzbelastung wenigstens auf den heutigen Prüfeinrichtungen eine erstmalig auftretende, bleibende Verformung nicht sprunghaft einsetzt, sondern sich meist ganz allmählich ausbildet, so ist die Bestimmung der E-Grenze von der Empfindlichkeit der Meßgeräte abhängig, mit denen die bleibenden Dehnungen gemessen werden. Es bleibt daher nichts anderes übrig, als eine noch zulässige bleibende Dehnung bestimmter Größe anzunehmen, nach deren Überschreitung die E-Grenze erreicht sein soll. Die Festsetzung dieser noch zulässigen Dehnung ist durch sich widerstreitende Bedingungen eingeengt. Einerseits will man, entsprechend der Definition der E-Grenze, diese bleibende Dehnung so klein wie möglich halten, andererseits wachsen die Schwierigkeiten einer genauen Messung mit kleiner werdender Verformung sehr schnell. Je nach der Betonung der praktischen oder theoretischen Seite wurden als zulässige bleibende Dehnungen Werte von 0,001 beginnend, über 0,003, 0,005, 0,03 bis 0,05% der Prüflänge vorgeschlagen.

Wenn z. B. an einem Prüfstab von 100 mm Prüflänge die 0,001%-Grenze bestimmt werden soll, so müssen Längen von $^1/_{1000}$ mm noch einwandfrei ermittelt werden, eine Aufgabe, bei deren Durchführung sehr viele Fehlerquellen lauern. Hierbei wird der Prüfstab stufenweise höher belastet und nach jeder Belastung und Ablesung des Spiegelapparates wieder entlastet. Für sehr genaue Messungen wird nach dem Vorgehen von Bach[1] für jede Stufe das Belasten und Entlasten so oft wiederholt, bis die Ablesungen praktisch sich nicht mehr ändern.

Die Gegner der E-Grenze sind sehr zahlreich. Ihre Einwände sind nach einer Zusammenstellung von Welter[2] folgende:

a) Die E-Grenze soll bei Stäben mit vorangegangener Knetbearbei-

[1] Bach, C. und Baumann: Elastizität und Festigkeit.

[2] Welter, G.: Die Elastizitätsgrenze. Z. Flugtechn. Motorluftsch. (1927) Heft 18.

tung nicht konstant sein. Schwankungen zwischen 0 und 20 kg/mm^2 sollen vorkommen.

b) Die *E*-Grenze verändert sich, nachdem der Werkstoff einem Zyklus von Zugbeanspruchungen unterworfen worden ist.

c) Der Wert, der als *E*-Grenze eines Werkstoffes bestimmt ist, hängt von der Feinheit der verwendeten Meßinstrumente ab.

d) Der Wert der *E*-Grenze wird beeinflußt von den Härtungs-, Walz- und Schmiedespannungen, die im Metall sind.

e) Es gibt keine *E*-Grenze bei den metallischen Baustoffen.

Da später noch sehr häufig Gelegenheit sich bietet, auf die Bedeutung der *E*-Grenze zurückzukommen, soll hier nicht näher hierauf eingegangen werden. Es sei nur erwähnt, daß ein Werkstoff sehr wohl eine *E*-Grenze nach dieser letzteren Definition besitzen kann, ohne jedoch dem Hooke schen Gesetz zu folgen.

2. Proportionalitätsgrenze.

Nach Überschreitung der *E*-Grenze setzt sich bei weiter steigender Last die gesamte Dehnung aus einem elastischen und einem bleibenden Anteil zusammen. Sinngemäß kann das Schaubild nicht mehr genau dem Hookeschen Gesetz folgen; in England wird daher die *E*-Grenze auch Proportionalitätsgrenze genannt, da ja die Definition der *E*-Grenze ein genau lineares Anwachsen von Last und Verformung verlangt.

Zur Bestimmung der Proportionalitätsgrenze wird die Last stufenweise gesteigert. Nachdem die Belastung jeweils eine bestimmte Zeit eingewirkt hat, werden die Ablesungen notiert. Da die genaue Ermittlung der Proportionalitätsgrenze auch wieder von der Feinheit des Meßverfahrens abhängt, so hat man als Proportionalitätsgrenze diejenige Spannung festgelegt, bis zu welcher für gleich große Laststufen die Zunahme der Dehnung gleich groß bleibt. Man betrachtet hierbei jeden Dehnungszuwachs als gleich groß wie die voraufgegangenen, solange er vom Mittelwert dieser vorhergehenden Zunahmen um nicht mehr als 0,0005% der Meßlänge abweicht. Unabhängig von der Einhaltung dieser Belastungsstufen, die üblicherweise einer Zunahme von 1 kg/mm^2 entsprechen, und sicherer wird die Bestimmung der *P*-Grenze, wenn man die gefundenen Längenänderungen in Abhängigkeit von der Belastung aufträgt. Es kann dann festgestellt werden, bis zu welcher Belastungsgrenze die aufgetragenen Punkte auf einer Geraden liegen. Da aber das Abbiegen aus der geraden Richtung auf den heutigen Maschinen allmählich vor sich geht, so bleibt immer eine gewisse Willkür und Unsicherheit in der Ermittlung der *P*-Grenze bestehen.

3. Streckgrenze.

In manchen Werkstoffschaubildern ist eine Lastgrenze sehr stark ausgeprägt, bei welcher der Werkstoff plötzlich ins Fließen gerät, nachdem er bis zu dieser Grenzlast sich als elastisch erwies. Im Schaubild kommt dieser Fließbeginn meist sehr deutlich zur Anzeige, so daß die Entnahme dieser Grenzlast keine Schwierigkeiten macht. In anderen Fällen ist jedoch diese Fließ- oder Streckgrenze nicht vorhanden, das

Schaubild zeigt einen ganz allmählichen Übergang vom elastischen zum Fließbereich. Als Streckgrenze wird dann diejenige Grenzbelastung eingeführt, bei welcher sich eine bleibende Dehnung von 0,2% der Prüflänge zeigt. Diese Streckgrenze wird in Deutschland heute ganz allgemein zur Kennzeichnung nicht nur von Eisenmetallen, sondern auch von Nichteisenmetallen benutzt.

Die Bestimmung der Streckgrenze erfolgt sinngemäß durch stufenweise Belastung und Entlastung. Wenn der Werkstoff jedoch Proportionalität zwischen Dehnung und Spannung aufweist, so kann bei bekanntem E-Modul die elastische Dehnung zu jeder Spannung berechnet werden. Man kann dann den Versuch ohne jedesmalige Entlastung durchführen und als Streckgrenze diejenige Spannung ermitteln, welche eine um 0,2% größere Gesamtdehnung gegenüber der elastischen Dehnung hervorruft.

Nach einem Vorschlag von Masing und Mauksch[1] soll eine ebenfalls Streckgrenze genannte kritische Spannung bei der stärksten Krümmung der Spannungs-Verformungs-Kurve angenommen werden, entsprechend etwa 0,1% bleibender Dehnung.

4. Vorschlag von Johnson.

Johnson[2] bestimmt einen Festigkeitswert als denjenigen Punkt des Belastungs-Verformungs-Schaubildes, wo die trigonometrische Tangente des Neigungswinkels an die Belastungskurve den 1,5fachen Betrag desjenigen im Ursprung besitzt.

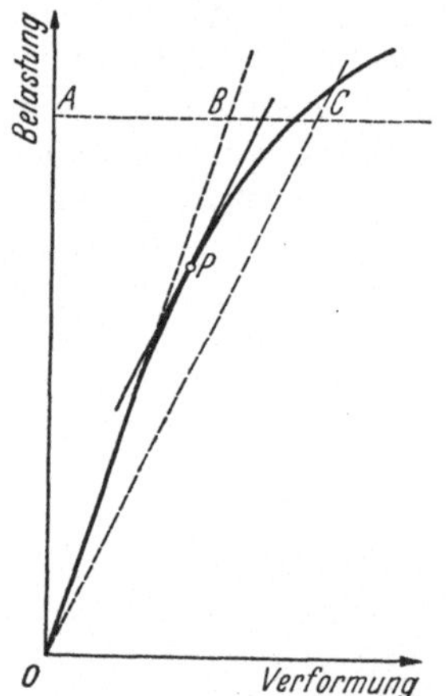

Abb. 14. Bestimmung der Streckgrenze nach Johnson.

Wenn demnach in Abb. 14 eine Tangente an die Belastungskurve im Ursprung gelegt wird, so ist der Neigungswinkel ein Maß für die Federkonstante des elastisch sich verformenden Prüflings. Zieht man nun eine horizontale Linie, etwa ABC, und trägt auf dieser Linie den Punkt C derart ab, daß $AC = 1{,}5\ AB$ ist, so besitzt also die Linie OC den 1,5fachen Wert der Neigung wie die Neigung der Tangente im Ursprung. Legt man nun an die Belastungslinie eine Tangente, deren Neigung derjenigen von OC entspricht, so ist nach Johnson in dem Berührungspunkt P die gesuchte kritische Grenzbelastung gefunden, die er als Streckgrenze bezeichnet.

Diese Bestimmung der Streckgrenze scheint in USA. häufig angewandt zu werden, obgleich sie, wie alle anderen Verfahren auch, einer gewissen

[1] Masing und Mauksch: Wiss. Veröff. Siemens-Konz. 1925, ferner Z. Metallkde. Bd. 17 (1925) S. 268, Z. techn. Physik Bd. 6 (1925) S. 569.

[2] Johnson, J. B.: Amer. Soc. Test. Mater. Bull. Vol. XXII Pt. I S. 518; ferner Material of Construction, 5. Aufl. S. 10. — Vgl. auch S. Timoshenko: Festigkeitslehre, Berlin 1928.

Willkür nicht entbehrt und das Wesen der Dinge kaum trifft. Nach Johnson hat eine solche Festlegung folgende Vorteile:

a) Sie würde stets ein und denselben gut definierten Punkt festlegen.

b) Dieser Punkt würde stets einer sehr kleinen bleibenden Verformung entsprechen, so daß für manche praktische Zwecke die wahre, elastische Grenze festgestellt würde.

c) Sie ist gleicherweise auf alle Arten von Versuchen anwendbar, sowohl auf Proben, als auch auf fertige Konstruktionen, wobei Deformationen beliebiger Art gemessen werden können.

d) Der bleibende Verformungsbetrag soll nicht groß genug sein, um einen Punkt mit merklicher bleibender Dehnung auszuwählen, sie soll aber andererseits groß genug sein, um einen gut bestimmbaren Punkt auf dem Schaubild anzugeben.

Unwin sagt allerdings in bezug auf die Vorschläge von Johnson, daß „ein solcher Punkt keine Bedeutung hat und daß der Versuch, der manchmal gemacht wird, willkürlich eine Fließgrenze bei Stoffen, die keine ausgeprägte Fließgrenze zeigen, ja selbst nicht eine elastische Grenze, ihm irreführend und zwecklos erscheint".

Im übrigen geben Moore und Kommers eine gewisse Abänderung dieser Streckgrenzenbestimmung, indem sie die Neigung nicht um 50%, sondern nur um 25% größer annehmen, wodurch die kritische Spannung entsprechend tiefer gelegt wird.

5. Proof-Stress.

In Anbetracht des verschiedenen Gebrauchs der Fließ- oder Streckgrenze wurde in England eine neue Grenzbelastung „Proof-Stress" genannt, eingeführt[1], und zwar soll dieser Festigkeitswert bestimmt werden als diejenige Belastung, bei welcher das Belastungsschaubild um 0,1% der Prüflänge vom geradlinigen Verlauf genauer Proportionalität abweicht. Der Werkstoff soll diese Grenzbelastung überschritten haben, wenn die kritische Last 15 sec lang auf die Probe aufgebracht und weggenommen wurde, wobei die Probe eine bleibende Dehnung erreicht haben soll, die größer als 0,1% der Prüflänge ist.

6. Zerreißfestigkeit.

Wird in einem Zerreißversuch die Last immer mehr gesteigert, oder wird umgekehrt die zwangsschlüssig aufgebrachte Verformung immer mehr erhöht, so tritt schließlich ein Bruch des Prüfstücks ein. Die entsprechende höchste Spannung wird als Zerreiß- oder Bruchfestigkeit des Werkstoffs bezeichnet, obwohl der Eintritt des Bruches meist nicht mit dem Erreichen der größten Belastung zusammenfällt.

Die Entnahme dieser Zerreißfestigkeit aus dem Schaubild scheint besonders einfach zu sein, da die höchste Stelle des Schaubildes sehr leicht zu bestimmen ist und über ihre Bedeutung als höchste von dem Prüfstück ertragene Belastung kein Zweifel zu bestehen scheint. Da je-

[1] B. E. S. A. Aircraft Specification Nr. 2 L 25 March 1929.

doch die Ausbildung der dem endgültigen Bruch vorausgehenden Fließerscheinungen sehr stark von den Prüfbedingungen, insbesondere von der jeweiligen Belastungsgeschwindigkeit abhängt, so ergibt sich eine entsprechende Beeinflussung dieser Bruchfestigkeit. Je nach der Prüfgeschwindigkeit wird diese Bruchlast verschieden hoch gefunden. So muß man unterscheiden zwischen der Bruchfestigkeit bei den üblichen Belastungsversuchen, bei sehr schnellen Versuchen, also beim Stoßversuch, und bei sehr langsamen Versuchen, also praktisch beim Dauerstandversuch. Trägt man diese drei Werte in Abhängigkeit von der Zeit auf, so erhält man eine Kurve etwa gemäß Abb. 15. Man kann also auch beim Zerreißversuch eine Wöhlerlinie aufstellen, die nach dem Vorgang von Thum[1] etwa als Zeitfestigkeitslinie bezeichnet werden kann.

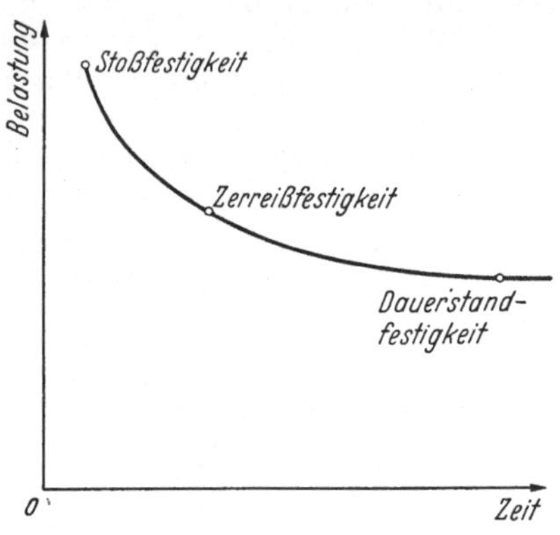

Abb. 15. Abhängigkeit der Bruchlast von der Belastungsgeschwindigkeit.

7. Weitere Verfahren zur Bestimmung von Festigkeitswerten.

Die bisherigen Verfahren zur Ermittlung kritischer Festigkeitswerte gründen sich auf die Belastungs-Verformungs-Schaubilder der Werkstoffe. Man hat auch versucht, durch Beobachtung anderer physikalischer Eigenschaften, Spannungswerte dort festzulegen, wo diese Eigenschaften gewisse Änderungen zeigen.

So wurde versucht, die E-Grenze dort zu bestimmen, wo beim Zugversuch die anfängliche Abkühlung bei rein elastischer Dehnung in eine Erwärmung beim Einsetzen von Fließvorgängen umschlägt[2].

Von Fraichet[3] wurde die Beobachtung der magnetischen Eigenschaften zur Ermittlung der E-Grenze vorgeschlagen. Bei Erreichen kritischer Spannungswerte sollen sich plötzliche Änderungen des magnetischen Verhaltens zeigen. Hierbei wird die Änderung der Selbstinduktion einer um den Prüfkörper gelegten Spule beobachtet.

Tammann[4] beobachtet die Überschreitung von kritischen Spannungswerten durch mikroskopische Ermittlung der ersten Gleitlinien an polierten Seitenflächen des Prüfstabes.

Auf photoelektrischem Wege nimmt Podaschewsky[5] die Ermittlung der E-Grenze an Steinsalzkristallen vor.

---

[1] Thum, A. und W. Bautz: Z. VDI Bd. 81 (1937) S. 1407.
[2] Hirn: Theorie mécanique de la chaleur, Paris 1876.
[3] Fraichet, L.: Rev. Métallurg. Bd. 20, Mem. 32 (1923) S. 549; ferner DRP. 346 082 von Siemens und Halske.
[4] Tammann, G.: Metallographie.
[5] Podaschewsky, M. N.: Z. Physik Bd. 91 (1934) S. 97.

II. Einfluß der Eigenfederung der Maschine.

Wenn man in der beschriebenen Weise Festigkeitswerte dort annimmt, wo der bleibende Verformungsrest bestimmte Bruchteile der Prüflänge beträgt, so gelten diese Festlegungen zunächst nur für eine bestimmte Prüfmaschine und auch nur für eine bestimmte Belastungsgeschwindigkeit. Auf verschiedenen Maschinen und auch bei verschiedener Belastungsgeschwindigkeit auf der gleichen Maschine gewonnene Ergebnisse sind nicht ohne weiteres vergleichbar. Die Unterschiede werden hierbei um so größer, je stärker die Fließerscheinung ist. Die oben durchgeführte Untersuchung der Kennlinien der verschiedenen Maschinen gibt nunmehr die Möglichkeit, auf einfache Weise diese Einflüsse kennenzulernen[1].

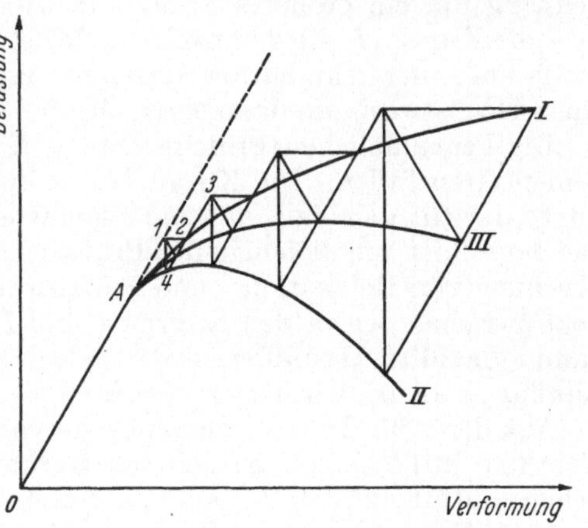

Abb. 16. Einfluß der Eigenfederung der Prüfeinrichtung auf das Belastungs-Verformungs-Schaubild.

In Abb. 16 steige die Last zunächst verhältnisgleich mit der Verformung an. Im Punkt A werde etwa die Elastizitätsgrenze überschritten. Wird nun in kleinen Einzelschritten die Belastung gesteigert, so kann der weitere Verlauf in zwei Einzelvorgänge aufgeteilt werden, die zeitlich aufeinanderfolgen sollen. Zunächst wird durch die Erhöhung der Belastung ein elastischer Schritt angenommen, an den sich jeweils der bildsame Vorgang anschließen soll. Eine Steigerung der Last habe also einen elastischen Anstieg von A nach 1 zur Folge. Hierauf bilde sich die bildsame Dehnung von 1 bis 2 aus. Ist die Prüfeinrichtung sehr weich, so spielt sich eine reine Nachwirkungserscheinung ab, wobei die Last unverändert auf der erreichten Höhe bleibt. Nach Erreichen des Punktes 2 wird die Last in einem kleinen Schritt bis zum Punkt 3 gesteigert, woran sich ein entsprechender Fließvorgang anschließt, der zu einer größeren Nachlängung führt. In dieser Weise fortfahrend, wird die Kurve I erhalten. Die elastischen Einzelschritte sind hierbei immer gleich groß gewählt, das Ausmaß des Fließens wird jedoch mit wachsender Spannung jeweils größer angenommen. Man erhält einen ansteigenden Kurvenzug, dessen Steigung allmählich abnimmt, ohne daß jedoch ein Spannungsabfall eintritt. Ganz allgemein kann hier gesagt werden, daß die sehr weiche Maschine die einmal aufgebrachte Last unter allen Umständen halten muß. Es kann selbst kurz vor dem Bruch kein Spannungsabfall eintreten, vorausgesetzt, daß die Eigenfederung der Maschine genügend weich ist, um die sehr hohen bildsamen Verformungen kurz vor dem Bruch auszugleichen.

[1] Späth, W.: Metallwirtsch. Bd. XVI (1937) S. 193.

Ganz anders dagegen verläuft die Belastungskurve, wenn die Prüfeinrichtung sehr hart ist. Wird die Last von A bis 1 gesteigert, so zeigt sich nunmehr eine Relaxationserscheinung. Der Prüfkörper verkürzt sich hierbei in Richtung seiner elastischen Linie, bis schließlich im Schnittpunkt dieser Entlastungslinie mit der die Eigenfederung der Maschine kennzeichnenden Senkrechten die Anordnung wieder ins Gleichgewicht kommt. Nunmehr muß im nächsten Schritt zunächst die Last bis zur anfänglichen Höhe gesteigert werden, woran sich die Lasterhöhung bis zum Punkt 3 anschließt. Hier setze also wieder das Fließen ein und die Spannung fällt erneut, diesmal aber entsprechend der größeren Fließdehnung um ein größeres Stück. In dieser Weise fortfahrend, erhält man die Kurve *II*, die demnach die Belastungskurve des gleichen Werkstoffs auf einer sehr harten Maschine darstellt. Diese Kurve erreicht einen Höchstwert, um dann stark abzufallen.

Die heute üblichen Prüfeinrichtungen liegen meist zwischen diesen beiden Grenzfällen. Die Kurve *III* stellt den Verlauf der Belastungskurve dar für den Fall, daß die Eigenfederung der Maschine ungefähr gleich groß ist wie diejenige des Prüfstücks. Hierbei zeigt sich also eine Mischung von Relaxations- und Nachwirkungsvorgängen. Diese Kurve liegt zwischen den beiden Kurven *I* und *II*, sie steigt zunächst an, um dann allmählich abzufallen, wobei jedoch der Lastabfall schwächer ausgeprägt ist als bei der harten Maschine.

Aus der Abb. 16 geht demnach hervor, daß die Eigenfederung der Maschine insbesondere im Bereich starker Fließvorgänge einen merklichen Einfluß auf den Verlauf des Belastungs-Verformungs-Schaubildes ausübt. Versucht man z. B. den drei gezeichneten Kurven etwa die 0,2%-Grenze zu entnehmen, so ergibt sich für die weiche Maschine der höchste Wert. Mit härter werdender Maschine sinkt dieser Festigkeitswert immer mehr ab. Die Bestimmung von Festigkeitswerten bei bleibenden Verformungen gewisser Größe ist also von der Eigenfederung der Maschine abhängig.

III. Einfluß der Belastungsgeschwindigkeit.

Bekanntlich werden beim Zerreißversuch im bildsamen Bereich um so höhere Spannungen bei gleicher Verformung gemessen, je schneller die Belastung aufgebracht wird. Die besprochenen Festigkeitswerte hängen daher auch von der Belastungsgeschwindigkeit ab, mit der der Zerreißversuch durchgeführt wird. Bei einigen Metallen wie Blei, Zinn, Zink usw. kann dieser Einfluß der Belastungsgeschwindigkeit beträchtliche Ausmaße annehmen, aber auch bei Stahl und Eisen ist er zu beobachten. Soweit dem Schrifttum zu entnehmen ist, macht man heute zur Erklärung dieser Erscheinung die Annahme, daß bei der bildsamen Verformung eines Körpers, etwa ähnlich wie in einer zähen Flüssigkeit, ein innerer Reibungswiderstand zu überwinden ist. Aus dieser Vorstellung heraus ist auch der Ausdruck „Fließen" für diese Vorgänge entstanden. Durch diese Vorstellung sind ohne weiteres auch entsprechende mathematische Ansätze zur rechnungsmäßigen Behandlung gegeben.

Da es sich hierbei um Überlegungen handelt, die für die Werkstoffprüfung von entscheidender Wichtigkeit sind, sollen zunächst einige theoretische Betrachtungen angestellt werden.

1. Theoretisches.

Zur Überwindung der inneren Reibung einer zähen Flüssigkeit ist eine Reibungskraft nötig, die mit der Geschwindigkeit anwächst. Es wird daher heute angenommen, daß außer der Kraft bei unendlich langsamer Verformung eines festen Körpers eine dynamische Reibungskraft überwunden werden muß, die um so größer ist, je schneller dem Prüfkörper die Verformung aufgezwungen wird. Nach dieser Vorstellung setzt sich demnach die Gesamtkraft aus einer statischen Kraft P_1 und einer zusätzlichen, dynamischen Kraft P_2 zusammen, wobei eine einfache Zusammenzählung dieser beiden Einzelkräfte nach der Gleichung

$$P = P_1 + P_2 \tag{3}$$

vorgenommen wird[1].

Es besteht kein Zweifel, daß mit solchen Ansätzen bei geeigneter Wahl der Beiwerte jeweils eine bestimmte Erscheinung in ein mathematisches Kleid gehüllt werden kann. Die aus ihnen abzuleitenden Folgerungen lassen sich jedoch nicht in ein allgemein befriedigendes Gesamtbild einordnen[2]. Dies wird deutlich, wenn einige Grenzfälle betrachtet werden. Im Falle sehr großer Belastungsgeschwindigkeit, also etwa beim Stoßversuch, müßte die Belastung in Abhängigkeit von der Verformung schneller ansteigen als im elastischen Bereich bei langsamer Belastung. Wird andererseits der Reibungswiderstand sehr groß, so muß der Einfluß der Reibungskraft entsprechend wachsen und die statische, insbesondere die elastische Kraft überwiegen. Ein Werkstoff mit unendlich großer innerer Reibung ist aber im Gegenteil als vollkommen elastisch anzusprechen. Wird dagegen die innere Reibung 0, d. h. nähert man sich dem Grenzfall einer Flüssigkeit, so läßt die Gl. (3) die statische Kraft in ihrer vollen Höhe weiter bestehen.

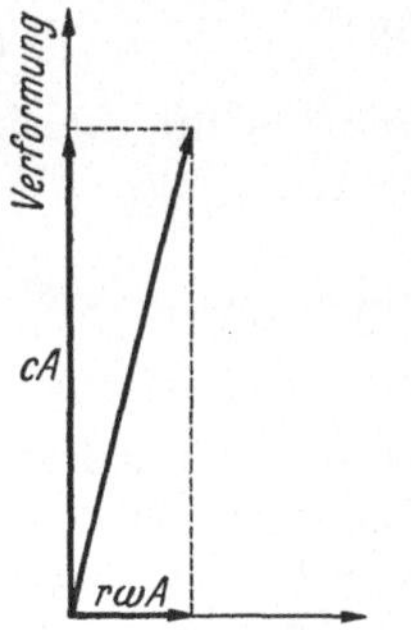

Abb. 17. Vektorielle Zusammensetzung von Feder- und Reibungskraft.

Die Schwierigkeiten, in die der Ansatz 3 führt, werden besonders deutlich, wenn man das Verhalten eines Werkstoffes unter periodischer Belastung betrachtet, denn auch hierfür muß ein die Verformungsgeschwindigkeit berücksichtigender Ansatz Gültigkeit haben. Für die elastische Kraft läßt sich in Abhängigkeit von der Amplitude A der Verformung schreiben:

$$P_c = cA\,,$$

worin nun c die Federkonstante des Prüfkörpers bedeute. Da diese Kraft mit dem Ausschlag A gleichphasig ist, muß ihr Vektor gemäß Abb. 17

[1] Vgl. z. B. E. Siebel und A. Pomp: Mitt. Kais.-Wilh.-Inst. Eisenforschg., Düsseld. Bd. 10 (1928) S. 63, hier weiteres Schrifttum.

[2] Späth, W.: Einige Bemerkungen zum Einfluß der Belastungsgeschwindigkeit bei Zerreißversuchen. Aluminium Bd. 19 (1937) S. 312.

in Richtung des nach oben gezeichneten Verformungsvektors angenommen werden. Außer dieser elastischen Kraft ist nun noch eine Reibungskraft anzunehmen. Ist r der Reibungswiderstand und V die Verformungsgeschwindigkeit, dann ist:

$$P_r = rV.$$

Diese Reibungskraft ist mit der Verformungsgeschwindigkeit gleichphasig, sie ist also 0, wenn die Verformung und damit auch die elastische Kraft ihren Höchstwert erreichen. Da zwischen Verformung und Verformungsgeschwindigkeit eine Phasenverschiebung von 90° vorhanden ist, muß der Vektor dieser Reibungskraft nach rechts in Abb. 17 eingetragen werden.

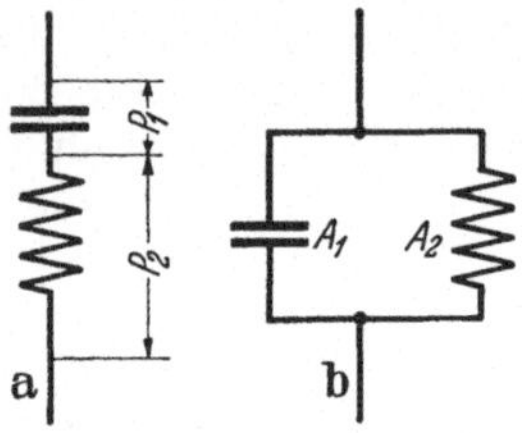

Abb. 18. Schaltungen von Kapazität und Widerstand.

Es liegen also ganz ähnliche Verhältnisse vor, wie bei der elektrischen Hintereinanderschaltung von Kapazität und Widerstand (Abb. 18a). Auch im elektrischen Fall ergibt sich die Gesamtspannung als Summe der Einzelspannungen über Kapazität und Widerstand. Der Ansatz 3 entspricht also einer Hintereinanderschaltung der Einzelkräfte. Allerdings handelt es sich hier nicht um die arithmetische, sondern um die geometrische Summe. An Stelle der Gl. (3) tritt demnach allgemein:

$$\mathfrak{P} = \mathfrak{P}_1 + \mathfrak{P}_2, \tag{4}$$

worunter nun Vektoren zu verstehen sind. Insbesondere ergibt sich der Absolutwert der Gesamtkraft zu:

$$P = \sqrt{P_1^2 + P_2^2} = \sqrt{c^2 A^2 + r^2 V^2}. \tag{5}$$

Wenn ω die Belastungsfrequenz darstellt, so kann auch geschrieben werden

$$V = \omega A$$

und damit

$$P = A\sqrt{c^2 + r^2 \omega^2}. \tag{6}$$

Bei einer periodischen Belastung wird die im elastischen Glied (Kapazität) aufgespeicherte Energie stets wieder zurückgewonnen. Die Reibungskraft dagegen bedingt einen tatsächlichen Energieverbrauch. Das zur Kennzeichnung dieser Verhältnisse dienende logarithmische Dekrement der Dämpfung stellt sich als halber Quotient aus der pro Zyklus verbrauchten Energie zu der im elastischen Glied aufgespeicherten Energie dar. Da nun mit wachsender Verformungsgeschwindigkeit die Reibungskraft und damit auch die je Zyklus verbrauchte Energie zunimmt, muß auch dieses logarithmische Dekrement mit wachsender Frequenz zunehmen. Bei der periodischen Belastung eines Werkstoffes müßte also unter der Annahme eines inneren Reibungswiderstandes im Sinne einer zähen Flüssigkeit die Hysteresisschleife sich mit wachsender Frequenz immer mehr aufweiten, entsprechend müßte das tatsächlich gemessene Dämpfungsdekrement zunehmen. Diese Folgerung ist schon von W. Voigt[1] abgeleitet worden, der ebenfalls einen inneren Reibungswiderstand zur Erklärung der inneren Dämpfung annahm. Wenn auch die Frage der Frequenzabhängigkeit der Dämpfung noch nicht völlig geklärt ist, so steht heute fest, daß die aus der Annahme eines inneren Widerstandes folgende Dämpfungszunahme mit steigender Belastungsfrequenz nicht vorhanden ist, ebensowenig läßt sich eine Aufweitung der Hysteresisschleifen mit wachsender Frequenz beobachten, eher ist das Gegenteil der Fall.

Auch diese letzte Folgerung aus dem Ansatz 3 steht also mit den tatsächlich zu beobachtenden Erscheinungen an belasteten Werkstoffen nicht im Einklang. Die übliche Vorstellung einer „inneren Reibung" ist daher ergänzungsbedürftig.

Ein gewisser Fortschritt wird erreicht, wenn man — elektrisch gesprochen — nicht eine Hintereinanderschaltung, sondern eine Nebeneinanderschaltung nach Abb. 18b annimmt. Wird an eine solche Einrichtung eine elektrische Spannung gelegt, so ist der Gesamtstrom durch die geometrische Summe der beiden in Kapazität und Widerstand fließenden Einzelströme gegeben. Entsprechend wird demnach im mechanischen Fall nicht mehr die Gesamtkraft als Summe zweier Einzelkräfte bei gegebenen Verformungsverhältnissen angesetzt, sondern es wird umgekehrt die Gesamtverformung als geometrische Summe zweier Einzelverformungen ermittelt. Diese beiden Einzelverformungen sind die elastische Verformung und die zusätzliche bildsame Verformung.

Die elastische Verformung A_1 unter der Kraft P ist:

$$A_1 = P/c\,.$$

Sie ist gleichphasig mit der Kraft P. Hierzu kommt die zusätzliche Verformung A_2, die sich als:

$$A_2 = \frac{P}{r\omega}$$

anschreiben läßt, sie ist gegenüber der Kraft P um 90° phasenverschoben. Der Höchstwert der Gesamtverformung A unter der Last P ergibt sich demnach zu:

$$A = \sqrt{A_1^2 + A_2^2} = P\sqrt{\frac{1}{c^2} + \frac{1}{r^2\,\omega^2}}\,. \tag{7}$$

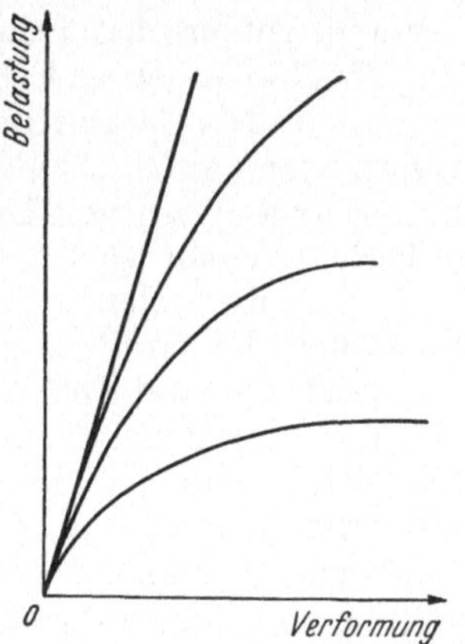

Abb. 19. Abhängigkeit der Belastung von der Verformungsgeschwindigkeit.

Eine kurze Prüfung verschiedener Grenzfälle zeigt, daß dieser Ansatz den verschiedenen Anforderungen besser gerecht wird. Ist der Widerstand r unendlich groß, so wird das zweite Glied unter der Wurzel 0 und man erhält als Schaulinie die elastische Linie, deren Neigung durch die Federkonstante c gegeben ist (Abb. 19). Je kleiner nun der Reibungswiderstand r wird, desto größer ist der zusätzliche Betrag an bildsamer Verformung. Die Belastungskurve neigt sich daher immer mehr nach

[1] Voigt, W.: Ann. Physik Bd. 47 (1892) S. 692. Vgl. auch W. Späth: Z. Angew. Math. Mech. Bd. 7 (1927) S. 360.

rechts. Für verschwindend kleinen Reibungswiderstand wird die bildsame Dehnung schon für sehr geringe Kräfte sehr hoch, das Schaubild nähert sich immer mehr der Abszissenachse. Es ergibt sich also eine Schar von Kurven gemäß Abb. 19, wobei die elastische Linie für unendlich großen Widerstand und die Abszissenachse für unendlich kleinen Widerstand die beiden Grenzlagen angeben.

Für unendlich schnelle Belastungszunahme, also für $\omega = \infty$, wird der zweite Ausdruck unter der Wurzel ebenfalls 0. Man erhält demnach für diesen Grenzfall ebenfalls die elastische Linie. Je schneller also die Belastung durchgeführt wird, desto höher liegen die Spannungen, bis zu denen das Belastungsschaubild sich der elastischen Linie anschmiegt, ohne jedoch diese überschreiten zu können. Wird der Belastungsversuch langsamer durchgeführt, so hat die bildsame Verformung Zeit sich auszuwirken, die Kurven neigen sich immer stärker nach rechts. Wird die Belastungszeit unendlich groß, also $\omega = 0$, so wird theoretisch die bildsame Verformung ebenfalls unendlich groß. Diese Folgerungen kommen den tatsächlichen Verhältnissen näher. So ist bekannt, daß bei Stoßversuchen das Schaubild langsamer vom geradlinigen Verlauf abweicht, als bei den üblichen Belastungsversuchen, und daß die Verformungen in sehr langen Zeitabschnitten, etwa in geologischen Zeiträumen, beträchtliche Werte annehmen können.

Aber auch der Verlauf der Dämpfung bei periodischer Belastung entspricht eher den tatsächlichen Beobachtungen. Je schneller die Belastungswechsel durchlaufen werden, desto kürzer ist die zum Fließen verfügbare Zeit, desto geringer ist demnach der bildsame Anteil der Verformung, entsprechend muß das logarithmische Dekrement der Dämpfung abnehmen. Diese Folgerung scheint durch Beobachtungen bestätigt zu werden. Die Gesamtfragen sind natürlich nicht durch einen einfachen Ansatz nach der Gl. (7) völlig zu übersehen. Wahrscheinlich treten mindestens zwei Arten von Dämpfung auf, worüber später noch eingehend zu berichten sein wird.

Es könnte vielleicht von geringer Bedeutung erscheinen, ob man, wie bisher, die zur Erzeugung einer bestimmten Verformung nötige Gesamtkraft aus zwei Teilen, der statischen Kraft und der Reibungskraft, oder aber umgekehrt die unter einer bestimmten Last in einer bestimmten Zeit sich ausbildende Verformung aus zwei Teilen, der elastischen und bildsamen Verformung, zusammengesetzt denkt. Bei der Behandlung praktischer Werkstoff-Fragen zeigt sich aber stets, daß die Grundvorstellung sich dem tatsächlichen Verhalten möglichst nähern muß, um fruchtbare Ansätze zu erhalten. Im vorliegenden Fall ist also nicht etwa eine zusätzliche Reibungskraft vorhanden, sondern eine zur elastischen Verformung hinzukommende plastische Verformung. Diese plastische Verformung ist sehr stark zeitabhängig, so daß mit schneller werdender Versuchsgeschwindigkeit eine allmählich langsamer sich ausbildende Abweichung vom rein elastischen Verhalten sich zeigt. Man kann etwa von einer „behinderten, bleibenden Verformung" sprechen, wobei die Behinderung in dem Mangel an genügender Zeit zur völligen Ausbildung der bleibenden Verformung besteht.

Obgleich später bei der Behandlung der oberen und unteren Streckgrenze noch ausführlich auf diese Fragen zurückgekommen wird, sei schon hier die Beeinflussung der Belastungs-Verformungs-Schaubilder und damit auch der statischen Festigkeitswerte durch die Belastungsgeschwindigkeit auf Grund dieser Vorstellung untersucht.

2. Einige Versuche.

Es sei angenommen, daß die Last zunächst geradlinig bis zum Punkt *A* gemäß Abb. 20 anwachse. Nach Überschreitung dieser kritischen Belastung sollen bildsame Verformungen auftreten. Die Last werde in einzelnen, kleinen Schritten wiederum erhöht, wobei die elastische Dehnung sich sofort zeigt, während die bildsame Dehnung gemäß der zur Verfügung stehenden Zeit allmählich zur Ausbildung kommt. Ferner möge es sich zunächst um eine weiche Maschine handeln, bei der also der einsetzende Fließvorgang unter gleichbleibender Last sich abspielt. Die Kurve *I* ergibt den Belastungsverlauf für eine verhältnismäßig rasche Belastungssteigerung, wobei also in den einzelnen Belastungsstufen nur kurze Zeit für die Ausbildung der Nachwirkung zur Verfügung steht. Wird der Versuch dagegen langsamer durchgeführt, wird also auf den einzelnen Stufen länger gewartet, so kann sich entsprechend die Nachwirkung im einzelnen stärker ausbilden (Kurve *II*). Die beiden Kurven *I* und *II* sind von gleichem Charakter, wobei die langsamer durchlaufene Kurve unterhalb der schneller durchfahrenen liegt. Auch hier zeigt sich eine Beeinflussung kritischer Werte, etwa der 0,2%-Grenze, wie dies ja vielfach bestätigt wird.

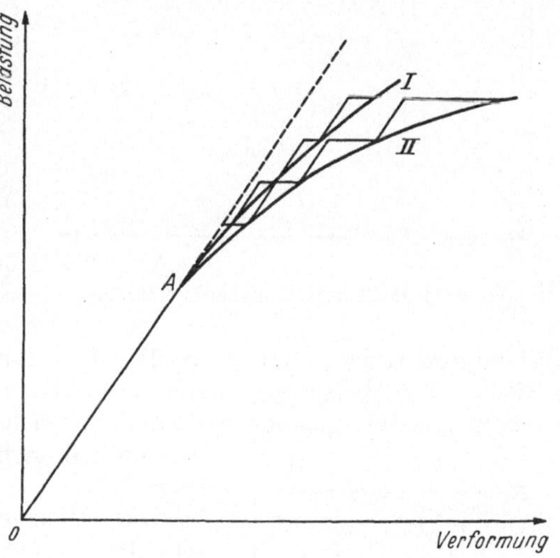

Abb. 20. Zeitabhängigkeit auf weicher Maschine.

Bemerkenswert ist bei diesen Untersuchungen, daß die Abbiegung der Belastungskurve vom geradlinigen Verlauf auf der weichen Maschine sehr schlank erfolgt, so daß die Bestimmung des Punktes *A* grundsätzlich unsicher bleiben muß. Wesentlich anders dagegen verlaufen die entsprechenden Kurven, wenn diese auf einer harten Maschine aufgenommen werden (Abb. 21). Bei schneller Durchführung des Versuches ergibt sich die Kurve *I*, die bald einen Höchstwert erreicht, um dann wieder abzusinken. Wenn der Belastungsvorgang jedoch langsamer durchlaufen wird, so zeigt sich nach Überschreiten des Punktes A ein scharfes Abbiegen, so daß dieser deutlich in Erscheinung tritt.

Die in Abb. 21 theoretisch abgeleiteten Kurven werden durch praktische Versuche bestätigt gefunden. So hat Ewing[1] zwei gleiche Proben aus weichem Eisendraht untersucht; die eine wurde innerhalb 4 min bis zum Bruch belastet, während auf die zweite Probe die Last 5000mal langsamer aufgebracht wurde. Das Ergebnis dieser Messungen ist in Abb. 22 dargestellt. Die stark ausgezogene Kurve gibt das Schaubild für schnelle Belastungsgeschwindigkeit an, während die strichpunktierte Kurve für langsame Belastung gilt. Man erkennt ganz deutlich, daß bei langsamer Belastung ein scharfes Abbiegen der Schaulinie sich ausbildet, entsprechend der theoretisch abgeleiteten Kurve nach Abb. 21. Die durch den Werkstoff bedingte kritische Grenzbelastung, nach deren Überschreitung ein verstärktes Fließen einsetzt, gelangt demnach durch langsame Steigerung der Belastung zur sicheren und eindeutigen Anzeige.

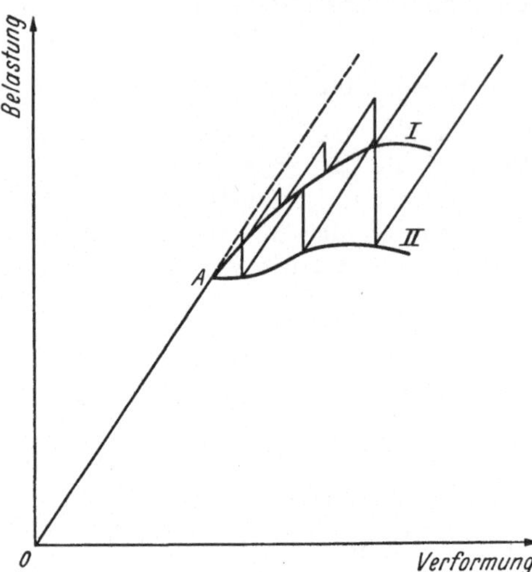

Abb. 21. Zeitabhängigkeit auf harter Maschine.

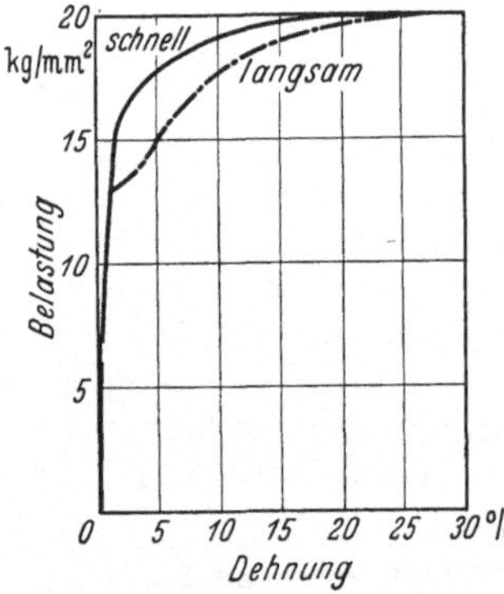

Abb. 22. Belastungs-Verformungs-Schaubild eines Eisendrahtes bei langsamer und schneller Steigerung der Belastung (Ewing).

Diese Kurven lehren, daß durch eine schnelle Belastungssteigerung beim Zerreißversuch eine einschneidende Veränderung im Werkstoff völlig übersehen werden kann. Diese ungünstige Wirkung wird noch unterstützt durch die Verwendung von weichen Maschinen, deren Eigenfederung eine weitere Verwischung innerer Werkstoffgrenzwerte bedingt. Allgemein läßt sich aus diesen Untersuchungen folgern, daß die harte Maschine werkstoffbedingte Grenzwerte wesentlich schärfer zur Anzeige bringen muß. Sie wird darin durch eine möglichst langsame Durchführung des Belastungsversuches unterstützt.

Man sieht also, daß die Lage der verschiedenen Festigkeitswerte von der jeweiligen Belastungsgeschwindigkeit und auch von der benutzten

[1] Ewing, J. A.: The Strength of Materials, S. 42. Cambridge 1903.

Prüfeinrichtung mehr oder weniger abhängig ist. Dazu tritt noch eine dritte Unsicherheit in der Bestimmung der statischen Festigkeitswerte. Diese erweisen sich auch als abhängig von der Vorgeschichte, die der Prüfstab erlebt hat.

IV. Veränderungen der mechanischen Eigenschaften durch Vorbelastung.

Schon Bauschinger[1] zeigte, daß durch eine Vorbelastung die Eigenschaften von Stahl sich merklich ändern können. So wies er nach, daß die Proportionalitätsgrenze gegen wechselnde Beanspruchung sehr empfindlich ist. Durch eine kleine Dehnung wurde die Proportionalitätsgrenze gegen Zug erhöht, gegen Druck dagegen herabgesetzt. Versuche von Masing[2] an Messing haben gezeigt, daß dieser Erscheinung eine allgemeine Bedeutung zukommt.

Trotzdem dieser Erscheinung nicht nur von seiten der theoretischen Werkstoffkunde, sondern gerade auch von der praktischen Werkstoffprüfung die allergrößte Bedeutung zuzumessen ist, ist man von einer befriedigenden Deutung noch weit entfernt. Auch sind die experimentellen Unterlagen in dieser Hinsicht noch spärlich. Im Hinblick auf spätere Ausführungen, insbesondere zur Aufzeigung des Zusammenhangs von statischen Festigkeitswerten und der Dämpfung, sei hier der Stand des experimentellen Befundes kurz zusammengestellt, wobei im wesentlichen dem Buche von Herold[3] gefolgt sei.

Durch eine vorhergehende Schwingungsbeanspruchung werden im allgemeinen die statischen Kennwerte eines Werkstoffes gehoben, während Dehnung und Einschnürung abnehmen. Die Festigkeitseigenschaften werden demnach durch die Schwingungsbeanspruchung in ähnlicher Weise verändert, wie durch eine Kaltbearbeitung. Diese Veränderungen sind z. B. von Moore und Jasper näher untersucht worden[4].

Zu ähnlichen Ergebnissen kommen Memmler und Laute[5], welche ihre Versuche auf der hochfrequenten Zug-Druck-Maschine von Schenck ausführten. Auch sie finden eine Zunahme der Festigkeits- und eine Abnahme der Zähigkeitseigenschaften der untersuchten Werkstoffe. Bei langer Beanspruchung unterhalb der Schwingungsfestigkeit ist diese Veränderung aber viel geringer als bei einer kurzen Beanspruchung über derselben. Besonders interessant sind ihre Beobachtungen über das Verhalten der oberen Streckgrenze. Bei einem nicht vorbelasteten Werkstoff findet ein starker Abfall von der oberen zur unteren Streckgrenze statt. Bei langer und niedriger Wechselbelastung wird dieser Spannungsabfall bedeutend geringer, um bei einer höheren Vorbelastung knapp

[1] Bauschinger, J.: Ziviling. Bd. 27 (1881) S. 289; Mitt. mech.-techn. Labor. München Bd. 13 (1886).

[2] Masing, G.: Z. techn. Physik Bd. 6 (1925) S. 569.

[3] Herold, W.: Die Wechselfestigkeit metallischer Werkstoffe. Wien: Julius Springer 1934.

[4] Moore, H. F. und T. M. Jasper: Univ. Illinois Bull. Engng. Exp. Stat. (1924) S. 142.

[5] Memmler, K. und K. Laute: Forsch.-Arb. Ing.-Wes. Nr. 329. Berlin: VDI-Verlag 1930.

unter der Schwingungsfestigkeit vollständig zu verschwinden. Bei einer noch höheren Wechselbeanspruchung über der Schwingungsfestigkeit wird die obere Streckgrenze schon nach wenigen Lastwechseln vollständig zerstört.

Ähnlich wie bei Stahl werden auch die statischen Eigenschaften der Nichteisenmetalle durch die Wechselbeanspruchung verändert. Czochralsky und Henkel[1] untersuchten die Veränderungen der statischen Eigenschaften durch schwingende Vorbeanspruchung auf der umlaufenden Dauerbiegemaschine von Schenck. Bei geglühtem Aluminium kann schon bei einer Beanspruchung von 1 kg/mm² und einer Lastwechselzahl von 0,1 Mill. ein deutlicher Einfluß auf alle untersuchten Kennwerte mit Ausnahme der Bruchfestigkeit beobachtet werden. Bei einer Beanspruchung von 5 kg/mm² steigen diese Kennwerte bereits auf das Doppelte an.

Besonders stark ist der Einfluß der Schwingungsbeanspruchung auf Kupfer. Die 0,01-, 0,02- und 0,2-Grenze steigen bei weich geglühten Stäben um mehr als das Doppelte an. Bei hart gezogenem Kupfer sind dagegen die Veränderungen wesentlich geringer.

Diesen Abschnitt über die Auswertung der Belastungs-Verformungs-Schaubilder des statischen Zerreißversuchs abschließend, ergibt sich demnach ein ziemlich unbefriedigendes Gesamtbild. Die heutigen statischen Festigkeitswerte sind willkürlich ausgewählte Meßzahlen, bei deren Ermittlung zudem vielfältige Einflüsse der Versuchsdurchführung bestimmend sind. Dazu tritt noch ihre Abhängigkeit von der Vorgeschichte des Werkstoffs.

C. Die obere und untere Streckgrenze.

Der merkwürdige Verlauf der Belastungsschaubilder einiger Werkstoffe, bei der Zerreißprüfung von einer höheren auf eine tiefere Laststufe abzusinken, ist von jeher Gegenstand vielfacher Untersuchungen gewesen. Je eingehender man sich mit dieser Frage der oberen und unteren Streckgrenze beschäftigte, desto deutlicher zeigte sich, wieviel Einflüsse hier zusammenwirken und die Erscheinungen verwickeln. Beginnend vom Probestab und dessen Formgebung, übergehend zur Art der Einspannung, zur Versuchsgeschwindigkeit und auch zur Prüfmaschine selbst, stets sind mehr oder weniger deutliche Abhängigkeiten zu beobachten[2].

Angeregt durch die Klarstellung des Einflusses der Eigenfederung der Prüfmaschine, sind in letzter Zeit Untersuchungen durchgeführt worden,

---

[1] Czochralsky, J. und E. Henkel: Z. Metallkde. Bd. 20 (1928) S. 58.

[2] Körber, F. und A. Pomp: Einfluß der Form des Probestabes, der Art der Einspannung, der Versuchsgeschwindigkeit und der Prüfmaschine auf die Lage der oberen und unteren Streckgrenze von Stahl. Mitt. Kais.-Wilh.-Inst. Eisenforschg., Düsseld. Bd. XVI (1934) S. 179. Siehe dort auch weitere Schrifttumsstellen. Ferner C. Bach: Z. VDI Bd. 48 (1904) S. 1040 und Bd. 49 (1905) S. 615. — Kühnel, R.: Z. VDI Bd. 72 (1928) S. 1226. — Ensslin, M.: Festschrift d. Techn. Hochsch. Stuttgart 1929 S. 83. — Malmberg, G.: Jernkont. Ann. Bd. 121 (1937) S. 249.

mit dem Ziele, die Frage der oberen und unteren Streckgrenze einer endgültigen Klärung entgegenzuführen.

I. Allgemeines.

1. Einige Versuche.

Schon in der obenerwähnten Arbeit[1] wurde der Vorschlag gemacht, durch Änderung der Eigenfederung einer Prüfeinrichtung, etwa durch Zwischenschaltung einer besonderen Feder in den Kraftfluß, die Prüfeinrichtung künstlich „weich" zu machen. Bei genügender Weichheit der Prüfeinrichtung muß sich ein einsetzender Fließvorgang unter annähernd gleichbleibender Spannung abspielen. Derartige Versuche wurden von Welter[2] ausgeführt, wobei auf einer kleinen Zerreißmaschine von Amsler mit Pendelwaage Probestücke zunächst in der üblichen Weise geprüft werden. Hierbei ergibt sich die bekannte Erscheinung der oberen und unteren Streckgrenze. Hierauf wird eine besondere Schraubenfeder in den Kraftfluß der Prüfmaschine eingeschaltet und eine zweite Probe vom gleichen Werkstoff untersucht. Der Fließvorgang spielt sich nunmehr nach Überschreitung einer kritischen Fließgrenze annähernd gleichlaufend mit der Abszissenachse ab, der Abfall der Spannung zu einer unteren Lastgrenze ist verschwunden.

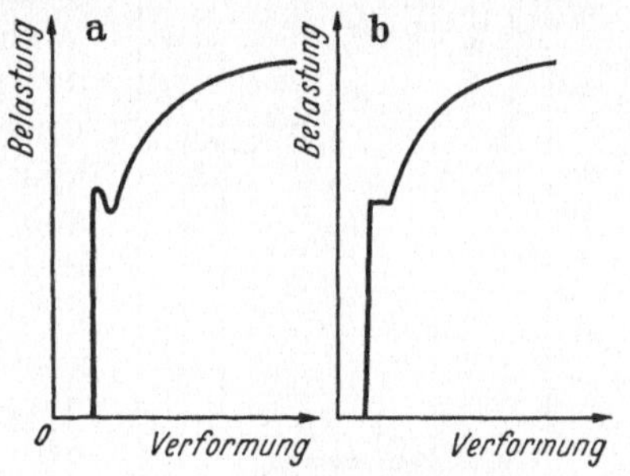

Abb. 23. a) Schaubild auf einer üblichen Maschine mit Preßwasserantrieb. b) Schaubild bei Vergrößerung des Preßwasserraums.

Bei großen Maschinen ist die Einschaltung einer Feder nicht ohne weiteres möglich, da deren Abmessungen sehr unhandlich werden würden. Bei Prüfmaschinen mit Preßwasserantrieb kann jedoch die Eigenfederung weich gemacht werden, wenn der Inhalt des Preßzylinders wesentlich vergrößert wird. Nach einem Vorschlag von v. Bohuszewicz wurde daher zur Ausführung orientierender Versuche ein Pulsator für 60 t von Losenhausen benutzt, zu dessen Ausrüstung ein besonderer Ausgleichs-Preßwasserbehälter gehört. Durch Zuschalten dieses Behälters über ein Ventil an den Preßwasserzylinder der Maschine konnte die Eigenfederung der Maschine um ein Vielfaches erhöht werden. Die erzielten Ergebnisse sind in Abb. 23 dargestellt. Bei üblichem Gebrauch der Maschine ergab sich das Schaubild a; dieses selbsttätig von dem Schreibapparat der Maschine aufgezeichnete Schaubild zeigt also eine obere und untere Streckgrenze. Prüft man ein zweites Probestück aus dem gleichen Werkstoff, wenn der zusätzliche Preßwasserbehälter an den Zylinder der Maschine angeschlossen ist, so erhält man das Schaubild b. Nach Überschreiten einer kritischen Fließgrenze spielt sich jetzt

[1] Späth, W.: Anmerkung S. 9.

[2] Welter, G.: Metallwirtsch. Bd. XIV (1935) S. 1043. — Wiadomosci Instytutu Metalurgji i Metaloznawsta, Warszawa (1936) Rok. 3 Nr. 2 S. 95. — Vgl. auch Reggiori, A.: Metall. ital. 28 (1936) S. 316.

der ganze Fließvorgang unter gleichbleibender Last ab. Von einem Lastabfall ist nichts mehr zu sehen.

Diese beiden Messungen kommen demnach auf ganz verschiedenen Wegen zum gleichen Ergebnis, das durch die Theorie vorhergesagt wurde. Durch genügende Erhöhung der Nachgiebigkeit der im Kraftfluß liegenden elastischen Glieder der Prüfeinrichtung kann der übliche Lastabfall zum Verschwinden gebracht werden.

Die bisherigen Messungen bezogen sich auf technisches Eisen. Durch die reineren Verhältnisse an Einkristallen sind jedoch weitere Einblicke zu erhoffen. Besonders bemerkenswert sind in dieser Hinsicht die Messungen von Schmid und Boas an Kadmiumkristallen[1]. Durch Zwillingsbildung treten bei diesen Kristallen plötzliche Längenänderungen auf, die von einem hörbaren Knacken begleitet sind. Es liegt also hier der den theoretischen Ausführungen zugrunde liegende Fall vor, wonach bei Überschreiten einer kritischen Last plötzlich eine ganz bestimmte Dehnung des Prüflings erfolgen soll. Die Messungen wurden auf dem Fadendehnungsapparat des Kaiser-Wilhelm-Instituts Berlin ausgeführt, bei dem die Kraft durch die Durchbiegung einer Feder bestimmt wird. Die Federkonstante dieser Kraftfeder ist nach der aufgestellten Theorie für den Verlauf des Spannungs-Dehnungs-Schaubildes ausschlaggebend. Durch die plötzliche Längenänderung des Prüflings muß ein Spannungsabfall auftreten, wobei das abfallende Stück der Belastungskurve nicht etwa durch das Probestück, sondern durch das Belastungs-Schaubild der Meßfeder bestimmt wird. Die dem genannten Buch entnommene Abb. 24 zeigt deutlich, daß bei jeder plötzlichen Verlängerung des Kristalls infolge Zwillingsbildung ein Spannungsabfall erfolgt, wobei die Richtung des Spannungsabfalls in allen Fällen ungefähr gleich ist. Diese Richtung ist nach der abgeleiteten Theorie durch die Federkonstante der Meßfeder gegeben. Die bei Kristallen vorliegenden, reinen Verhältnisse sollten in Zukunft noch weiter zur Untersuchung der grundsätzlichen Verhältnisse an Prüfmaschinen herangezogen werden.

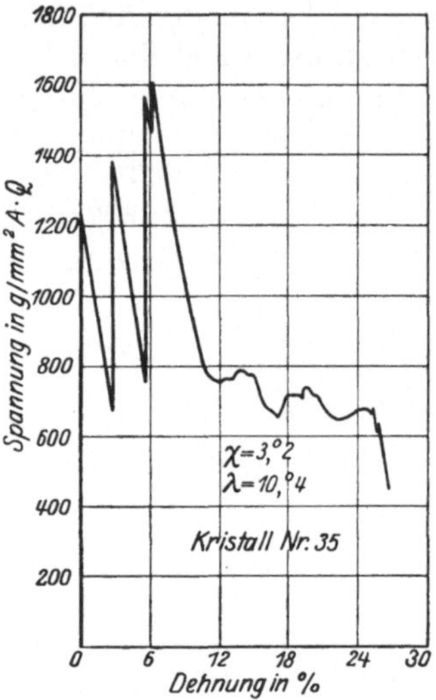

Abb. 24. Dehnungskurve von Kadmiumkristallen, unstetige Entlastungen bei Ausbildung von Deformationszwillingen.

Zur Ergänzung können hier einige Versuche von Welter angeführt werden, die sich auf die Zerreißschaubilder von gehärtetem Duralumin einige Zeit nach der Abschreckung beziehen. Auch hier tritt wahrscheinlich ebenfalls infolge Zwillingsbildung eine Reihe von plötzlichen Dehnungen auf. Je nach der benutzten Maschine wirken sich diese Deh-

[1] Schmid, E. und W. Boas: Kristallplastizität, Sammlung Struktur und Eigenschaften der Materie, Bd. XVII (1935).

nungen verschieden aus. Wird auf einer Maschine mit Gewichtsbelastung, oder auch auf einer Maschine mit sehr weicher Eigenfederung geprüft, so haben die ruckartigen Dehnungen einen treppenartigen Verlauf der Lastkurve mit zur Dehnungsachse parallelen Einzelstufen zur Folge. Auf einer üblichen Maschine dagegen tritt durch die ruckartigen Dehnungen jeweils ein Spannungsabfall auf, der durch die Eigenfederung der Maschine gegeben ist. Das Schaubild zeigt also einen sägeartigen Verlauf.

Auch bei Stahl im Temperaturgebiet der Blauwärme spielen sich ähnliche Erscheinungen ab. Durch sehr genaue Messungen mit Hilfe von Kondensatormeßdosen wurden diese Erscheinungen von Enders und Lueg[1] näher untersucht. Es zeigt sich auch hier, daß die auftretenden Lastsprünge untereinander parallel sind, und zwar wurde festgestellt, ,,daß die zu einem Lastabfall zugehörige Zunahme der Dehnung fünfmal so groß ist wie die bei einer gleich großen Lastzunahme erreichte Dehnung". Dies bedeutet also, daß hier die Federkonstante der Prüfeinrichtung ungefähr fünfmal kleiner war, als diejenige des Prüfstabes selbst.

2. Auswertung der Versuche.

Durch diese Messungen ist für die weitere Ausgestaltung der Theorie über den Einfluß der Prüfmaschine ein sicherer Boden geschaffen[2]. Insbesondere die Ergebnisse an Einkristallen können weiteren Betrachtungen mit Vorteil zugrunde gelegt werden, da die reinen Verhältnisse mit den vereinfachenden Annahmen der Theorie weitgehend übereinstimmen. Zusammenfassend dürfte daher die Darstellung der theoretischen Erwägungen an Hand von Belastungs-Schaubildern der oben angeführten Kadmiumkristalle von Nutzen sein. Die Abb. 6 gibt ohne weiteres die Verhältnisse bei der Belastung von Kristallen wieder.

Ein Kadmiumkristall werde in einer Belastungsvorrichtung gedehnt und die in Abb. 6 gezeichnete Linie OA stelle den Verlauf der Belastungs-Dehnungs-Kurve dar. Auch in der Belastungsvorrichtung hat sich beim Aufbringen der Spannung selbstverständlich ein Belastungsvorgang abgespielt und die Gerade CA stelle das Belastungs-Dehnungs-Schaubild der Prüfeinrichtung selbst dar. Im Falle des obenerwähnten Fadendehnungsapparates ist diese Linie im wesentlichen durch die Elastizität der Meßfeder gegeben. Die Einrichtung ist im Punkt A im statischen Gleichgewicht, d. h. also die bei der Dehnung von OB im Kristall auftretende Spannung von AB wird von der gleichgroßen Gegenspannung AB der Prüfeinrichtung aufgenommen, wobei die zugehörige Dehnung der Prüfeinrichtung selbst CB beträgt. Bei Überschreitung der Last in A trete nun im Kristall plötzlich eine Zwillingsbildung ein, wodurch eine Dehnung des Kristalls ausgelöst wird. Diese Dehnung sei durch AD gegeben. Hierdurch gerät die ganze Anordnung aus dem statischen Gleichgewicht und der Kristall sucht sich gemäß der Linie DO' zu entlasten. Im Schnittpunkt E dieser Linie mit der Belastungslinie der Meß-

[1] Enders, W. und W. Lueg: Mitt. Kais.-Wilh.-Inst. Eisenforschg., Düsseld. Bd. XVII (1935) S. 77.

[2] Späth, W.: Metallwirtsch. Bd. 16 (1937) S. 697.

feder kommt die Anordnung wieder in ein neues statisches Gleichgewicht. Durch die plötzliche Längendehnung infolge Zwillingsbildung durchläuft demnach das Schaubild das Stück AE. Wird nun weiter belastet, so hebt sich die gemeinsame Spannung wieder, bis erneut eine Zwillingsbildung auftritt, wobei ein zweiter Spannungsrückgang erfolgt, usf.

Die Ausbildung der sprunghaften Erscheinungen bei plötzlicher Längenänderung infolge Zwillingsbildung ist daher im wesentlichen durch die elastischen Eigenschaften der Prüfeinrichtung bestimmt. Die Entlastungsstücke AE sind als Stücke der Entlastungskurve der Prüfeinrichtung anzusehen. Dies wird besonders deutlich, wenn man die beiden Grenzfälle der sehr weichen und der sehr harten Maschine untersucht.

Die Meßfeder in dem obengenannten Fadendehnungsapparat sei nun sehr weich gewählt. Wenn nunmehr der Kristall sich plötzlich um das Stück AD längt, so hat diese Längung für die Eigenfederung der Maschine mit ihrem sehr großen Federhub keinen merklichen Einfluß. Man erhält also das Stück AD unmittelbar im Schaubild des Prüflings, wobei sich demnach die volle Größe der Dehnung außen meßbar zeigt, während die Last annähernd gleich groß bleibt. Es ist dies der Fall der reinen Nachwirkung.

Ganz anders bei einer sehr harten Maschine, deren kennzeichnendes Schaubild für den Grenzfall unendlich harter Eigenfederung durch die Senkrechte AB gegeben ist. Wenn sich nun der Kristall infolge Zwillingsbildung plötzlich um das Stück AD dehnt, so sucht sich der Kristall zu entlasten und er findet erst das nötige Gleichgewicht mit der Maschine im Punkt E'. Die Spannung fällt um das Stück AE', Abb. 6. Die bei Beginn des Fließens vorhandene Dehnung des Kristalls bleibt aufrechterhalten, sie erscheint aber nunmehr aufgeteilt in das dem Stück AD entsprechende Stück $E'N$ und die restliche elastische Dehnung MN. Dies ist aber der Fall der reinen Relaxation. Das kennzeichnende rechtwinklige Dreieck ADE, das aus dem gegebenen Stück AD und dem gegebenen Winkel α ohne weiteres zu zeichnen ist, enthält also alle möglichen Fälle, die im einzelnen durch eine Gerade zu erhalten sind, die von der Spitze A des Dreiecks nach der Hypothenuse gezogen wird (Abb. 25).

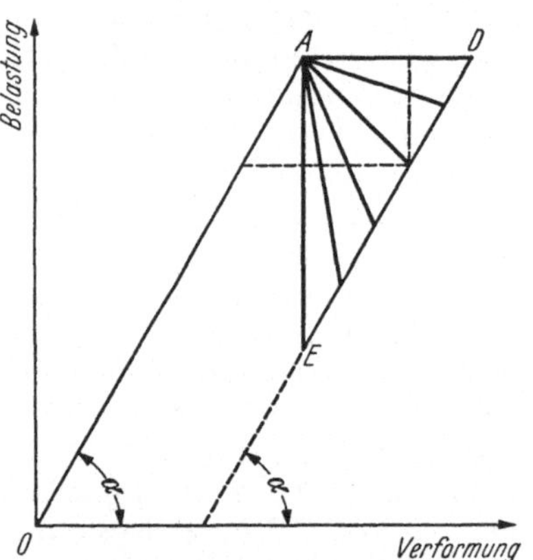

Abb. 25. Das Dreieck ADE enthält alle möglichen Fälle der Fließdehnungen.

Die Grundannahme der Theorie, daß bei A eine plötzliche Längenänderung um AD auftritt, ist bei der Zwillingsbildung von Kristallen mit großer Annäherung verwirklicht, da es sich hier um das Umklappen von einer Gleichgewichtslage in eine zweite handelt. Der durch die Längenänderung verursachte Lastabfall kann daher keinen nennenswerten Einfluß auf die Längenänderung selbst besitzen. Ähnliche Erscheinungen treten auch bei den obenerwähnten Untersuchungen von Welter an Duralumin auf. Da es sich hierbei jedoch um Vielkristalle handelt, kann die Auswirkung einer einzelnen Zwillingsbildung nicht die großen Lastsprünge zur Folge haben wie beim Kadmiumkristall. Die Annahme ist nicht von der Hand zu weisen, daß ganz allgemein im sog. plastischen Gebiet von Vielkristallen eine große Anzahl von dicht aufeinanderfolgenden Lastsprüngen auftritt, die jedoch von den heutigen Maschinen nicht angezeigt werden, da infolge ihrer Eigenfederung diese Lastsprünge verwischt werden.

3. Die Vorgänge beim Fließen.

Nach diesen Vorbereitungen kann nun die Frage der oberen und unteren Streckgrenze auf Grund der gewonnenen Vorstellungen näher beleuchtet werden. Die Verhältnisse sind hier allerdings so verwickelt, daß nur Schritt für Schritt vorgegangen werden kann. Es müssen zunächst die Fälle ausgeschieden werden, bei denen von vornherein eine ungleichmäßige Belastung erfolgt, also insbesondere Verdreh- und Biegeversuche. Hier treten neue Erscheinungen gegenüber dem Zugversuch auf, da der Fließvorgang allmählich in das Innere des Prüfstücks vordringt.

Ferner muß genau unterschieden werden zwischen dem in der Maschine sich abspielenden Ausgleichsvorgang, der entsprechend zunächst nur bei abgestellter Maschine reine Bedingungen vorfindet, und dem Einfluß der bei der praktischen Prüfung weiter arbeitenden Maschine.

Ein Prüfstab aus geeignetem Werkstoff werde gemäß der Linie OA in Abb. 6 bis zum Punkt A belastet. Nach Erreichen des Punktes A werde die Maschine stillgesetzt. Bei einer geringen Erhöhung der Spannung, etwa durch einen Stoß mit der Hand, möge der Fließbeginn eingeleitet werden, wobei zunächst nur etwa die Fasern der Oberfläche zum Fließen kommen sollen. Bei sehr weicher Maschine bleibt hierbei die Spannung aufrechterhalten. Die volle Spannung wirkt sich also stets gleichbleibend auf das Prüfstück aus. Da in diesem jedoch die äußeren Schichten geflossen sind, ist die verhältnismäßige Belastung des Kernes größer, so daß auch dieser sicher zum Fließen kommt, bis der ganze Querschnitt des Prüflings geflossen ist. Die Maschine wird also einen Spannungsverlauf von A nach D nehmen. Ist der Punkt D erreicht, so ist der ganze Prüfstab gleichmäßig vom Fließen erfaßt, nicht nur weil die Maschine ihre Spannung aufrecht erhält, sondern auch weil die spezifische Belastung der noch gesunden Fasern mit fortschreitender Dehnung größer wird und diese daher mit Sicherheit ebenfalls zum Fließen kommen. So kann der Verlauf des Schaubildes b in Abb. 23 ohne weiteres erklärt werden, da eben hier in einem einzigen Zug sich der Fließvorgang vollständig ausbildet. Eine solche Kurve kann aber nur erhalten werden, wenn die Einzelfasern des Prüfstücks etwa durch Ausglühen gleichwertig sind. Ist dies nicht der Fall, so ist ein völlig anderes Aussehen der Belastungskurve zu erwarten. Nach Dammerow[1] zeigen z. B. gerade gerichtete

[1] Dammerow, E.: Werkstoffabnahme in der Metallindustrie. Berlin 1935, — Ferner Uebel, F.: Arch. Eisenhüttenwes. Bd. 11 (1937/38) S. 329.

Probestäbe keine Streckgrenze, da durch das Geradebiegen verschiedene Reckgrade in den verschiedenen Längsfasern vorliegen. Verschiedene Reckgrade hinterlassen aber verschiedene Vorspannungen, so daß man eine unendliche Reihe von dicht hintereinanderliegenden Streckgrenzen anzunehmen hat. Mit einer genügend empfindlichen harten Maschine müßte daher eine große Anzahl von einzelnen kleinen Lastsprüngen zu beobachten sein, während die heutigen Maschinen den bekannten Kurvenzug mit allmählich einsetzender ,,plastischer" Verformung zeigen. Außermittige Einspannung des Probestabes und auch Querschnittsformen, die von der günstigsten runden Form abweichen, müssen in entsprechender Weise die Belastungskurven beeinflussen, wenn eine gleichmäßige Belastung des Querschnitts des Prüfkörpers nicht gewährleistet ist.

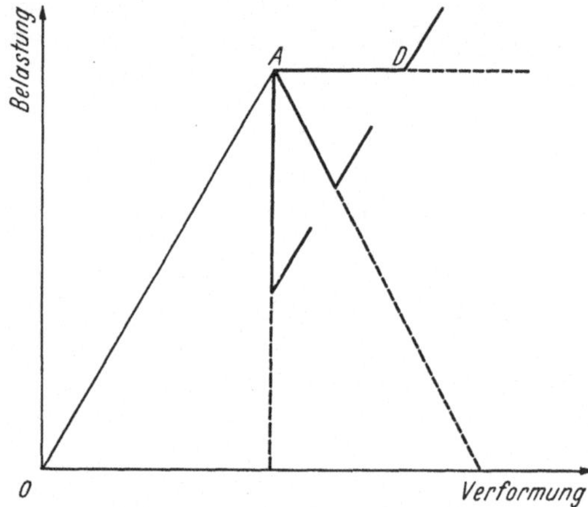

Abb. 26. Ausbildung des Fließvorgangs in einem Sprung bei verschiedener Maschinenfederung.

Man kann sich nun weiter den Fall überlegen, daß nach einem in Punkt A einsetzenden Fließen, etwa infolge der größer werdenden Belastung der gesunden Fasern der ganze Stab erfaßt wird, trotz dem durch das Fließen im allgemeinen bedingten Spannungsabfall der Maschine. Es ergibt sich hierbei mit wachsender Federkonstanten der Prüfmaschinen ein immer steilerer Lastabfall gemäß Abb. 26. Nach erneuter Inbetriebsetzung der Maschine muß in diesen theoretischen Fällen stets die Verfestigung einsetzen.

Im allgemeinen wird jedoch das Fließen infolge des Spannungsabfalls der Maschine früher oder später aufhören. Die Spannung der Maschine muß also wieder erhöht werden, um erneut das Fließen in Gang zu bringen. Nun breitet sich der Fließvorgang in den noch nicht erfaßten Teilen aus. Hierbei tritt wiederum eine Längenänderung und damit verbunden eine Lastsenkung ein. Das Fließen wird erneut zum Stocken kommen, bis bei weiterem Nachpumpen in einer Reihe von Kraftschwankungen schließlich der ganze Probestab geflossen ist. Erst jetzt kann der Verfestigungsanstieg erfolgen. Daß der Fließvorgang sich völlig unregelmäßig über den Prüfstab ausbreitet, ist durch Untersuchungen gesichert[1]. Der vielgestaltige Verlauf der Belastungs-Verformungslinie zwischen oberer Streckgrenze und einsetzender Verfestigung ist demnach weniger ein Ausdruck für die Eigenschaften des Werkstoffes als solchen, sondern vielmehr ein außen feststellbares Abbild des allmählich fortschreitenden Fließvorgangs. Je nach Werkstoff, Ausbildung

[1] Yuasa, K.: Arch. Eisenhüttenwes. Bd. 7 (1933/34) S. 489.

des Probestabes, Einspannung, Versuchsgeschwindigkeit und sonstigen mannigfaltigen Zufälligkeiten kann die schrittweise Ausbildung des Fließvorgangs sehr verschiedenartig verlaufen, entsprechend mannigfaltig sind auch die zu beobachtenden Erscheinungen im Belastungs-Schaubild.

Unter Zugrundelegung verschiedener Annahmen seien einige Fälle behandelt. In Abb. 27 sei ein Probestab wieder bis zum kritischen Punkt A belastet, worauf die Maschine stillgesetzt werde. Durch einen kleinen Anstoß werde das Fließen wiederum eingeleitet. Entsprechend der Verlängerung des Stabes zeigt sich ein Spannungsabfall längs der Belastungs-Verformungslinie der Maschine, die hier die gleiche Neigung wie der Probestab selbst aufweise. Nachdem sich der Fließvorgang bis zur Hälfte der gesamten Längung ausgebildet hat, sinkt die Last entsprechend bis zum Punkt E und durch diesen großen Lastabfall sei das weitere Fließen unterbunden. Um die Fließerscheinung wieder in Gang zu bringen, muß die Maschine erneut eingeschaltet werden. Die Last hebt sich gemäß der Linie EA'. Das neuerliche Fließen wird nun bei einer geringeren Last einsetzen, da ja durch das vorangegangene Fließen der Prüfstab ungleichmäßig belastet wird. Nimmt man an, daß in dem einsetzenden zweiten Fließvorgang die restliche Hälfte vollständig zum Fließen kommt, so zeigt sich ein zweiter Lastabfall, woran sich dann der Verfestigungszweig anschließt.

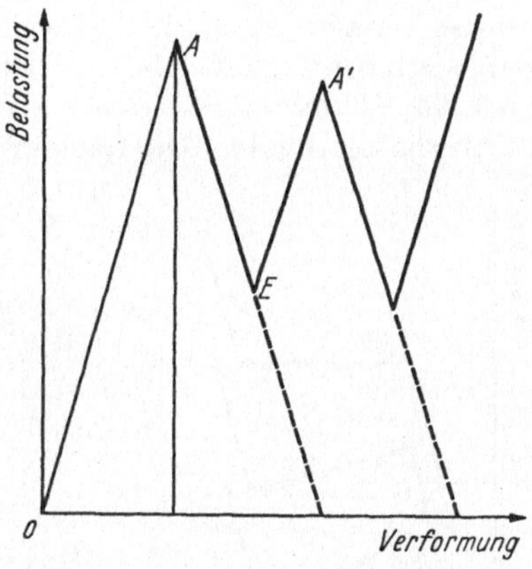

Abb. 27. Fließvorgang in zwei Einzelsprüngen.

Im allgemeinen wird sich jedoch der Fließvorgang wesentlich verwikkelter abspielen. Beim ersten Fließsprung wird ein verhältnismäßig großer Teil des Prüfstabes erfaßt. Eine verhältnismäßig große Dehnung in Verbindung mit einem kräftigen Lastabfall nach E gemäß Abb. 28 ist die Folge. Hieran schließen sich eine Reihe von Sprüngen, die mit zunehmender Erfassung des Prüfstabes durch den Fließvorgang immer kleiner werden, da die gesunden Teile im Prüfstück einen immer kleiner werdenden Anteil ausmachen, bis schließlich die einzelnen Sprünge von der Maschine nicht mehr aufgezeichnet werden. In dieser Form stellen sich

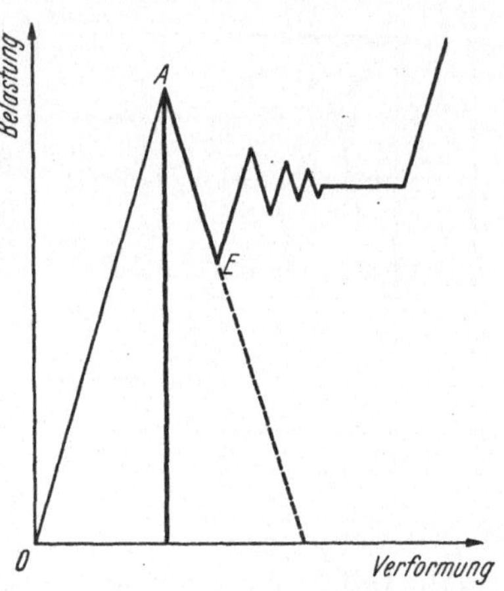

Abb. 28. Fließvorgang in vielen allmählich kleiner werdenden Einzelsprüngen.

die Fließvorgänge im allgemeinen dar, wobei natürlich im einzelnen Fall vielseitige Abänderungen möglich sind. Besonders sei auf die Spitze E aufmerksam gemacht, die bei manchen Schaubildern sich bekanntlich deutlich zeigt. Je härter die Eigenfederung der Maschine ist, desto deutlicher müssen sich die einzelnen Lastsprünge ausbilden, und desto zahlreicher müssen sie sein. Bei weicher werdender Maschine dagegen wird bei jedem Sprung ein größerer Betrag der Fließdehnung durchlaufen, weil eben die Spannung langsamer absinkt und daher das Fließen länger aufrechterhalten bleibt. Die Lastsprünge werden daher jetzt kleiner, ebenso verringert sich ihre Gesamtzahl. Bei sehr weicher Maschine werden schließlich die einzelnen Lastsprünge von der Maschine nicht mehr angezeigt, ebenso verringert sich immer mehr der Abfall der mittleren Fließspannung. Im Grenzfall wird dann der mehrfach besprochene, waagerechte Kurvenzug erhalten.

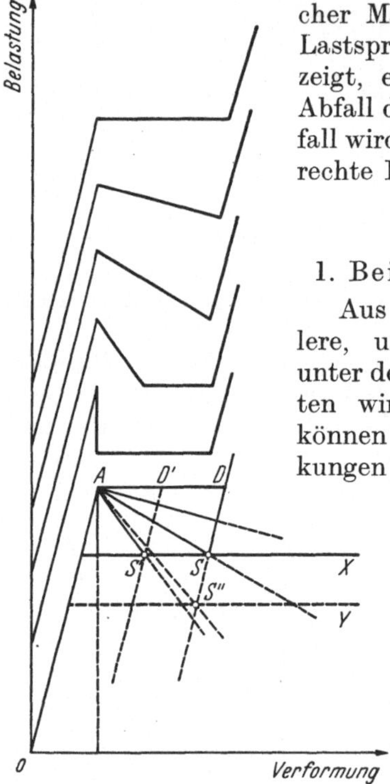

Abb. 29. Verlauf der Schaubilder an der Streckgrenze bei verschiedener Federung der Prüfmaschine.

II. Die untere Streckgrenze.

1. Bei zwangsschlüssiger Verformung.

Aus Abb. 28 geht hervor, daß sich eine mittlere, untere Fließspannung ausbilden kann, unter der gerade noch das Fließen aufrechterhalten wird. Um diese mittlere Fließspannung können allerdings größere oder kleinere Schwankungen auftreten, je nachdem der Prüfstab vom Fließen mehr oder weniger gleichmäßig erfaßt wird. In einzelnen Bezirken wird im allgemeinen noch eine plötzliche Rutschung auftreten, doch können die hierdurch bedingten Spannungsschwankungen weder die Höhe der oberen Streckgrenze noch die tiefste Lage der Spannung erreichen, die durch das erstmalige Fließen bedingt ist.

Es erhebt sich nun die Frage, welche Bedingungen erfüllt sein müssen, damit die Maschine eine solche untere kritische Spannung anzeigen kann. Die Fragestellung wird also nunmehr umgekehrt. Es wird von vornherein gemäß Abb. 29 eine mittlere untere Grenzspannung angenommen, die etwa durch die Gerade X gekennzeichnet sei. Die Frage heißt nun, kann eine Prüfeinrichtung diese untere Grenzbelastung in allen Fällen richtig anzeigen?

Zunächst sei auf einige Messungen eingegangen, die in dieser Hinsicht von Siebel und Schwaigerer[1] unternommen wurden. Diese unter-

[1] Siebel, E. und S. Schwaigerer: Metallwirtsch. Bd. 6 (1937) S. 701; ferner Arch. Eisenhüttenwes. Bd. 11 (1937/38) S. 319.

suchen in einer Prüfmaschine mit Spindelantrieb Prüfstäbe von 11 mm Durchmesser, wobei ein Federdynamometer in Gestalt eines rein elastisch beanspruchten Stabes eingebaut wird. Die Formänderungen beider Stäbe wurden auf Meßuhren übertragen, welche beim Prüfstab eine 100fache, beim Federstab aber eine 1000fache Übersetzung aufwiesen. Die Federung der Maschine konnte durch auf Biegung beanspruchte Stäbe, welche oberhalb der Prüfeinrichtung eingebaut waren, in weiten Grenzen verändert werden. Die Vorgänge an der Streckgrenze wurden durch kinematographische Aufnahmen der Meßuhren beobachtet. Neben den Meßuhren war eine Stoppuhr angebracht. In der Sekunde wurden 12 Aufnahmen gemacht, so daß die zeitlich zusammengehörigen Werte von Spannung und Dehnung nachträglich Punkt für Punkt zum eigentlichen Belastungs-Dehnungs-Schaubild zusammengesetzt werden können. Die Versuche wurden mit einem weichen Flußstahl durchgeführt, mit einer oberen Streckgrenze von etwa 38 kg/mm², einer unteren Streckgrenze von etwa 32 kg/mm² und einer Zugfestigkeit von 42 kg/mm².

In Abb. 30 sind die Ergebnisse zusammengestellt, hierbei betrug beim ersten Versuch das Verhältnis der Federkonstante des Federstabes

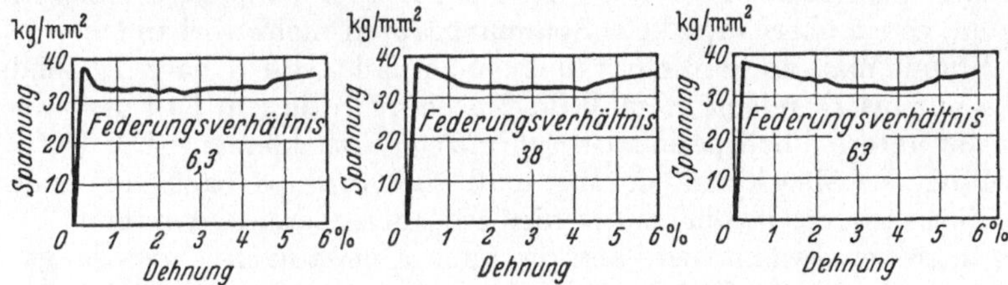

Abb. 30. Einfluß der Federung der Prüfmaschine auf das Belastungs-Verformungs-Schaubild an der Streckgrenze (Siebel und Schwaigerer).

zu derjenigen des Prüfstabes 6,3. Die weiteren Versuche wurden bei einem solchen Verhältnis von 38 und 63 unternommen. Im letzten Fall war also die Nachgiebigkeit der Prüfeinrichtung 63mal so groß wie diejenige des Prüfstabes. Die Ergebnisse lassen sich kurz dahin zusammenfassen, daß bei einer Änderung des Federverhältnisses im Ausmaße von rund 1 : 10 die aus den obigen Ableitungen gefolgerte Änderung der Richtung des abfallenden Spannungsastes beobachtet wird, daß aber unabhängig von der Federung der im Kraftfluß liegenden Teile der Prüfeinrichtung nahezu die gleiche obere und untere Streckgrenze sich zeigt. Hieraus wird in der genannten Arbeit der Schluß gezogen, daß die Vermutung einer Abhängigkeit der unteren Streckgrenze von der Maschinenfederung sich als hinfällig erweist. Diese Schlußfolgerung ist jedoch in dieser allgemeinen Fassung nicht gültig, wie sich durch Betrachtung der Abb. 29 ergeben wird.

Es sei angenommen, daß der ganze Fließbereich bis zur einsetzenden Verfestigung *AD* betrage. Die Einzeichnung von Geraden verschiedener Neigung für die verschiedenen Maschinenfederungen gibt sofort eine erschöpfende Antwort. Eine sehr weiche Maschine kann selbstverständlich nicht die Last auf die untere Grenzspannung abfallen lassen. Erst wenn die Neigung der Maschinenkennlinie die Lage AS angenommen hat, erfolgt ein Spannungsabfall gerade bis zur unteren Grenzbelastung. Wird die Maschine noch härter gemacht, so ist sie imstande, die untere Streckgrenze zu erreichen und gleichzeitig einen Teil des Fließbereichs in ungefähr horizontaler Richtung zu durchfahren, bis der Verfestigungsanstieg erfolgt. Es ergeben sich also, beginnend von sehr harter Eigenfederung bis zu sehr weicher Eigenfederung der Maschine, die in Abb. 29 herausgezeichneten schematischen Schaubilder. Die sehr harte Maschine kann ohne weiteres bis zur unteren Streckgrenze abfallen, sie durchfährt ein verhältnismäßig großes Stück des Fließbereichs anschließend in ungefähr waagerechter Richtung. Mit weicher werdender Maschine wird die untere Streckgrenze erst später erreicht, der horizontale Fließbereich wird entsprechend kleiner. Bei einer kritischen Federung der Maschine wird die untere Streckgrenze gerade noch erreicht, anschließend zeigt sich sofort der Verfestigungsanstieg. Wird die Maschine noch weicher gemacht, so hebt sich allmählich die von der Maschine erreichbare unterste Spannung, die untere Streckgrenze wird also nicht mehr erreicht, wohl zeigt sich noch ein gewisser Spannungsabfall. Bei sehr weicher Maschine schließlich wird der Fließbereich waagerecht durchfahren, es ist überhaupt kein Spannungsabfall mehr vorhanden.

Nimmt man an, daß der Fließbereich nicht von A nach D, sondern etwa nur bis D' reicht, so muß die Maschine in diesem Fall härter sein, um die untere Fließspannung noch anzeigen zu können. Die kritische Neigung der Maschinenfederung muß also von AS nach AS' rücken. Wird andererseits der Unterschied zwischen oberer und unterer Streckgrenze größer gewählt, wird also die Linie X etwa nach Y verschoben, so muß auch in diesem Fall die Maschine härter sein, um diese tiefe, untere Grenzlage noch erreichen zu können (S'').

Betrachtet man nun die Abb. 30, so fällt auf, daß der Fließbereich des untersuchten Stahles außerordentlich groß ist, der Lastanstieg setzt erst nach einer Dehnung von 4—5% ein, die ein Vielfaches der elastischen Dehnung des Prüfstabes ausmacht. Ferner ist der Unterschied zwischen oberer und unterer Streckgrenze gering, die Gerade X in Abb. 29 liegt also in diesem Fall dicht unterhalb der oberen Streckgrenze. Außerdem setzt das Fließen sehr weich ein, es sind also besonders im Anfang keine sprunghaften Fließrutschungen vorhanden.

Man erkennt also, daß eine Reihe günstiger Umstände zusammenwirkten, um in allen drei Fällen eine ungefähr gleich hohe, untere Streckgrenze zur Anzeige zu bringen, und daß nur ein Ausschnitt aus den grundsätzlich möglichen Fällen erfaßt wurde. Selbst bei der weichsten Federung (Abb. 30) läßt die sehr große Fließdehnung einen Spannungsabfall der Maschine bis zur unteren Streckgrenze noch zu. Hier ist aber gerade der Grenzfall erreicht, wo nach Erreichen der tiefsten Spannung sofort der Verfestigungsanstieg einsetzt, nachdem in den beiden vorausgehenden Versuchen die tiefste Lage der Spannung immer mehr nach rechts gerückt ist. Wäre die Maschine noch weicher gemacht worden, so hätte nunmehr eine Hebung der unteren Spannung einsetzen müssen. Wäre andererseits der Fließbereich kleiner, etwa durch Wahl eines kürzeren Prüfstabes, so hätte sich zum mindesten im Fall 3 bereits eine Hebung der Spannung andeuten müssen. Besonders günstig war ferner der sehr kleine Unterschied zwischen oberer und unterer Streckgrenze. Die nur wenig unter der oberen Streckgrenze liegende untere kritische Grenze kann bei verhältnismäßig weichen Maschinen erreicht werden. Wäre dieser Unterschied größer, so hätte im Fall 3 die untere Grenzspannung ebenfalls nicht mehr erreicht werden können.

2. Bei Gewichtsbelastung.

In der letzten Zeit wurde mehrfach das Belastungs-Verformungs-Schaubild von Werkstoffen, die eine deutliche Spannungserniedrigung bei Überschreitung der Streckgrenze auf den üblichen Maschinen mit zwangsschlüssiger Verformung zeigen, auch auf Einrichtungen mit reiner Gewichtsbelastung untersucht. Welter[1] findet, daß hierbei der bekannte Lastabfall von der oberen zur unteren Streckgrenze verschwindet. Von Bernhardt[2] wurde diese Frage neuerdings ebenfalls untersucht, wobei auch die Massenkräfte des Belastungsgewichtes berücksichtigt werden. Durch zweimalige Differentiation des Weges der Masse werden die zusätzlichen Massenkräfte bestimmt, die bei Belastung eines Drahtes durch ein allmählich zunehmendes Belastungsgewicht beim Fließen auftreten. Bernhardt faßt seine Ergebnisse dahin zusammen, daß im Schaubild bei reiner, stetiger Gewichtsbelastung die aus dem üblichen Zugversuch bekannten Unstetigkeiten, insbesondere der Lastabfall an der Streckgrenze fehlen. An Stelle des Lastrückgangs trete eine erhöhte Formänderungsgeschwindigkeit.

Schon im Abschnitt A wurde gezeigt, daß die Kennlinie gewichtsbelasteter Maschinen eine waagerechte Gerade ist. Solange die Fließerscheinungen sich sehr langsam abspielen, wird durch eine solche statische Kennlinie der Belastungsvorgang beherrscht. Es wurde aber bereits darauf hingewiesen, daß schnelle Vorgänge durch solche „Indikatoren" mit ihren großen Massen nicht richtig angezeigt werden können. Ausschlaggebend für die Unterscheidung eines schnellen oder eines langsamen Vorganges ist die Eigenfrequenz des entstehenden Schwingungsgebildes.

Den weiteren Betrachtungen sei das in Abb. 1b dargestellte Schwingungssystem, bestehend aus einer Feder und einer daran angehängten Masse, zugrunde gelegt. Wird dieses System beispielsweise ganz langsam durch Auf- und Abbewegen des Aufhängepunktes periodisch erregt, so sind die Massenkräfte sehr klein, und die Masse wird sich mit dem gleichen Ausschlag bewegen, wie sich der Aufhängepunkt bewegt. Wird dagegen die Frequenz der Bewegung des Aufhängepunkts sehr hoch gewählt, so bleibt die Masse in Ruhe, während die Feder sich periodisch längt und verkürzt. Dazwischen liegt das Gebiet der Resonanz, in dem besondere Erscheinungen auftreten, worauf jedoch hier nicht eingegangen sei.

Ähnliche Erscheinungen treten beim Fließen auf, denn der Fließvor-

[1] Welter, G.: Metallwirtsch. Bd. 14 (1935) S. 1043. — Ferner A. Reggiori: Metallurg. ital. Bd. 28 (1936) S. 502.

[2] Bernhardt, E. O.: Metallwirtsch. Bd. 15 (1936) S. 889.

gang kann in einzelne Fourier-Reihen zerlegt werden. Setzt also das Fließen ganz langsam ein und kommt es auch allmählich wieder zum Stillstand, so bewegt sich die Masse genau phasen- und amplitudengerecht mit dem Fortschreiten des Fließvorganges, wobei die elastische Dehnung der Feder stets gleichbleibt, bzw. mit der allmählichen Zunahme des Belastungsgewichts ansteigt. Auf jeden Fall kann kein Spannungsrückgang auftreten. Ganz anders liegen jedoch die Verhältnisse, wenn der Fließvorgang sich plötzlich ausbildet. Eine genaue physikalische Untersuchung wird dann feststellen, daß sich zunächst von der Fließstelle aus elastische Wellen nach den Enden des Prüfstabes ausbreiten, die mit der Schallgeschwindigkeit in dem betreffenden Werkstoff sich fortpflanzen. An den Stabenden treffen diese elastischen Wellen auf die Einspannung einerseits und die schwere Belastungsmasse andererseits. Diese Enden sind für schnelle Änderungen als starr eingespannt zu betrachten, die Wellen werden reflektiert. Nach Abklingen dieses Schwingungsvorganges zeigt sich genau wie in einer harten Maschine eine Relaxationserscheinung, die anfängliche elastische Dehnung des Stabes hat entsprechend der Größe der Fließlängung nachgelassen, da eben diese Nachlängung auf die starre Einspannung der schweren Belastungsmasse trifft und sich daher in den Stab hinein ausbilden muß. Die elastische Spannung im Prüfstück läßt kurzzeitig nach. Dadurch ist aber das Gleichgewicht zwischen der Gewichtsbelastung und der elastischen Gegenkraft des Prüfstücks gestört, auf das Belastungsgewicht wirkt nun der Unterschied zwischen der Erdanziehungskraft und der verringerten Spannkraft des Prüfstücks. Die Masse wird jetzt beschleunigt, wobei ihre Bewegung im wesentlichen durch ihre Eigenschwingungszahl bestimmt wird, sie wird also unter schwachen Pendelungen um die neue Gleichgewichtslage mit der Frequenz des Schwingungssystems einspielen. Diese Zweiteilung des Vorganges kann leicht nachgeahmt werden. Man braucht zu diesem Zwecke etwa nur zwei Windungen der Feder in Abb. 1b zunächst zusammenzubinden. Wird bei belasteter Feder diese Bindung gelöst, so entlastet sich die Feder plötzlich. Hierdurch ist das Gleichgewicht gestört und die Masse wird unter abklingenden Schwingungen in eine neue Gleichgewichtslage einspielen. Voraussetzung für das Auftreten dieser kurzzeitigen Entlastung ist, daß die völlige Trennung der beiden Federwindungen sehr schnell erfolgt, auf jeden Fall wesentlich schneller, als die Prüfeinrichtung als Schwingungssystem schwingt. Erfolgt die Trennung jedoch ganz allmählich, etwa derart, daß die beiden zunächst mit der Hand zusammengehaltenen Federwindungen langsam losgelassen werden, so kann sich eine Entlastung der Feder nicht ausbilden.

Betrachtet man nun die Versuchsanordnung von Bernhardt, so ergibt sich eine Eigenschwingungszahl des untersuchten Drahtes zusammen mit dem angehängten Gewicht von der Größenordnung von etwa 30—50 Hz. Fließerscheinungen, die innerhalb einer Zeit von einigen Zehntel Sekunden sich abspielen, können daher noch statisch angesprochen werden. Schnellere Erscheinungen, mit deren Vorhandensein von vornherein zu rechnen ist, lassen sich nicht mehr erfassen.

Würde man derartige Versuche nicht auf einer Einrichtung mit unmittelbarer Gewichtsbelastung ausführen, sondern etwa auf einer Maschine mit Laufgewichtswaage, so wäre die Eigenschwingungszahl wesentlich tiefer, und es müßten Fließerscheinungen von wesentlich langsamerer Ausbildung schon zu einer kurzzeitigen Entlastung der Federung des Prüfkörpers führen. Ferner ist es günstig, den Prüfkörper lang und dünn zu wählen, da hierdurch die Federkonstante klein und damit die Eigenfrequenz niedrig wird.

Andererseits muß sich ein kurzzeitiger Spannungsabfall um so deutlicher ausbilden, je schneller der Fließvorgang sich abspielt. Es wären daher Versuche an Einkristallen besonders günstig, da z. B. an Kadmiumkristallen die Längung des Prüfstücks infolge des plötzlichen Umklappens in eine neue Gleichgewichtslage sehr schnell unter einem hörbaren Knack erfolgt.

Zur endgültigen Klärung der mit der Gewichtsbelastung zusammenhängenden Fragen wäre eine Versuchseinrichtung nach Abb. 31 vorteilhaft. Das Prüfstück wird hierbei in der üblichen Weise durch ein allmählich zunehmendes Gewicht belastet. Die Belastung selbst wird aber durch ein besonderes Kraftmeßgerät gemessen, etwa durch einen Kontrollstab. Dieser Kontrollstab muß natürlich eine wesentlich größere Federkonstante wie der eigentliche Prüfkörper besitzen. Tritt nunmehr unter der Gewichtsbelastung eine Fließerscheinung auf, so können etwaige Spannungsschwankungen unmittelbar am Kraftmesser abgelesen werden.

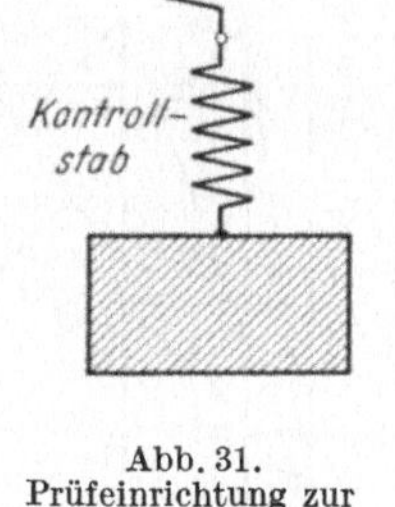

Abb. 31. Prüfeinrichtung zur Ermittlung des Spannungsverlaufs bei Gewichtsbelastung.

Von Krisch[1] wurde kürzlich eine ähnliche Vorrichtung benutzt, doch wurde von ihm kein Spannungsabfall festgestellt. Dies kann seinen Grund darin haben, daß hier weitere Federungen mit dem Prüfstab im Kraftfluß liegen, oder aber, daß die Fließgeschwindigkeit im Vergleich zu der Eigenfrequenz des Schwingungssystems zu klein war.

Zusammenfassend kann gesagt werden, daß bei Gewichtsbelastung unter bestimmten Voraussetzungen eine kurzzeitige Entlastung des Prüfstücks beim Fließen vorhanden sein muß. Vorbedingung hierfür ist, daß der Fließvorgang sich sehr schnell abspielt, und daß die Eigenfrequenz des aus Prüfstück und Belastungsmasse bestehenden Schwingungssystems möglichst tief liegt. Dieser Spannungsabfall kann aber im Gegensatz zur Maschine mit zwangsschlüssiger Verformung nicht aufrechterhalten bleiben. Er muß durch das mit endlicher Geschwindigkeit in die neue Gleichgewichtslage einspielende Belastungsgewicht wieder ausgeglichen werden, so daß das Prüfstück nach Ablauf eines kurzen Ausgleichsvorgangs unter der anfänglichen Last steht.

Es erübrigt sich eigentlich, zum Schlusse noch darauf hinzuweisen, daß die gewichtsbelasteten Maschinen im Gegensatz zu anderen Bestre-

[1] Krisch, A.: Arch. Eisenhüttenwes. Bd. 11 (1937/38) S. 323.

bungen, als ungeeignet angesehen werden, das Verhalten der Werkstoffe unter wachsender Belastung zu untersuchen. Einerseits ist ihre statische waagerechte Kennlinie sehr hinderlich, um den Fließerscheinungen nachzugehen, so daß die tatsächlich auftretenden Vorgänge vollständig verwischt werden, andererseits sind sie nicht imstande, schnelleren Vorgängen im Werkstoff zu folgen, da die mitzuschleppenden, sehr großen trägen Massen jede Feinheit des Fließvorgangs ersticken. Wenn man Fließvorgänge unter gleichbleibender Spannung untersuchen will, so kommt dafür ausschließlich eine sehr weiche Maschine mit zwangsschlüssiger Verformung in Frage.

3. Einfluß der Prüfstablänge.

Wie außerordentlich wichtig es ist, nicht nur zufällig sich heute herausgebildete Versuchsbedingungen zu betrachten, sondern jeweils die Erscheinungen auch bis zu Grenzverhältnissen durchzudenken, die vielleicht zunächst als unvernünftig anmuten, zeigt das Beispiel des Einflusses der Form des Prüfstabes auf das Schaubild von Werkstoffen mit oberer und unterer Streckgrenze. Wenn man einen solchen Werkstoff einer Belastung unterzieht, so geschieht dies gewöhnlich in Form von verhältnismäßig langen Probestäben. Wenn die untere Streckgrenze eine durch den Werkstoff gegebene Kennzahl ist, so ist zunächst zu erwarten, daß die Lage dieses Wertes stets in gleicher Höhe gefunden wird, gleichgültig, wie lang das Probestück ist.

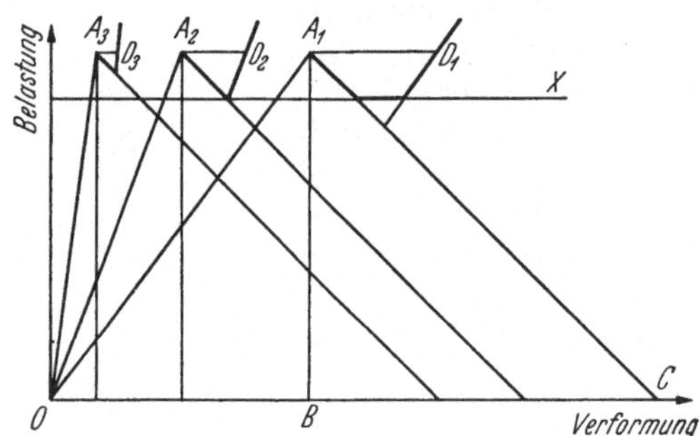

Abb. 32. Einfluß der Prüfstablänge auf den Fließvorgang.

Die bisherigen Betrachtungen haben gezeigt, daß für die Möglichkeit der Anzeige der unteren Streckgrenze das Verhältnis der elastischen Dehnung des Prüfstücks zu derjenigen der Prüfeinrichtung maßgebend ist. Wir stellen also nunmehr die Frage: Kann eine als tatsächlich vorhanden unterstellte, untere Streckgrenze im Sinne eines mit dem Werkstoff verknüpften Kennwerts auf ein und derselben Prüfmaschine unveränderlich zur Anzeige kommen, gleichgültig, wie lang der Probestab bei den einzelnen Versuchen ist? Diese Frage ist auf Grund der bisherigen Überlegungen sehr einfach zu beantworten.

In Abb. 32 ist zunächst angenommen, daß ein Stab aus dem zu untersuchenden Werkstoff etwa von der üblichen Länge gemäß der Linie OA_1 sich verforme. Hierbei sei die Federkonstante der Prüfeinrichtung ungefähr so groß wie diejenige des Prüfstabes, die Kennlinie der Prüfeinrichtung sei also durch CA_1 gegeben. Ferner sei eine untere Streckgrenze angenommen, die durch die Gerade X gegeben sei. Im Punkt A_1 trete nun Fließen auf, und zwar um das Stück A_1D_1. In der bekannten Weise zeigt sich ein Abfall auf die untere Streckgrenze, die mit Sicherheit erreicht wird, hieran anschließend verläuft die Spannung ungefähr waagerecht, bis dann der Verfestigungsanstieg einsetzt.

In einem zweiten Versuch werde nun ein Prüfstab aus dem gleichen Werkstoff untersucht, wobei jedoch die Prüflänge nur halb so groß sei. Die Federkonstante der Prüfeinrichtung möge sich durch das Einspannen des kürzeren Stabes nicht ändern; bei Verwendung einer hydraulischen Maschine darf also der Kolben nicht zum Ausgleich der kürzeren Einspannlänge gesenkt werden, sondern es muß der untere Spannkopf an der Spindel gehoben werden. Die kleine zusätzliche Federung infolge der größeren Länge der Spindel, kann vernachlässigt werden. Die Kennlinie der Prüfeinrichtung besitzt also in diesem zweiten Versuch die gleiche Neigung, der Prüfstab erreicht aber gemäß der Linie OA_2 nur noch die halbe elastische Dehnung. Das Schaubild des Prüfstabes verläuft also steiler. Im Punkt A_2 herrscht wiederum Gleichgewicht. Abgesehen von Einzelheiten kann angenommen werden, daß die Streckung des Stabes bis zur Verfestigung jetzt nur noch halb so groß ist, wie beim doppelt so langen Stab. Der Fließbereich ist demnach durch das Stück A_2D_2 gegeben. Wie man sieht, erreicht in diesem Fall die Spannungserniedrigung gerade noch die untere Streckgrenze, an den Abfall schließt sich sofort ein Anstieg der Spannung an.

Nunmehr werde die Länge des Prüfstabes bis auf ein Viertel der anfänglichen Länge verkürzt. Der Lastanstieg wird also in diesem Fall nach der Geraden OA_3 erfolgen. Die Neigung der Kennlinie der Prüfeinrichtung ist jedoch wieder unverändert geblieben. Setzt im Punkt A_3 wiederum Fließen ein, so kann angenommen werden, daß die Längung nur noch ein Viertel der Strecke A_1D_1 beträgt. Wie die Abb. 32 zeigt, kann nunmehr die Prüfeinrichtung nicht mehr die Spannung bis auf die untere Streckgrenze absinken lassen, weil sie im Vergleich zu dem immer härter werdenden Prüfstab zu weich geworden ist. Das Schaubild des Prüfstabes zeigt daher nur noch einen schwachen Knick, um sofort wieder anzusteigen. Wird der Prüfstab noch kürzer gewählt, so verschwindet der Spannungsabfall immer mehr, bis schließlich auf den heutigen Maschinen ein glatter Kurvenzug erhalten wird.

Die ,,untere Streckgrenze" wird also mit kürzer werdenden Probestäben ,,gehoben", bis sie schließlich völlig verschwindet, eine Beobachtung, die vielfach bestätigt ist. Diese Beobachtung wird aber besser folgendermaßen gedeutet: ,,Bei gleichbleibender Federkonstanten der Prüfeinrichtung wird die Federkonstante des kürzer werdenden Prüfstabes immer größer im Vergleich zu derjenigen der Prüfeinrichtung, die Fließdehnung jedoch kleiner, so daß die Prüfeinrichtung schließlich nicht mehr imstande ist, die Last bis auf die untere Streckgrenze abfallen zu lassen, selbst dann, wenn eine unveränderliche, den Werkstoff kennzeichnende, untere Spannungsgrenze vorhanden ist".

Die heutigen Maschinen sind auf jeden Fall so weich, daß sie für sehr kurze Probestäbe eine wesentlich größere Eigenverformung besitzen als die Probestäbe selbst. Wird jedoch von vornherein eine sehr harte Maschine für derartige Versuche vorgesehen, so kann der Lastabfall sich bis zu wesentlich kürzeren Probestablängen ausbilden.

Natürlich kann man nun die Erscheinungen auch verfolgen für ungewöhnlich lange Prüfkörper. Hierbei wird die Federkonstante des Prüfkörpers immer kleiner, die Prüfeinrichtung wird also immer mehr im Sinne einer harten Maschine arbeiten. Da andererseits der Fließbereich entsprechend größer wird, so muß die Fließerscheinung sich besonders klar und deutlich bei sehr langen Prüfstäben ausbilden.

4. Einfluß des Prüfstabquerschnitts.

Auch der Querschnitt des Prüfstabes hat einen Einfluß auf die Ausbildung der Fließerscheinungen, wie dies an Hand der Abb. 33 erläutert sei. Ein Prüfstab zeige zunächst wieder das Schaubild OA_1. Ebenso sei die Federkonstante der Prüfeinrichtung durch die gleiche Neigung wie in Abb. 32 gegeben. Die Lage der unteren Streckgrenze sei durch die Gerade X gegeben. Kommt der Stab zum Fließen, so zeigt er das stark ausgezogene Fließbild. An sich könnte die Prüfspannung durch das Fließen bis auf E_1 abfallen, so tief könnte also die untere Streckgrenze liegen, um von der Prüfeinrichtung noch angezeigt zu werden.

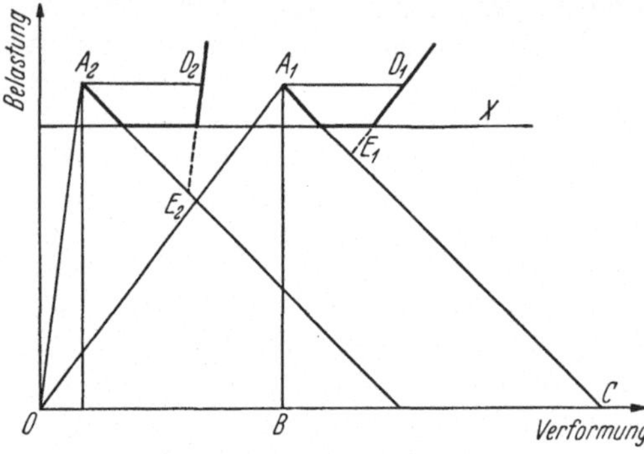

Abb. 33. Einfluß des Prüfstabquerschnitts auf den Fließvorgang.

Nunmehr werde der Stab bei gleichbleibender Länge wesentlich dicker gewählt. Seine Kennlinie möge nunmehr durch die Linie OA_2 gegeben sein, die also gemäß dem größeren Querschnitt wesentlich steiler ansteigt. In erster Annäherung kann angenommen werden, daß die Fließdehnung dagegen die gleiche Größe besitzt, wie im ersten Fall, denn jede Faser wird im Durchschnitt ungefähr um den gleichen Betrag fließen, gleichgültig wie viele solche Fasern vorhanden sind. Die Fließdehnung ist also durch das mit A_1D_1 gleich große Stück A_2D_2 gegeben. Das Gleichgewicht wird hier erst im Punkt E_2 wiederhergestellt. Die Maschine könnte also bis zu dieser Spannung herabsinken. Sie wird also erst recht die untere Streckgrenze erreichen, die durch die Gerade X gegeben ist. Ferner wird in diesem Fall ein größeres Stück der Fließdehnung waagerecht zurückgelegt.

Würde man umgekehrt die untere Streckgrenze bei E_2 annehmen, so würde also bei der Prüfung des dicken Stabes die Maschine gerade noch die Spannung bis zu dieser Grenzlast senken können. Beim dünnen Stab wäre dies jedoch nicht mehr möglich, da ja in diesem Fall die Spannung nur bis zum Punkt E_1 absinken kann. Nimmt man dagegen die Fließdehnung von vornherein kleiner an, beträgt also die Fließdehnung etwa nur ein Drittel der Strecke A_1D_1, so könnte der dicke Stab die untere Streckgrenze fast noch erreichen, der Spannungsabfall beim dünnen Stab wäre jedoch wesentlich kleiner.

Es ergibt sich also, daß eine Fließerscheinung um so klarer zur Anzeige kommt, je größer der Stabquerschnitt bei einer gegebenen Länge ist. Die steile Kennlinie des dicken Stabes antwortet empfindlicher auf eine Fließdehnung, wenigstens solange man die Größe dieser Fließdehnung als unabhängig von dem Querschnitt des Prüfstabes ansehen darf.

Bei der Betrachtung des Einflusses der Prüfstabform sind also zwei sich entgegenwirkende Einflüsse maßgebend. Je länger man den Prüfstab macht, desto größer ist die Fließdehnung anzunehmen, solange man die relative Dehnung der einzelnen Prüfstabteile zusammenzählen darf, um so tiefer vermag also die Gleichgewichtsspannung abzusinken. Ungünstig ist hierbei die allmähliche Abnahme der Federkonstanten des Prüfstabes. Diese ungünstige Wirkung kann aufgehoben werden, wenn man den Stab entsprechend dicker wählt. In diesem Fall kann die Fließdehnung in erster Annäherung als gleich groß wie beim dünnen Stab angesehen werden, die größere Federkonstante ermöglicht jedoch einen tieferen Lastabfall. Fließerscheinungen werden also besonders klar und deutlich angezeigt, wenn der Prüfstab lang und dick gemacht wird.

Bei der Ausführung von Druckversuchen ist der Prüfkörper im allgemeinen wesentlich gedrungener als beim Zugversuch. Die wesentlich kürzere Länge des Prüfkörpers ist ungünstig für die Anzeige der Streckgrenze, der größere Querschnitt dagegen wirkt in günstigem Sinne, wenigstens solange die Einzelfasern sich beim Fließen nicht behindern. Wenn man also auf der gleichen Maschine abwechselnd Zug- oder Druckversuche ausführt, so wird im allgemeinen, gleiche Federkonstante der Maschine in beiden Fällen vorausgesetzt, die wesentlich kleinere Länge des Prüfkörpers beim Druckversuch unter Umständen die untere Streckgrenze nicht mehr zur Anzeige bringen. Bei der Durchführung von Druckversuchen wird aber, durch die hierzu nötigen Verstellungen der Maschine, auch deren Federkonstante sich ziemlich stark verändern. Dieses Beispiel zeigt, daß die physikalischen Versuchsbedingungen sich dem Prüfer unbewußt sehr stark verändern können. Es ist deshalb ratsam, sich stets über die jeweiligen Versuchsbedingungen Rechenschaft abzulegen, ehe man irgendeine Erscheinung als Werkstoffeigenschaft anspricht.

Diese Betrachtungen gelten nur für sehr langsame Belastungssteigerung. Bei der praktischen Prüfung tritt hierzu noch der Einfluß der Belastungsgeschwindigkeit. Auf die hierdurch bedingten Erscheinungen wird im folgenden Abschnitt eingegangen.

III. Einfluß der Belastungsgeschwindigkeit.

Im Abschnitt B III wurde gezeigt, in welcher Weise sich die Belastungsgeschwindigkeit auf eine sich allmählich ausbildende bildsame Dehnung auswirken muß. Es wurde dargelegt, daß mit steigender Geschwindigkeit der Belastungszunahme die bildsame Dehnung immer weniger Zeit zu ihrer völligen, den jeweiligen Umständen entsprechenden Ausbildung zur Verfügung hat.

Aber auch auf verhältnismäßig schnell einsetzende Fließvorgänge, insbesondere nach Überschreitung der oberen Streckgrenze, hat die Belastungsgeschwindigkeit einen Einfluß. Bei den bisherigen Betrachtungen über die Kennlinien von Prüfeinrichtungen wurde angenommen, daß die Spannung bei laufender Maschine vorsichtig bis zum Punkt A herangeführt werde, worauf die Maschine abgestellt wird. Durch einen kleinen Stoß soll dann der Fließvorgang eingeleitet werden. Diese Annahme ist nötig, um die Gleichgewichtsverlagerung in der Maschine frei von Nebenumständen darstellen zu können. Bei der praktischen Prüfung läuft dagegen die Maschine auch im Fließbereich weiter. Um die hierdurch bedingten Erscheinungen klar zu übersehen, sollen verschiedene Einzelfälle betrachtet werden.

1. Harte Maschine.

Es sei angenommen, daß die Belastung wiederum gemäß der Linie OA bis zum Fließpunkt herangeführt worden sei (Abb. 34). Wird zunächst die Maschine abgestellt und der Fließvorgang durch einen Stoß eingeleitet, so möge sich eine bildsame Streckung unabhängig von der Last im Ausmaße von AD zeigen. Die Last fällt demnach infolge dieser zusätzlichen Dehnung bei einer harten Maschine auf E ab. Die anfängliche elastische Dehnung erscheint aufgeteilt in die restliche elastische Dehnung HG und die bleibende Dehnung GE, die der Strecke AD entspricht.

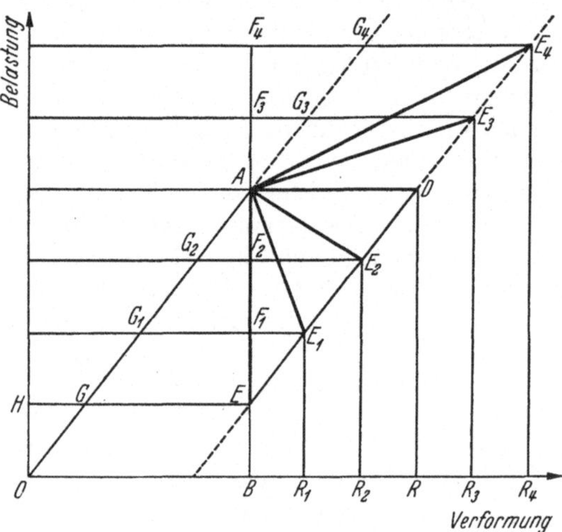

Abb. 34. Zusammenwirkung von Eigenfederung und Belastungsgeschwindigkeit der Prüfmaschine im bildsamen Bereich.

Es sei nun angenommen, daß die Geschwindigkeit, mit der sich die beiden Spannköpfe bei laufender Maschine voneinander entfernen, vergleichbar groß mit der Fließgeschwindigkeit sei. Erfolgt das Fließen um das Stück AD in einer bestimmten Zeit, etwa in der Zeiteinheit, so möge sich der Abstand der Spannköpfe in der gleichen Zeit um das Stück BR_1 vergrößert haben. Während des Fließens erfolgt hierdurch eine zusätzliche elastische Dehnung unter gleichzeitiger Vergrößerung der Spannung, und zwar längs der Geraden EE_1. Diese Gerade ist parallel mit OA. Die Spannung fällt also jetzt nicht mehr von A nach E, sondern nach E_1. Die Fließdehnung kann sich nun zum Teil in das von den Spannköpfen freigegebene Stück $F_1E_1 = BR_1$ hinein ausbilden, so daß nur noch das Stück F_1G_1 in die elastische Dehnung des Prüfstücks hineinfließt. Die gesamte Fließdehnung im Ausmaße von AD hat sich also aufgeteilt in die außen meßbare Verlängerung F_1E_1 und in das Stück F_1G_1. Die Relaxationserscheinung ist also kleiner geworden und die

Spannung fällt entsprechend nicht mehr auf E, sondern nur noch auf E_1. Die Prüfeinrichtung verhält sich so, als ob ihre Kennlinie nicht durch AE, sondern durch AE_1 gegeben wäre. Durch die merkliche Belastungsgeschwindigkeit erscheint die Maschine weicher.

Wird die Belastungsgeschwindigkeit weiter gesteigert, haben sich z. B. die Spannköpfe um das Stück $BR = AD$ voneinander entfernt in der gleichen Zeit, in der der Stab von A nach D fließt, so kann die Fließdehnung in ihrer vollen Größe sich in den freigewordenen Raum hinein ausbilden. Das Fließbild ist nunmehr unmittelbar durch das Stück AD gegeben. Die harte Maschine zeigt also jetzt das Verhalten einer weichen Maschine. Der Stab ist um das außen meßbare Stück AD geflossen, die Spannung ist hierbei unverändert geblieben.

Man kann nun auch den Fall untersuchen, daß die Geschwindigkeit, mit der sich die Spannköpfe entfernen, größer ist als die Fließgeschwindigkeit. Bewegen sich z. B. die Spannköpfe um das Stück BR_3 auseinander, wenn das Fließen in der gleichen Zeit sich um das Stück AD ausbildet, dann wird das Schaubild durch das Stück AE_3 dargestellt. Es zeigt sich also zunächst die bildsame Dehnung G_3E_3 entsprechend dem Stück AD, dazu tritt eine weitere elastische Dehnung F_3G_3. Die Spannung hat hierbei um das dieser elastischen Zusatzdehnung entsprechende Stück AF_3 zugenommen.

Man sieht also, daß die Kennlinie einer Maschine durch Steigerung der Belastungsgeschwindigkeit immer flacher verläuft. Ihre Neigung kann sogar die horizontale Richtung überschreiten, wenn die Entfernung der Spannköpfe schneller zunimmt als das Fließen. In diesem Fall ist überhaupt kein Spannungsabfall mehr vorhanden. Die Spannung nimmt vielmehr entsprechend der auftretenden zusätzlichen, elastischen Dehnung zu. Das Schaubild steigt demnach nach Überschreitung des Punktes A weiter an, die Fließerscheinung deutet sich nur durch eine Verringerung der Lastzunahme mit wachsender Verformung an.

Bisher wurde angenommen, daß das Fließen mit gleichmäßiger Geschwindigkeit verläuft. Praktisch wird jedoch ein Fließvorgang sich mit schnell wechselnden Geschwindigkeiten abspielen. Die in Abb. 34 dargestellten Kennlinien werden daher nur die allgemeine Richtung des Schaubildes angeben, über die einzelne Zacken gelagert sind. Nimmt kurzzeitig das Fließen stark zu, so wird sich dies im Schaubild durch eine Zacke der Spannung nach unten auswirken. In diesem Augenblick ist kurzzeitig die Belastungsgeschwindigkeit kleiner als die Fließgeschwindigkeit, so daß die Spannung absinken muß. Nimmt dagegen kurzzeitig die Fließgeschwindigkeit ab, so muß sich im Diagramm ein kurzer Belastungsanstieg über den mittleren Verlauf der Belastungslinie erheben. Je schneller aber die Belastungsgeschwindigkeit im Vergleich zur Fließgeschwindigkeit ist, desto weniger ausgeprägt werden diese Einzelerscheinungen sein.

Um auf die Frage der Möglichkeit einer Anzeige der unteren Streckgrenze, bzw. von Fließerscheinungen beliebiger Art zurückzukommen, so haben wir also einen weiteren, maßgebenden Umstand kennengelernt, der zu berücksichtigen ist. Bei der Bedeutung dieser Frage sei in Abb. 35

das Wichtigste zusammengestellt, um den Anschluß an bekannte Versuchsergebnisse zu gewinnen. Unter den dort angenommenen Verhältnissen zeigt zunächst eine sehr harte Maschine das Schaubild 1, wenn die Belastungsgeschwindigkeit sehr klein ist. Hierbei ist also wiederum eine untere Fließgrenze angenommen, bei der das Fließen zum Stillstand kommt. Das Schaubild 2, bei dem gerade noch die untere Streckgrenze erreicht wird, ergibt sich, wenn die Belastungsgeschwindigkeit etwa 80% der Fließgeschwindigkeit ist. Das Schaubild 3 gilt, wenn die Belastungsgeschwindigkeit gerade so groß ist wie die Fließgeschwindigkeit. Hier wird also der Fließbereich waagerecht durchlaufen. Wird die Belastungsgeschwindigkeit 1,5mal so groß gewählt wie die Fließgeschwindigkeit, so ergibt sich das Schaubild 4. Hier steigt also die Belastung nach Einsetzen des Fließens weiter an. Entsprechend wird die Kurve 5, die einen noch flacheren Knick beim Fließbeginn zeigt, bei einer doppelt so großen Belastungsgeschwindigkeit wie die Fließgeschwindigkeit erhalten. Wenn schließlich die Belastungsgeschwindigkeit etwa 10mal so groß wird wie die Fließgeschwindigkeit, so tritt bei Einsetzen des Fließens ein nunmehr fast unmerklicher Knick in der Belastungskurve 6 auf.

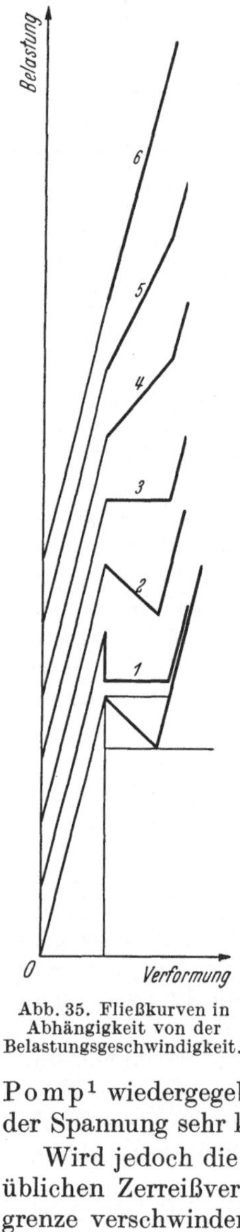

Abb. 35. Fließkurven in Abhängigkeit von der Belastungsgeschwindigkeit.

Im allgemeinen ist die Fließgeschwindigkeit beim Überschreiten der oberen Streckgrenze wesentlich größer als die Maschinengeschwindigkeit. Die erste Spannungserniedrigung erfolgt also unter den heute üblichen Prüfbedingungen im wesentlichen unbeeinflußt von der Prüfgeschwindigkeit, solange diese noch keine vergleichbare Größe zur Fließgeschwindigkeit erreicht. Setzt jedoch der Fließvorgang nicht sprunghaft ein, oder wird die Prüfgeschwindigkeit wesentlich gesteigert, so muß der Abfall der Spannung nach dem ersten Fließen flacher erfolgen. Dieser Einfluß der Belastungsgeschwindigkeit kann praktischen Versuchen mit aller Eindeutigkeit entnommen werden. In Abb. 36 sind einige Versuchsergebnisse von Siebel und Pomp[1] wiedergegeben, woraus der allmählich flacher werdende Abstieg der Spannung sehr klar zu entnehmen ist.

Wird jedoch die Belastungsgeschwindigkeit weit über das Maß beim üblichen Zerreißversuch hinaus gesteigert, so muß die untere Streckgrenze verschwinden. Der Anstieg der Last zeigt schließlich nur noch eine schwach erkennbare Richtungsänderung, wenn der Fließvorgang

[1] Siebel, E. und A. Pomp: Anmerkung S. 29.

einsetzt. Bei Stoßversuchen z. B. wird der Prüfstab wesentlich schneller elastisch gedehnt, als der Fließvorgang bei Überschreitung der oberen Streckgrenze sich ausbilden kann. In Schaubildern des Stoßversuchs kann sich daher gemäß den letzten Kurven der Abb. 35 der Fließvorgang nur noch durch eine geringe Abweichung vom geradlinigen Verlauf andeuten.

Grundsätzlich ähnliche Erscheinungen müssen auftreten, wenn nicht die Belastungsgeschwindigkeit bei gleichbleibender Fließgeschwindigkeit gesteigert wird, sondern wenn umgekehrt bei einer gegebenen Belastungsgeschwindigkeit die Fließgeschwindigkeit immer kleiner wird. Auch in diesem Fall kann also das Verhältnis von Belastungsgeschwindigkeit und

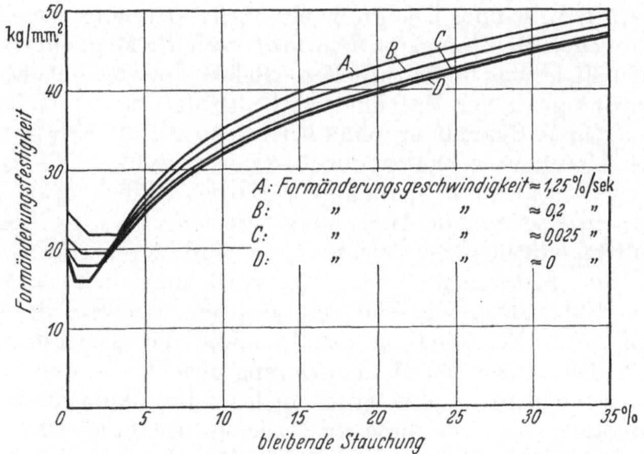

Abb. 36. Fließvorgang in Abhängigkeit von der Formänderungsgeschwindigkeit (Siebel und Pomp).

Fließgeschwindigkeit sehr hohe Werte annehmen. Dies ist z. B. der Fall beim Überschreiten der Elastizitäts- oder Proportionalitätsgrenze. Die hierbei auftretenden Fließgeschwindigkeiten sind wesentlich kleiner als diejenigen an der oberen Streckgrenze. Das Überschreiten dieser kritischen Belastungswerte kann daher bei den üblichen Prüfgeschwindigkeiten nur durch eine schwach erkennbare Abweichung des Belastungsschaubildes vom geradlinigen Verlauf angezeigt werden. Um vergleichbare Ergebnisse zu erhalten, müßte die Prüfgeschwindigkeit in diesen Fällen wesentlich verringert werden. In Verbindung mit einer harten Maschine muß bei dieser langsamen Belastungszunahme ein ähnlicher Verlauf wie bei Überschreitung der oberen Streckgrenze auftreten. Die Erscheinung der oberen und unteren Streckgrenze ist also nicht etwa eine besondere Eigenschaft, die auf wenige Werkstoffe beschränkt ist; ähnliche Vorgänge müssen sich grundsätzlich stets beim Einsetzen von Fließvorgängen an allen Werkstoffen zeigen, wenn nur die Prüfbedingungen den jeweiligen Verhältnissen entsprechend gewählt werden. Die Werkstoffe mit stark ausgeprägter, oberer und unterer Streckgrenze zeichnen sich lediglich dadurch aus, daß die Fließerscheinung verhältnismäßig plötzlich einsetzt, wobei gleichzeitig die Fließdehnung vergleichbar groß mit der elastischen Dehnung ist. Dadurch ist der so charakteristische Spannungsabfall unter den heutigen Prüfbedingungen möglich. Werden jedoch diese Prüfbedingungen den besonderen Verhältnissen beim Überschreiten etwa der Proportionalitätsgrenze angepaßt, so muß sich grundsätzlich auch hier ein Spannungsabfall zeigen. Wir werden bei der Beschreibung der Vorgänge an Kerben eine wichtige weitere Nutzanwendung dieser Betrachtungen kennenlernen.

2. Weiche Maschine.

Die Prüfgeschwindigkeit übt bei der weichen Maschine keinen so entscheidenden Einfluß auf die Gestalt des Belastungsschaubildes aus, wie bei der harten Maschine. Die große elastische Dehnung der Eigenfederung der weichen Maschine gibt dem Probestab die Möglichkeit, stets in diese große Federung hineinzufließen. Selbst bei gleichbleibender Arbeitsgeschwindigkeit der Maschine wird also der an der Federung der Maschine sitzende Spannkopf, ohne Rücksicht auf die Arbeitsgeschwindigkeit der Maschine, genau entsprechend der jeweiligen Fließgeschwindigkeit sich vom anderen Spannkopf entfernen. Fließt etwa der Prüfstab in einem bestimmten Augenblick langsamer, als die Spannköpfe sich im Mittel voneinander entfernen, so wird durch eine zusätzliche Dehnung der Maschinenfederung dieser Unterschied ausgeglichen. Fließt der Stab jedoch schneller, so kann ohne weiteres der federnde Spannkopf unter Verringerung der Dehnung der Maschinenfederung nachgeben. Die weiche Maschinenfederung gleicht also durch Schwankungen ihrer eigenen Dehnung schnelle Schwankungen der Fließgeschwindigkeit aus. Da diese zusätzlichen Dehnungsschwankungen keinen merklichen Einfluß auf die mittlere Spannung der Maschinenfederung haben, erfolgt der Fließvorgang unter annähernd gleichbleibender Last.

Ist der Fließbereich sehr groß, so wird auch eine sehr weiche Maschine allmählich ihre Spannung verlieren, wenn nicht durch eine entsprechende Arbeitsgeschwindigkeit der Maschine für eine Nachspannung der Maschinenfeder gesorgt wird. Im einzelnen gilt auch hierfür die Abb. 34, wobei man von der Kennlinie AD auszugehen hat. Je schneller die Maschine arbeitet, um so größer ist die entsprechende zusätzliche Vergrößerung des mittleren Spannkopfabstandes. Die Kennlinien werden also gemäß den Geraden AE_3, AE_4 allmählich ansteigende Tendenz annehmen. Das Schaubild muß daher mit steigender Arbeitsgeschwindigkeit ansteigen.

Diese Betrachtungen gelten, um dies noch einmal zu betonen, nur unter der eingangs gemachten Annahme, daß die Fließgeschwindigkeit unabhängig von der Spannung ist. Tatsächlich aber wird die Fließgeschwindigkeit durch die Spannungsänderungen, die durch das Fließen selbst verursacht werden, ihrerseits beeinflußt. Sinkt z. B. infolge des Fließens die Spannung und wird dieses Absinken durch eine entsprechende Maschinengeschwindigkeit nicht ausgeglichen, so wird die Fließgeschwindigkeit zunächst langsamer werden. Dadurch wird aber das Verhältnis der Prüfgeschwindigkeit der Maschine zur Fließgeschwindigkeit größer, die resultierende Kennlinie verläuft also flacher, d. h. der Spannungsabfall wird verringert.

Wird dagegen infolge hoher Prüfgeschwindigkeit die Spannung im Prüfstab gesteigert, so wird durch diese Spannungssteigerung auch die Fließgeschwindigkeit größer werden. Infolge der hierdurch bedingten Verkleinerung des Verhältnisses von Prüfgeschwindigkeit zu Fließgeschwindigkeit wird der Spannungsanstieg flacher. In beiden Fällen werden also die Spannungs-Verformungs-Schaubilder durch die Abhängigkeit der Fließgeschwindigkeit von der Belastung einem mittleren Verlauf angeglichen, der durch das waagerechte Stück AD gegeben ist.

IV. Die Ausbildung der Fließdehnung.

Auf eine Folgerung für die Ausbildung der Fließdehnung, die schon mehrfach gestreift wurde, sei hier nochmals im Zusammenhang eingegangen. Man nimmt heute allgemein im Schrifttum an, daß bei gleich-

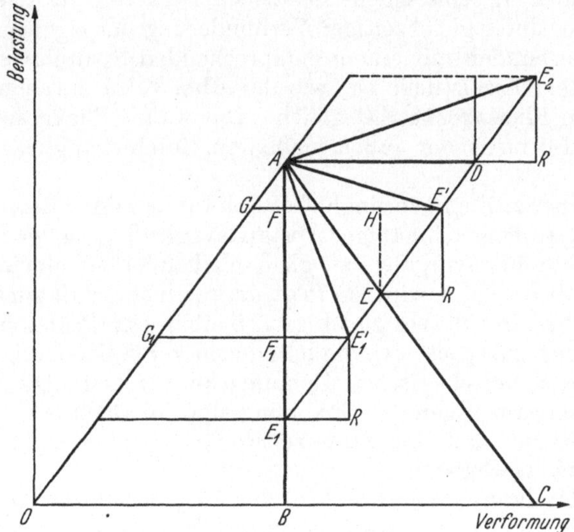

Abb. 37. Die Aufteilung der Fließdehnung.

mäßiger Geschwindigkeit einer Prüfmaschine, also bei gleichmäßiger Abstandsvergrößerung der beiden Spannköpfe je Zeiteinheit, eine Fließerscheinung sich ebenfalls mit gleichmäßiger Geschwindigkeit ausbilden müsse, die eben durch die Abstandsvergrößerung der Spannköpfe je Zeiteinheit gegeben sein soll. Man glaubt also, daß die Fließdehnung durch die Abstandsänderung der Spannköpfe bestimmt ist. Dies ist jedoch nicht der Fall.

Wir betrachten zunächst eine Maschine mit einer Eigenfederung, die derjenigen des Prüfstücks gleich ist. Das Stück AD in Abb. 37 bedeute nunmehr die sekundliche Fließdehnung. Die Spannung wird also bei stillstehender Maschine längs AE abfallen. In der gleichen Zeit möge der Abstand der beiden Spannköpfe sich um das Stück ER vergrößert haben, wodurch die Spannung endgültig längs der Linie AE' abfällt. Die Zunahme der Dehnung des Prüfstabes, also die Vergrößerung des Abstandes der Spannköpfe ist durch das Stück $E'F$ gegeben. Dieses Stück setzt sich zusammen aus der Strecke $E'H$, gleich der sekundlichen durch das Arbeiten der Maschine bedingten Vergrößerung ER des Spannkopfabstandes, und dem Stück FH, um welches die Spannköpfe infolge der Maschinenfederung sich zusätzlich entfernt haben. Zu diesem außen meßbaren Stück $E'F$ ist noch das Stück FG hinzuzuzählen, um die gesamte Fließdehnung zu erhalten. Um dieses Stück ist also die Fließdehnung in die eigene elastische Dehnung des Prüfstabes hineingeflossen.

Dem Prüfstab stehen also sozusagen drei Wege offen, um seine Fließdehnung auszubilden. Er kann zunächst in die durch die Vergrößerung des Spannkopfabstandes bei laufender Maschine frei gegebene Strecke $E'H$ sich dehnen. Hierzu tritt das Stück HF, um das der Spannkopf an der Maschinenfederung zusätzlich zurückgefedert ist. Er kann aber außerdem noch in seine eigene elastische Dehnung um das Stück GF hineinfließen, unter gleichzeitiger Verminderung der eigenen elastischen Dehnung, verbunden mit einem entsprechenden Spannungsabfall. Die Summe dieser Einzelstücke ist, wie der Abb. 37 zu entnehmen ist, der sekundlichen Fließstrecke AD gleich. Die wahre Fließgeschwindigkeit entspricht also nicht der außen meßbaren Geschwindigkeit der Spannköpfe.

Es ist daher z. B. ein sprunghaftes Schwanken der Fließgeschwindigkeit möglich, trotz gleichmäßiger Abstandsvergrößerung der Spannköpfe. Wenn also ein Fließvorgang bei gleichbleibender Geschwindigkeit der Spannköpfe beobachtet wird, so folgt daraus nicht, daß auch die Fließgeschwindigkeit des Stabes gleich groß bleibt. Der Prüfstab kann ohne weiteres wechselnde Geschwindigkeiten seiner Fließdehnung durch eine Veränderung seiner elastischen Dehnung ausgleichen. Die hierbei auftretenden Schwankungen der Spannung sind im Grunde genommen ein Anzeichen dafür, daß der Stab zeitweilig in seine eigene elastische Dehnung hineingeflossen ist.

Ist die Maschine sehr hart, so fällt der Ausgleich durch die Maschinenfederung weg, dem Prüfstab stehen in diesem Fall nur zwei Wege offen. Bei sehr harter Maschine fällt zunächst die Spannung durch das Fließen auf E_1 ab. Die Spannkopfstrecke E_1R verlagert die Kennlinie nach AE_1'.

Wenn der Stab in der Zeiteinheit wiederum um das Stück AD fließt, so steht zunächst das Stück $E_1'F_1$, entsprechend der Entfernung der Spannköpfe voneinander offen. Den restlichen Betrag der Fließdehnung muß er jedoch in diesem Fall in seiner eigenen elastischen Dehnung aufnehmen. Die Summe der beiden Stücke $E_1'F_1$ und F_1G_1 ist wiederum der Fließdehnung AD gleich.

Wie sich im einzelnen die Fließdehnung verteilt, wenn eine harte Maschine mit stufenweise zunehmender Prüfgeschwindigkeit betrieben wird, kann der Abb. 34 ohne weiteres entnommen werden.

Anders verläuft der Vorgang bei einer sehr weichen Maschine. Während der Stab von A nach D fließt, hat sich der Abstand der Spannköpfe zusätzlich um das Stück DR vergrößert, wobei gleichzeitig der federnde Spannkopf um das Stück AD zurückgewichen ist. Die Fließdehnung ist in diesem Falle also kleiner als die gesamte Abstandsänderung der Spannköpfe. Die Folge hiervon ist, daß der Stab neben seiner bildsamen Dehnung nunmehr gleichzeitig eine elastische Zusatzdehnung um das Stück DR und entsprechend eine Spannungszunahme um RE_2 erfährt.

V. Streckgrenze und Konstruktion.

Wenn ein Bauteil aus einem Werkstoff mit ausgeprägter oberer und unterer Streckgrenze mit anderen zusammen zu einer Konstruktion vereinigt wird, so liegt der Fall ganz ähnlich wie bei der Prüfung eines Probestückes in einer Zerreißmaschine. Die Konstruktion kann angesehen werden als eine Folge von Einzelfederungen in Serien- und Parallelschaltung, und es ist für das Verhalten des Bauteiles entscheidend, wie groß diese Federung der übrigen Konstruktionsteile ist. Hierfür seien einige einfache Beispiele genannt.

Wenn eine Flüssigkeit in einem Behälter unter Druck gesetzt wird, so verformen sich sowohl der Behälter als auch die Flüssigkeit. Da jedoch die Kompressibilität der Flüssigkeit verhältnismäßig klein ist, so wird die Federkonstante der Preßflüssigkeit wesentlich größer sein als diejenige des Behälters. Nimmt man nun an, daß aus irgendeinem Grund eine Überbelastung des Behälters auftritt, so daß der Werkstoff zum Fließen kommt, dann bedeutet die hierdurch bedingte Vergrößerung des Behälters eine starke Entlastung der Preßflüssigkeit und damit auch des Behälters. Der Innendruck wird also sofort auf einen ungefährlichen Betrag absinken und das Fließen kommt zum Stillstand.

Ganz anders liegen jedoch die Verhältnisse, wenn an Stelle der Flüssigkeit ein gepreßtes Gas eingefüllt wird. Jetzt ist die Federkonstante des Gasinhalts wesentlich kleiner als diejenige des Behälters. Kommt daher der Behälter zum Fließen, so muß der ganze Fließvorgang unter annähernd gleichbleibender Spannung sich abspielen. Die verhältnismäßig geringe Zunahme des Inhalts infolge des Fließens des Behälters spielt gegenüber der Weichheit der Federung des gespannten Gases keine Rolle. Außerdem ist die Energieaufspeicherung im Gas beim Pressen auf den Enddruck wesentlich größer, als diejenige der harten Flüssigkeit. Wenn daher die nach Beendigung des Fließens einsetzende Verfestigung nicht ausreicht, um ein weiteres Nachgeben zu verhindern, kann schließlich der Behälter zerknallen.

Auch ein dritter Fall, daß die Belastung durch das Fließen nicht nur nicht abfällt, sondern im Gegenteil sogar ansteigt, ist in der Praxis sehr wohl möglich. Wird z. B. die Umdrehungszahl eines Schwungrades etwa so weit gesteigert, daß durch die auftretenden Fliehkräfte die obere Streckgrenze einer Speiche überschritten wird, so längt sich diese. Die Zentrifugalkraft nimmt entsprechend zu, so daß der Fließvorgang unter ansteigender Belastung sich abspielt. In diesem Fall tritt also überhaupt keine untere Streckgrenze in Erscheinung. Wenn der Werkstoff zum Fließen kommt, so streckt er sich unter ansteigender Last, unter Umständen bis zum Bruch.

Die Möglichkeit der Ausbildung einer unteren Streckgrenze ist ferner an eine verhältnismäßig langsame Zunahme der Belastung gebunden. Bei Stoßvorgängen kann sich, wie wir gesehen haben, keine untere Streckgrenze ausbilden. Bei Zusammenstößen irgend welcher Art, z. B. beim Zusammenstoß von Fahrzeugen, oder beim Eindringen eines Geschosses in eine Stahlplatte kann daher keine untere Streckgrenze auftreten.

VI. Die beiden Streckgrenzen als Werkstoffkennwerte.

Auf Grund der bisherigen Ausführungen kann die Frage, welche der beiden Streckgrenzen in erster Linie zur Kennzeichnung eines Werkstoffes geeignet ist, sehr kurz beantwortet werden.

Die obere Streckgrenze eignet sich in dieser Hinsicht nicht, da in ihr eine Menge von Zufälligkeiten sich bemerkbar machen. Je gleichmäßiger der Kraftverlauf durch das Prüfstück ist, desto höher wird die obere Streckgrenze gefunden, weil eben in allen Fasern ungefähr gleichmäßig die Fließerscheinung einsetzt. Weicht jedoch z. B. der Prüfstab von der günstigsten, runden Form ab, so wird infolge Spannungserhöhung in einzelnen Fasern schon früher das Fließen einsetzen. Hierdurch wird die Belastung der gesunden Fasern erhöht, so daß schließlich auch diese bei einer niedrigeren, äußeren Last zum Fließen kommen. So zeigen Flachstäbe eine wesentlich niedrigere obere Streckgrenze als Rundstäbe[1], weil eben in den Kanten der Flachstäbe das Fließen früher einsetzt. Ebenso kann eine geringe Außermittigkeit des Prüfstabes, und damit eine zusätzliche Beanspruchung der Außenfasern, die obere Streckgrenze sehr stark herabwerfen. Das gleiche gilt für einen Stab mit inneren Spannungen. Kleine Erschütterungen, selbst leichtes Klopfen oder Streichen wirken in ähnlicher Richtung.

Ebenso ist die Versuchsgeschwindigkeit von Einfluß. Da das Fließen nur mit einer endlichen Geschwindigkeit in überbeanspruchten Fasern sich allmählich ausbildet, so kann, bis der Hauptteil der Fließdehnung ausgelöst wird, eine zusätzliche elastische Dehnung, also eine Erhöhung der oberen Streckgrenze bei größerer Prüfgeschwindigkeit auftreten.

Eine „ideale obere Streckgrenze“, die als Werkstoffkennwert anzusprechen wäre, könnte dann ermittelt werden, wenn es gelänge, alle Fasern gleichmäßig steigend zu beanspruchen. Praktisch ist dies jedoch nicht möglich, so daß in der tatsächlich festgestellten, oberen Streckgrenze eine Reihe von Zufälligkeiten enthalten sind, deren Ausschaltung so gut wie unmöglich ist. Die obere Streckgrenze ist also kein reiner Werkstoffkennwert, sie kann vielleicht zur Kennzeichnung einer „Gestaltfestigkeit“ dienen, da durch sie eine kritische Spannung festgelegt wird, bei der unter den jeweiligen Versuchsbedingungen und bei den jeweiligen Probestabformen der Hauptteil des Fließens einsetzt. Ein aus dem betreffenden Werkstoff hergestelltes Bauglied muß aber grundsätzlich eine andere, obere Streckgrenze zeigen, da die jeweilige Form eine andere Spannungsverteilung wie beim Probestab bedingt.

---

[1] Kühnel, R.: Z. VDI Bd. 72 (1928) S. 1226.

Wenn der Fließvorgang einmal eingesetzt hat, so scheint sich häufig eine mittlere untere Grenzspannung auszubilden, bei der das Fließen gerade noch aufrechterhalten wird[1]. Diese untere Streckgrenze bildet sich um so deutlicher aus, je gleichmäßiger der Prüfstab vom Fließen erfaßt wird. Allerdings sind dem mittleren Verlauf Schwankungen überlagert, die ein Anzeichen für ein ungleichmäßiges Fortschreiten des Fließvorgangs sind. Die untere Streckgrenze zeigt sich gegen die Zufälligkeiten des Versuchs weniger empfindlich, weil durch das Fließen selbst ein Ausgleich der Spannung stattfindet.

Grundsätzlich muß aber untersucht werden, ob die benutzte Prüfeinrichtung unter den besonderen Versuchsbedingungen überhaupt imstande ist, die Last genügend tief absinken zu lassen. Nur eine Prüfmaschine mit entsprechend geneigter Kennlinie kann bei verhältnismäßig langsamer Laststeigerung eine untere Streckgrenze richtig anzeigen, wie dies im einzelnen sehr ausführlich dargelegt wurde. Wenn man eine Streckgrenze angeben will, so ist der unteren Streckgrenze unter den genannten Vorsichtsmaßregeln der Vorzug zu geben.

D. Weitere Fließvorgänge.

Am Beispiel der oberen und unteren Streckgrenze wurde der Einfluß der verschiedenen Versuchsbedingungen bisher erläutert. Es wurde gezeigt, in welch mannigfaltiger Weise die Belastungs-Verformungs-Schaubilder von der Eigenfederung der Maschine, der Belastungsgeschwindigkeit, der Probestabform usw. abhängig sind, wobei stets die Betrachtungen bis zu Grenzfällen ausgedehnt wurden, die zunächst ohne praktische Bedeutung zu sein scheinen. Wie außerordentlich wichtig aber gerade die Betrachtung von solchen Grenzfällen für die praktische Werkstoffprüfung ist, um nicht plötzlich vor neuen Erscheinungen zu stehen, soll nunmehr an Hand von zwei besonderen Beispielen erläutert werden. Es wird sich zeigen, wie fast unbemerkt ganz ungewöhnliche Verhältnisse beim Belastungsversuch auftreten können.

I. Fließerscheinungen im Bruchbereich.

Zunächst sei der einfachere Fall der Fließerscheinungen im Bruchbereich behandelt. Bei steigender Belastung eines Probestücks wird dieses allmählich immer mehr vom Fließen erfaßt, unter gleichzeitiger weiterer Spannungssteigerung. Schließlich wird ein Höchstwert der Last im Schaubild gefunden, die sog. Zerreißlast, worauf das Probestück unter absinkender Last zu Bruch geht.

Prüft man auf der gleichen Maschine unter gleichen Versuchsbedingungen, z. B. mehrere gleiche Probestäbe mit jeweils gesteigerter Temperatur, so lassen sich die zu beobachtenden Erscheinungen folgendermaßen kennzeichnen. Bei kaltem Probestab erfolgt ein verhältnismäßig langer Kraftanstieg bis zur Höchstlast, woran sich ein kurzer Lastabfall

[1] Vgl. hierzu die neuesten Untersuchungen von H. Esser: Arch. Eisenhüttenwes. Bd. 11 (1937/38) S. 327.

anschließt (Abb. 38a). Wird die Temperatur des nächsten Stabes erhöht, so zeigt sich ein verhältnismäßig breiter Rücken, die Höchstlast wird nun ungefähr in der Mitte des bildsamen Bereiches gefunden. Wird die Temperatur noch weiter gesteigert, so wird schnell die Höchstlast erreicht, woran sich ein weit gedehnter, langsamer Lastabfall anschließt, bis schließlich kurz vor dem Bruch die Last schneller fällt (Abb. 38b). Mit steigender Temperatur ist also die Höchstlast immer mehr nach kleineren Verformungen gerückt.

Ähnliche Unterschiede ergeben sich auch bei der Untersuchung von verschiedenen Werkstoffen. So wird im Schrifttum häufig das Beispiel von Zink angeführt, dessen Schaubild ebenfalls sehr schnell die Höchstlast erreicht, woran sich ein sehr stark ausgeprägter, langsam abfallender Ast anschließt.

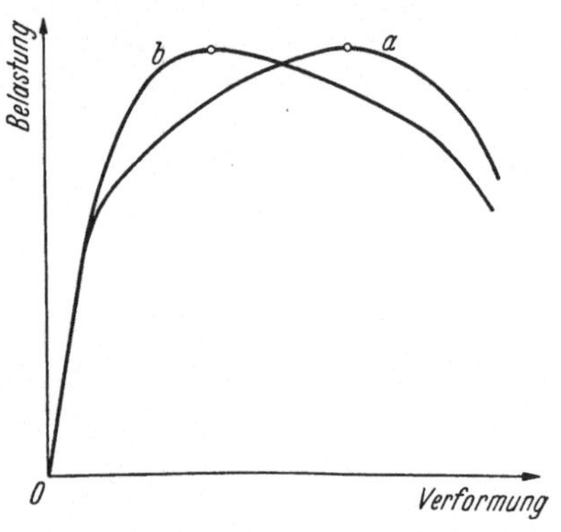

Abb. 38. Verlagerung der Höchstlast bei verschiedener Fließgeschwindigkeit.

Diese Erscheinungen werden bisher als Eigentümlichkeiten der betreffenden Werkstoffe bzw. des jeweiligen Erhitzungszustandes angesehen, sie lassen sich jedoch ganz einfach als Auswirkung der Versuchsdurchführung deuten. Es wurde oben gezeigt, daß die Neigung eines Belastungsschaubildes im Fließbereich weitgehend von dem Verhältnis der Prüfgeschwindigkeit, also der Geschwindigkeit, mit der sich die Spannköpfe etwa einer harten Maschine voneinander entfernen, zur Fließgeschwindigkeit abhängig ist. Ist dieses Verhältnis kleiner als 1, so muß sich die Last senken, ist es größer als 1, dann muß sie ansteigen. Hierbei müssen sich schnelle Schwankungen der Fließgeschwindigkeit durch kleine Spannungsschwankungen um den mittleren Spannungsverlauf andeuten.

Daraus ergibt sich ohne weiteres, daß unter den heute üblichen Prüfbedingungen, also bei den heute üblichen Prüfgeschwindigkeiten und Prüflängen ein Probestück aus Stahl bei Zimmertemperatur zunächst langsamer fließt als die Entfernung der Spannköpfe zunimmt. Das Fließen kommt sozusagen nicht nach, und die restliche, durch die Vergrößerung des Spannkopfabstandes erzwungene Längung des Probestücks muß elastisch unter entsprechender Spannungssteigerung erfolgen. Mit wachsender Spannung wird die Fließgeschwindigkeit größer, sie erreicht schließlich die Geschwindigkeit der Spannköpfe. Das Schaubild muß jetzt waagerecht verlaufen. Nach Erreichen der Höchstlast tritt eine Einschnürung und damit infolge der steigenden spezifischen Flächenbelastung eine gesteigerte Fließgeschwindigkeit auf. Nun fließt der Stab schneller als die Spannköpfe sich auseinander bewegen. Die Last muß jetzt abfallen, wobei gleichzeitig die elastische Dehnung abnimmt. Der Prüfstab gleicht also die ihm aufgezwungenen Längenänderung durch eine Veränderung seiner elastischen Dehnung aus. Kommt die Fließdehnung nicht mit, so muß die elastische Dehnung und damit die Spannung wachsen. Ist die Fließgeschwindigkeit jedoch größer als die Geschwindigkeit der Spannköpfe, so muß die elastische Dehnung zum Ausgleich kleiner werden, damit nimmt dann auch entsprechend die Spannung ab.

Der Lastabfall kurz vor dem Bruch müßte bei sehr harter Maschine senkrecht erfolgen. Infolge der merklichen Prüfgeschwindigkeit jedoch muß sich eine gewisse Neigung einstellen, die um so flacher verläuft, je größer die Prüfgeschwindigkeit ist.

Je höher nun die Temperatur des Prüfstabes gewählt wird, desto stärker prägen sich die Fließerscheinungen aus. Wird also die Prüfgeschwindigkeit der Maschine beibehalten, so muß nunmehr die Fließgeschwindigkeit früher die Prüfgeschwindigkeit erreichen. Entsprechend stellt sich nun früher die Höchstlast ein, an die sich ein weiter, flacher Bogen bis zum Bruch anschließen muß. Je stärker also der Stab fließt, desto früher muß die Höchstlast erreicht werden, desto größer ist aber auch der sich anschließende Fließbereich mit abfallender Last bis zum Bruch.

Würde es gelingen, die jeweilige Prüfgeschwindigkeit so zu regeln, daß sie stets gleich der Fließgeschwindigkeit ist, so müßte ein waagerechter Verlauf bis zum Bruch sich einstellen. Hierbei vergrößert sich also der Abstand der Spannköpfe in jedem Zeitabschnitt genau um das Fließstück, das sich ungehindert in die Abstandsvergrößerung der Spannköpfe hinein ausbilden kann. Die Gesamtdehnung ist in jedem Augenblick gleich der konstant bleibenden, elastischen Dehnung und der jeweiligen Fließdehnung. Die üblichen Prüfmaschinen müßten also bei Beginn des Fließens langsamer, kurz vor dem Bruch jedoch wesentlich schneller laufen. Grundsätzlich kann hierbei die Spannung als regelnde Größe dienen. Wenn die Spannung absinkt, muß die Streckgeschwindigkeit der Maschine größer werden, steigt jedoch die Spannung, so muß die Streckgeschwindigkeit verlangsamt werden.

Anstatt bei gleichbleibender Prüfgeschwindigkeit und veränderlicher Fließgeschwindigkeit, in dem obigen Fall also infolge Temperaturerhöhung, zu arbeiten, kann man natürlich auch einen Werkstoff mit verschiedener Prüfgeschwindigkeit untersuchen. Läuft die Maschine schnell, so wird sich ein Schaubild etwa gemäß Abb. 38a zeigen. Die Abstandsänderung der Spannköpfe ist also hierbei stets größer als die Fließgeschwindigkeit. Erst kurz vor dem Bruch wächst die Fließgeschwindigkeit stark an. Je langsamer jedoch die Maschine läuft, desto früher holt die Fließgeschwindigkeit die Prüfgeschwindigkeit ein, desto früher muß also die Höchstlast erreicht werden (Abb. 38b).

In ähnlicher Weise läßt sich auch das genannte Schaubild von Zink erklären. Die Fließgeschwindigkeit von Zink ist verhältnismäßig groß, so daß bei der üblichen Prüfgeschwindigkeit sehr bald die Fließgeschwindigkeit größer als die Prüfgeschwindigkeit wird.

Werden derartige Versuche auf einer sehr weichen Maschine ausgeführt, so muß sich eine wesentlich geringere Beeinflussung der Höchstlast zeigen, da nunmehr die Prüfgeschwindigkeit nicht mehr eine ausschlaggebende Rolle spielt. Die Abstandsänderung der Spannköpfe ist bei der weichen Maschine im Gegensatz zur harten Maschine nicht ausschließlich durch die Maschinengeschwindigkeit gegeben. Durch die weiche Eigenfederung kann sich der Abstand der Spannköpfe je nach den Erfordernissen, ohne Rücksicht auf die Maschinengeschwindigkeit, beliebig verändern. Fließt der Prüfstab zunächst langsam, so wird die weiche Maschinenfederung langsam angespannt, die Last nimmt entsprechend langsam zu. Beginnt der Prüfstab dagegen schneller zu fließen, so kann sich diese beschleunigte Fließdehnung ohne weiteres in die weiche Maschinenfederung hinein ausbilden. Der Spannkopf, der an der weichen Federung sitzt, federt also entsprechend zurück. Der Lastabfall in der sehr weichen Feder ist jedoch hierbei gering. Die weiche Maschine wird also eine sehr flache Kuppe in der Nähe der Zerreißlast aufweisen. Sie wird demnach die bei der harten Maschine bei verschiedener Prüfgeschwindigkeit auftretenden Unterschiede zurücktreten lassen. Dies ist unter Umständen günstig, da durch die Versuchsdurchführung bedingte Unterschiede im Verhalten der Werkstoffe unterdrückt werden. Die weiche Maschine kann sozusagen als eine harte Maschine mit selbsttätiger Steuerung der Abstandsgeschwindigkeit der beiden Spannköpfe angesehen werden. Diese selbsttätige Steuerung ist durch die hohe Eigennachgiebigkeit der Maschine bedingt.

Natürlich ist hierbei auch der Einfluß der Spannung auf die Fließgeschwindigkeit zu berücksichtigen. Schon oben wurde ausgeführt, daß die Abhängigkeit der Fließgeschwindigkeit von der jeweiligen Spannung eine Annäherung des Schaubildes an einen waagerechten Verlauf hervorruft. Bei einer mittleren Arbeitsgeschwindigkeit der Maschine wird also selbsttätig die Fließgeschwindigkeit dieser Arbeitsgeschwindigkeit angenähert. Ist die Prüfgeschwindigkeit der Maschine zu groß, so wird die Fließgeschwindigkeit infolge Spannungsanstiegs vergrößert und damit das Verhältnis beider Geschwindigkeiten dem Wert 1 genähert. Ist dagegen die Prüfgeschwindigkeit kleiner als die Fließgeschwindigkeit, so fällt die Spannung, damit wird aber auch die Fließgeschwindigkeit kleiner, so daß sich das Verhältnis beider wieder dem Wert 1 nähert.

Auf jeden Fall ergibt sich also, daß die beschriebenen Erscheinungen im bildsamen Bereich nicht als Werkstoffeigenschaften gewertet zu werden brauchen. Man kann sie zwanglos aus dem Zusammenwirken der Versuchsbedingungen erklären. Streng genommen sind Belastungs-Verformungs-Schaubilder an verschiedenen Werkstoffen, oder an gleichen Werkstoffen bei verschiedener Temperatur, die unter gleichen Prüfbedingungen gewonnen werden, nicht vergleichbar, da eben die verschieden großen Fließgeschwindigkeiten den Belastungsvorgang weitgehend beeinflussen können.

Auf eine wichtige Folgerung sei noch aufmerksam gemacht. Heute wird die Bruchdehnung, d. h. also die verhältnismäßige Zunahme der Prüflänge bis zum endgültigen Bruch als wichtiges Kennzeichen in Abnahmevorschriften bestimmt. Unterschreitet diese Bruchdehnung einen vorgeschriebenen Wert, so wird auch heute noch der betreffende Werkstoff verworfen. Besonders bei Nichteisenmetallen kann jedoch der letzte Teil des Schaubildes infolge der großen bildsamen Dehnung sehr stark durch die Versuchsbedingungen beeinflußt werden. Es wurde gezeigt, daß durch eine weiche Maschine in Verbindung mit einer genügend hohen Prüfgeschwindigkeit dieser letzte Teil des Fließens annähernd bis zur waagerechten Richtung gehoben werden kann. Der Spannungsabfall nach Überschreitung der Höchstlast wird also weitgehend durch eine zusätzliche elastische Dehnung ausgeglichen. Dadurch wird aber die Bruchdehnung vergrößert. Umgekehrt kann durch eine harte Maschine und eine kleine Prüfgeschwindigkeit diese Bruchdehnung verkleinert werden. In diesem Verhalten kommt aber keine maßgebliche Werkstoffeigenschaft zum Ausdruck, und man kann wohl sagen, daß eine allzu strenge Einhaltung der genauen Abnahmevorschriften in bezug auf die Bruchdehnung sich nicht rechtfertigen läßt, wenigstens solange die Abweichungen nach niedrigeren Werten in gewissen Grenzen bleiben.

II. Einfluß von Kerben.

Die Betrachtungen über den Einfluß der Länge der Prüfstäbe gelten nur für den Fall, daß der Stab wenigstens angenähert über seine ganze Länge vom Fließen erfaßt wird, so daß also die jeweilige Gesamtverfor-

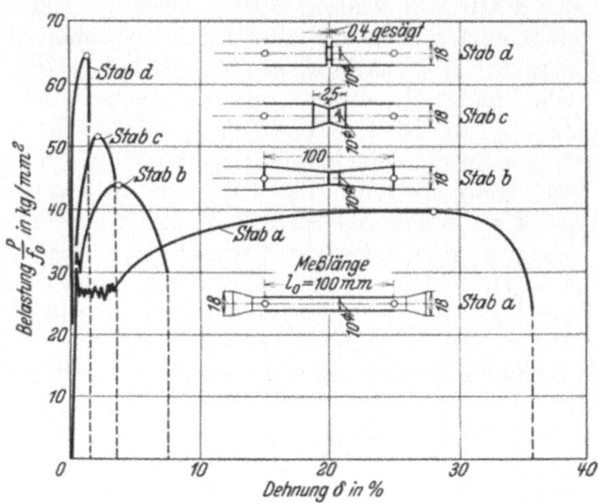

Abb. 39. Belastungs-Verformungs-Schaubilder gekerbter Probestäbe (Ludwik und Scheu).

mung aus den ungefähr gleichen Teilbeträgen der einzelnen Längenelemente sich zusammensetzt.

Es erhebt sich hier die Frage, was geschieht, wenn nur in einem eng begrenzten Teil des Prüfkörpers, etwa infolge örtlicher Überbeanspruchung an Kerben, Bohrungen, Nuten oder dgl. das Fließen einsetzt, während der Prüfstab im übrigen sich noch rein elastisch verhält. Mit dieser Frage der „Kerbfestigkeit“ beschäftigen sich in letzter Zeit mehrere Forscher. Es seien hier nur die Arbeiten von Ludwik und Scheu[1], Thum[2], Kuntze[3], Rinagl[4], Klöppel[5] genannt, wobei weiteres Schrifttum den genannten Aufsätzen entnommen werden kann.

Als Beispiel für die sich zeigenden Erscheinungen sei die Abb. 39 angeführt, die einen Auszug aus der genannten Arbeit von Ludwik und Scheu darstellt. Während der glatte Stab beim üblichen Zugversuch den bekannten Verlauf zeigt, wächst die Zerreißfestigkeit mit schärfer werdender Eindrehung immer mehr an. Die Zerreißfestigkeit des glatten Stabes beträgt in diesem Beispiel 40 kg/mm², der Stab mit der scharfen Eindrehung jedoch bricht erst bei etwa 65 kg/mm².

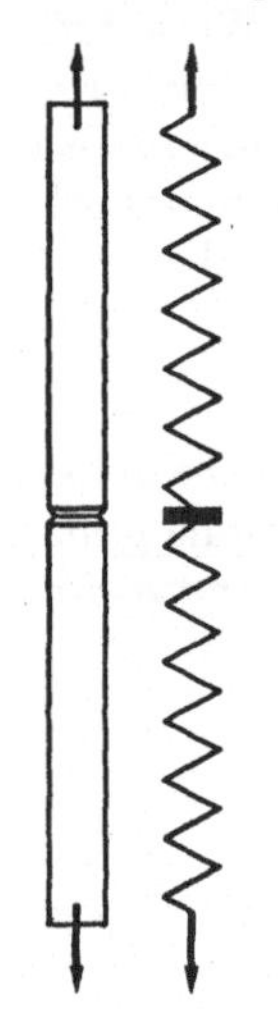

Abb. 40. Ersatzbild eines nur in der Mitte fließenden, gekerbten Prüfstückes.

Man macht heute zur Erklärung dieses unerwarteten Ergebnisses die Annahme, daß eine geometrische Behinderung der Formänderung infolge Stützwirkung der elastisch beanspruchten Nachbarteile in den Kerben, und damit ein mehrachsiger Spannungszustand auftritt, wodurch diese bedeutende Steigerung der Zerreißfestigkeit hervorgerufen werden soll. Es kann aber gezeigt werden, daß dieser Effekt wenigstens zum Teil zwanglos als Auswirkung der ungewöhnlichen Versuchsbedingungen beim Kerbzerreißversuch zu deuten ist.

Es sei gemäß Abb. 40 ein Stab angenommen, der in der Mitte eine scharfe Kerbe besitze. Der Stab sei in einer harten Prüfmaschine in der üblichen Weise eingespannt. Man kann denselben aufgeteilt denken in ein sehr kleines Mittelstück mit entsprechend sehr harter Federung, an das sich auf beiden Seiten sehr weiche Federungen anschließen, die den unverletzten Teilen des Probestabes entsprechen. Das zum Fließen kommende Mittelstück stellt also das eigentliche Prüfstück dar, der übrige Teil des Probestabes wirkt nur als sehr weiche, im gleichen Kraftfluß liegende Federn. Diese Federn können auch zur Eigenfederung der Prüfmaschine geschlagen werden. Selbst wenn die eigentliche Prüfmaschine sehr hart ist, so liegt trotzdem das zu untersuchende Mittelstück demnach in einer sehr weichen Federung eingebettet.

Wird nun die Belastung allmählich gesteigert, so verhält sich der ganze Stab zunächst elastisch. Jedes Volumelement trägt gemäß seiner Länge einen bestimmten Teil zur gesamten, elastischen Längung bei. Entsprechend der Prüfgeschwindigkeit verlängert sich also jedes Volumelement um eine gleiche, verhältnismäßige Dehnung je Zeiteinheit. Kommt nun bei weiter gesteigerter Belastung das Mittelstück zum Fließen, so ist das vom Fließen erfaßte Volumen im Kerbgrund außerordent-

[1] Ludwik, P. und Scheu: Stahl u. Eisen Bd. 43 (1923) S. 999.

[2] Thum, A.: Schweiz. Bauztg. Bd. 106 (1935) S. 26. — Thum, A. und Wunderlich: Forsch. Ing.-Wes. Bd. 3 (1932) S. 261.

[3] Kuntze, W.: Mitt. dtsch. Mat.-Prüf.-Anst. Sonderheft XX und XXXIII.

[4] Rinagl, F.: Vorbericht 2. Kong. Int. Brücken- und Hochbau. Berlin 1936 S. 1589. — Bauing. Bd. XVII (1936) Heft 41/44.

[5] Klöppel: Stahlbau Bd. 9 (1936) S. 109.

lich klein im Vergleich zum gesamten Prüfvolumen. Entsprechend klein ist auch die zusätzliche bildsame Dehnung der Kerbe im Vergleich zur elastischen Dehnung des ganzen Prüfstabes. Der Fließbeginn im Kerbgrund wird also vollständig im Schaubild unterdrückt, und zwar aus zwei Gründen. Selbst wenn die Prüfmaschine unendlich hart wäre, so vereitelt die große Eigenfederung der unverletzten Prüfstabteile eine Spannungserniedrigung zu einer „unteren Streckgrenze", denn eine bildsame Dehnung der in weiche Federn eingebetteten Kerbe kann sich in deren elastische Dehnung hinein auswirken. Die Spannung dieser elastisch beanspruchten Teile kann jedoch durch diese sehr kleinen Fließvorgänge nicht merklich beeinflußt werden. Dazu kommt der überragende Einfluß der Belastungsgeschwindigkeit.

Während die elastische Dehnung sich gleichmäßig auf das ganze Prüfstabvolumen verteilt, konzentriert sich die bildsame Dehnung ausschließlich auf die Kerbzone. Im Gegensatz zum glatten Stab, wo nach eintretendem Fließen jedes Volumelement wenigstens ungefähr den gleichen Anteil zur gesamten, bleibenden Dehnung liefert, bleibt jetzt das Fließen auf die sehr kleine Kerbzone beschränkt. Um vergleichbare Ergebnisse zu erzielen, müßte also die Prüfgeschwindigkeit im Verhältnis des Kerbvolumens zum ganzen Prüfstabvolumen verringert werden. Nimmt man an, daß die Kerbzone etwa $^1/_{10\,000}$ des ganzen Prüfstabvolumens ausmacht, so müßte die Prüfgeschwindigkeit auf $^1/_{10\,000}$ des üblichen Wertes verringert werden, um eine gleich große, verhältnismäßige Fließgeschwindigkeit zu erhalten, wie bei der Prüfung eines glatten Stabes im Fließbereich. Wird etwa der übliche Belastungsversuch in 3 Minuten durchgeführt, so müssen bei der Untersuchung von Kerbwirkungen unter der gemachten Annahme 30000 Minuten oder über 20 Tage aufgewandt werden, um vergleichbare Ergebnisse zu erzielen. Oder umgekehrt, wenn der gekerbte Stab mit der üblichen Geschwindigkeit in etwa 3 Minuten bis zum Bruch belastet wird, so ist das hierbei erhaltene Schaubild vergleichbar mit einem Belastungsversuch an einem glatten Stab, der in $^3/_{10\,000}$ Minuten oder in rund $^1/_{50}$ Sekunde durchgeführt wird. Dies ist aber eine Zeit, die der Größenordnung nach beinahe an Stoßzerreißversuche heranreicht. Diese Erhöhung der Belastungsgeschwindigkeit muß sich aber in der durch die Abb. 21 und 35 dargestellten Weise auswirken. Bekanntlich wird beim statischen und dynamischen Zerreißversuch ein Unterschied zwischen den Zerreißfestigkeiten in dem durch die Abb. 39 gegebenen Ausmaß ohne weiteres erreicht. Je schärfer die Kerbe ist, desto kleiner wird das Verhältnis von fließendem zu elastischem Bereich, desto mehr muß also in Übereinstimmung mit Abb. 39 die Zerreißfestigkeit ansteigen.

Wir kommen also zu dem Ergebnis, daß die Belastungsgeschwindigkeit im Verhältnis zur Fließgeschwindigkeit im Kerbgrund außerordentlich hoch gegenüber der eines ungefähr gleichmäßig über die ganze Länge fließenden Stabes ist. Als Probestück ist sozusagen nur das Kerbvolumen zu betrachten, während die unverletzten Enden an dem eigentlichen Prüfvorgang nicht teilnehmen, bzw. denselben nur im Sinne einer weichen Maschine beeinflussen. Bei der üblichen Prüfgeschwindigkeit der Maschine kommt daher die Fließdehnung nicht mit, während beim Fließen des ganzen Stabes dessen große Fließgeschwindigkeit sehr bald die Prüfgeschwindigkeit erreicht (vgl. Abb. 34). Man kann demnach die Erhöhung der Zerreißfestigkeit zwanglos als Auswirkung der bekannten Beeinflussung der Zerreißschaubilder durch die Belastungsgeschwindigkeit erklären. Es tritt also im Kerbgrund eine zeitliche Behinderung der Fließdehnung ein. Dies schließt natürlich nicht aus, daß auch andere Einflüsse, etwa die heute meist angenommene, geometrische Fließbehinderung durch Stützwirkung der unverletzten, benachbarten Teile, vorhanden sind.

Inwieweit diese geometrische Fließbehinderung neben der zeitlichen Fließbehinderung wirksam ist, läßt sich durch einen einfachen Versuch entscheiden. Bringt man an einem Probestück nicht nur eine einzige, sondern sehr viele Kerben an, so muß sich in allen Kerben die geometrische Behinderung ungefähr gleichmäßig auswirken, so daß also auch bei sehr vielen Kerben die beträchtliche Festigkeitssteigerung sich zeigen muß. Handelt es sich jedoch um eine zeitliche Behinderung, so wird das Verhältnis der Summe der Fließdehnungen zur elastischen Dehnung mit wachsender Kerbzahl größer, die Festigkeitssteigerung muß demnach mit wachsender Kerbzahl kleiner werden.

Bekanntlich zeigt sich im Dauerversuch keineswegs eine entsprechende Erhöhung der Dauerfestigkeit eines gekerbten Versuchsstücks. Im Gegenteil, die Dauerfestigkeit sinkt mehr oder weniger ab. Diese Verminderung der tatsächlichen Festigkeit kann im statischen Versuch infolge der sehr ungünstigen Versuchsbedingungen nicht erkannt werden. Bei geeigneter Durchführung des statischen Versuchs muß sich auch bei diesem eine entsprechende Erniedrigung der statischen Kennwerte ergeben.

E. Weiterentwicklung statischer Prüfmaschinen.

Die bisherigen Ausführungen zeigen, daß man sich über die jeweiligen Eigenschaften einer Prüfmaschine klar werden muß, ehe man an eine Auswertung der erhaltenen Schaubilder geht. Auch ein und dieselbe Maschine kann durch unbeachtete Verstellungen, etwa durch Änderung der Höhe der Preßflüssigkeit im Zylinder, ihre Eigenschaften grundsätzlich ändern. Ebenso ist zu berücksichtigen, daß durch Wahl verschiedener Probestabformen, oder auch durch die Verschiedenartigkeit der ausgeführten Versuche, Zug- oder Druckversuche, das Verhältnis der Probestabfederung zur Federung der Prüfeinrichtung wesentlich geändert werden kann. Für eine klare Beurteilung eines Werkstoffs ist aber besonders hinderlich, daß die heutigen Maschinen im allgemeinen weder den Fall der Nachwirkung noch der Relaxation rein zur Darstellung bringen. Beide Auswirkungsformen eines Fließvorganges gehen durcheinander und erschweren so die Auswertung der Belastungs-Verformungs-Schaubilder. Das Beispiel der oberen und unteren Streckgrenze, das eingehend behandelt wurde, hat gezeigt, daß mannigfaltige Beeinflussungen möglich sind. Die Entwicklung von Prüfmaschinen mit eindeutig festgelegten Federeigenschaften dürfte daher für die theoretische und praktische Werkstofforschung wünschenswert sein. Es kommen hierbei im wesentlichen zwei verschiedene Maschinentypen in Frage, die weiche Maschine und die harte Maschine, die dadurch gekennzeichnet sind, daß die Eigenfederung der Prüfeinrichtung entweder sehr weich oder aber sehr hart gegenüber der Federung der Prüfkörper ist.

I. Die weiche Maschine.

Diese Maschine[1] besitzt eine so hohe, eigene Nachgiebigkeit, daß die elastische Dehnung des Prüfkörpers und auch dessen bildsame Streckung sehr klein ist gegenüber der elastischen Verformung der Prüfeinrichtung. Damit ist die Gewähr dafür gegeben, daß ein einsetzender Fließvorgang sich unter gleichbleibender Last abspielt. Es können also Nachwirkungsvorgänge rein zur Darstellung kommen, deren Beobachtung sehr erleichtert wird. Vor allen Dingen wird der meßtechnische Vorteil gewonnen, daß schnelle Belastungsschwankungen von der Maschine ferngehalten werden, so daß den Kraftanzeigegeräten, z. B. den heute weit verbreiteten Pendelmanometern, keine Aufgaben zugemutet werden, die sie doch nicht bewältigen können. Andererseits kann die Ausbildung der Fließerscheinung, insbesondere ihre Geschwindigkeit, genau beobachtet werden, da die Abstandsänderungen der Spannköpfe genau den Fließdehnungen entsprechen. Diese weiche Maschine hält also eine einmal aufgebrachte Last aufrecht, sie kann insbesondere nicht eine untere Streckgrenze anzeigen. Ist ihre Eigenfederung genügend weich, so kann sogar bis kurz vor dem endgültigen Bruch der Probe kein Spannungsabfall auftreten.

Konstruktiv kann die gestellte Aufgabe auf verschiedene Weise gelöst werden. Bereits oben haben wir die Möglichkeit der Einschaltung einer Feder in den Kraftfluß kennengelernt. Bei hydraulischen Maschinen wird die Maschine durch Vergrößerung des Raumes der Preßflüssigkeit weich gemacht. Durch Zuschaltung besonderer Behälter über Ventile kann die Federkonstante wahlweise verändert werden. Eine weitere Möglichkeit besteht darin, die Flüssigkeit im Preßraum mit einem Windkessel zu verbinden. Eine solche Anordnung gestattet eine sehr weitgehende Erniedrigung der Federkonstanten der Prüfeinrichtung.

Durch die Einschaltung eines federnden Zwischengliedes wird in dynamischer Hinsicht ein wichtiger Vorteil erreicht. Stellt man sich einen einseitig eingespannten Stab vor, so zeigt dieser bei Erregung seiner Längsschwingungen, etwa durch einen Stoß auf das freie Ende, eine sehr hohe Eigenschwingungszahl. Wenn es nun möglich wäre, den Stab statisch zu belasten, ohne daß besondere Massen nötig wären, so könnte dieser „Indikator" sehr schnellen Längsänderungen, etwa infolge Fließerscheinungen folgen, ohne daß Trägheitswirkungen zu beschleunigender Massen mit ihren unübersichtlichen Einflüssen zu befürchten wären. Bei der üblichen Konstruktion sind Baumassen beträchtlichen Ausmaßes nötig, die bei der oben genannten hydraulischen Prüfmaschine fast 1 t

[1] DRP.

erreichen. Durch diese schwere Masse werden die Feinheiten des Fließvorganges erstickt. Immerhin besteht die Möglichkeit, durch eine Entkopplung des den Prüfstab enthaltenden Schwingungssystems eine Annäherung an den Grenzzustand des fest-freien Stabes zu erreichen. Durch die oben genannte Zwischenfeder kann dieses Ziel erreicht werden, da nunmehr der Probestab von den schweren Massen des Gehänges, des Querhaupts, des Kolbens usw. befreit wird. Durch die Formänderungen des Prüfstabes müssen nunmehr lediglich die Massen einer verhältnismäßig leicht zu haltenden Einspannvorrichtung bewegt werden, die Formänderungen können sich aber ungehindert in die weiche Federung der Zwischenfeder hinein ausbilden. Das den Prüfstab enthaltende Schwingungssystem besitzt nunmehr eine vielfach höhere Eigenfrequenz gegenüber der üblichen Anordnung. Es können sich daher sehr schnelle Fließerscheinungen klar ausbilden, ohne daß durch Massenwirkungen Fälschungen zu erwarten sind. Durch Verfolgung des zeitlichen Ablaufs der Verlängerung des Prüfstabes mit Hilfe genauer Längenmeßgeräte wird demnach die Nachwirkungserscheinung klar zur Anzeige gebracht.

Die weiche Maschine hat ebenso wie die gewichtsbelastete Maschine eine waagerechte Kennlinie. Gegenüber der letzteren weist jedoch die weiche Maschine den besonderen Vorteil auf, daß Trägheitswirkungen weitgehend beseitigt sind. Wenn man Untersuchungen unter gleichbleibender Last ausführen will, so kommt daher nur die weiche Maschine in Frage.

Infolge des sehr großen Federweges in der nur allmählich auf Spannung kommenden Eigenfederung der Maschine wird eine entsprechend hohe potentielle Energie bei der Aufbringung der Last angesammelt. Dieser große Energievorrat in der gespannten Eigenfederung setzt die weiche Maschine in der beschriebenen Weise in Stand, einen Fließbereich ohne merklichen Spannungsverlust zu durchfahren. Bei einem Bruch der Probe wird diese große Energie plötzlich frei, der Rückstoß einer solchen Maschine ist daher wesentlich heftiger, als bei den üblichen Maschinen. Unter Umständen müssen daher entsprechende Vorsichtsmaßregeln getroffen werden, um Schäden der Maschine zu verhindern.

II. Die harte Maschine.

Diese Maschine stellt gerade das Gegenteil der weichen Maschine dar[1]. Hier wird die Federkonstante der Maschine und aller im Kraftfluß liegenden Teile so groß wie nur irgend möglich gemacht. Erfolgt in einer solchen Maschine eine bildsame Verformung der Probe, so spricht das Verformungs-Belastungs-Schaubild mit einem Spannungsabfall an, der fast senkrecht verläuft. Theoretisch kann sogar ein Lastabfall auf Null erzielt werden, wenn die bleibende Verformung des Prüflings so groß wird wie die elastische Verformung. Diese harte Maschine kann auch als Relaxationsmaschine bezeichnet werden, da bei ihr jede bleibende Dehnung sich zunächst in die elastische Dehnung des Prüfstabs hinein unter gleichzeitigem Lastabfall ausbilden muß. Eine solche Maschine spricht

[1] DRP. a.

daher nicht nur auf die sehr groben Fließerscheinungen an der eigentlichen Streckgrenze mit einem Lastabfall an, sondern es müssen nunmehr auch kleinste plastische Verschiebungen, etwa bei Überschreitung der Elastizitätsgrenze, sich durch Zacken im Schaubild andeuten. Eine solche Maschine muß also das Einsetzen einer Fließerscheinung durch eine „obere" und „untere" Streckgrenze anzeigen, selbst dann, wenn die beginnende Fließerscheinung sich in einem üblichen Schaubild durch eine kaum merkliche Abweichung vom geradlinigen Verlauf andeutet. Natürlich muß ein Versuch sehr langsam durchgeführt werden, damit der Spannungsabfall nicht durch eine zu hohe Prüfgeschwindigkeit verwischt wird. Eine weitere Forderung an solche Maschinen ist das Vorhandensein von Kraftmeßgeräten, die einen möglichst kleinen Eigenhub haben, und die auch schnellen Laständerungen folgen können.

An vorhandenen Maschinen kann, soweit das Gestell genügend steif sein sollte, der Kolben so eingestellt werden, daß beim Versuch möglichst wenig Preßflüssigkeit im Zylinder steht. Wenn der Kolben bei Beginn des Versuchs den Zylinderboden berührt, so sind einige Fortschritte zu erwarten. Nimmt man an Stelle von Wasser oder Glyzerin Quecksilber, das eine zehnmal kleinere Zusammendrückbarkeit gegenüber Wasser hat, so wird durch diese Maßnahme eine weitere Steigerung der Federkonstanten um das Zehnfache erzielt. Günstig ist ferner, den Querschnitt des Preßzylinders möglichst groß zu wählen, so daß die spezifische Flächenpressung klein wird.

Diese Maßnahmen werden allerdings nur ein Notbehelf sein können. Schon das Maschinengestell der heutigen Prüfmaschinen besitzt im allgemeinen eine größere Nachgiebigkeit als der Prüfstab selbst. Auch ist das Schluckvolumen der heute meist benutzten Pendelmanometer viel zu groß. Man wird daher harte Maschinen von vornherein zweckentsprechend gestalten. Derartige Maschinen müssen sich durch eine große Einfachheit im Aufbau und eine äußerst stabile Bauart auszeichnen. Im folgenden sollen einige Konstruktionsgesichtspunkte beschrieben werden.

1. Ausführungsbeispiel.

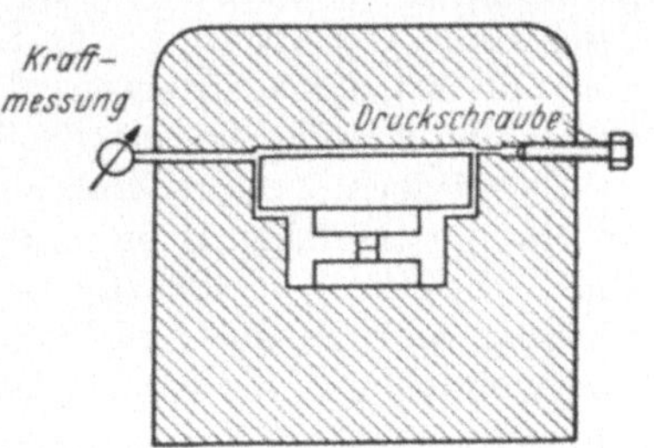

Abb. 41. Harte Maschine schematisch.

In Abb. 41 ist eine Prüfeinrichtung, etwa zur Ausführung von Druckversuchen dargestellt. Der Prüfkörper bestehe aus einem gedrungenen Zylinder, wobei der Einfluß einer Rundkerbe zu untersuchen sei. Das Gestell der Maschine wird hierbei außerordentlich stabil ausgeführt. Ein flacher Zwischenraum zwischen Zylinder und Kolben, von nur wenigen Zehntel Millimeter Höhe verbürgt eine geringe Zusammendrückung der Preßflüssigkeit. Selbstverständlich müssen irgendwelche Rohrleitungen vermieden werden. Auch darf die Pumpvorrichtung selbst keine Nachgiebigkeit besitzen. Die Last wird daher am besten durch eine Druckschraube aufgebracht, die in einer Bohrung des Gehäuses eingeschraubt wird. Als Preßflüssigkeit empfiehlt sich Quecksilber wegen seiner geringen Zusammendrückbarkeit. Das Anzeigegerät selbst muß ein verschwindend geringes Schluckvolumen besitzen, es wird am besten unter Vermeidung irgendwelcher Rohrleitungen unmittelbar an einer Bohrung des Gehäuses befestigt. Es kann z. B. aus einem leichten Aluminiumkolben von wenigen Millimetern Durchmesser bestehen, der in einem entsprechenden Meßzylinder sich bewegen kann. Der Meßhub für die Höchstlast ist ebenfalls sehr klein zu halten, so daß also das Schluckvolumen, bedingt durch die Verschiebung des Meßkolbens, verschwindend klein wird. Als Rückstellkraft wird natürlich kein Neigungspendel, sondern eine Feder vorgesehen, so daß die Eigenfrequenz des Meßgeräts sehr hoch liegt. Die Bewegung des Meßkolbens kann etwa auf einen Spiegel übertragen werden, dessen veränderliche Neigung gemessen wird.

Wird nun durch ganz langsames Eindrehen der Preßschraube der Druck in der Preßflüssigkeit allmählich erhöht, so wird der Prüfkörper zunächst elastisch beansprucht und das Kraftmeßgerät schlägt entsprechend aus. Tritt nun etwa in der Kerbe des Prüfkörpers eine Fließerscheinung auf, die bei üblichen Maschinen völlig übersehen wird, so muß sich entsprechend der bildsamen Veränderung der Prüflänge der Druck in der Preßflüssigkeit verändern, da die sehr geringen Verformungen, wegen Fehlens jeder nennenswerten Nachgiebigkeit innerhalb der Prüfeinrichtung, nicht mehr ausgeglichen werden können. Das Fließen wird also durch einen Spannungsabfall angezeigt.

Durch ein Differentialmeßgerät, das nicht auf die Höhe der Pressung in der Flüssigkeit, sondern nur auf deren Schwankungen anspricht, läßt sich die Empfindlichkeit noch wesentlich steigern.

Das Schaubild eines Prüfstücks, das etwa auf den üblichen Maschinen ein ganz allmählich vom geradlinigen Verlauf abweichendes Verhalten zeigt, muß sich nunmehr in eine große Anzahl von Spannungssprüngen auflösen, deren Ausbildung im übrigen weitgehend von der Versuchsgeschwindigkeit abhängig ist. Es zeigt sich also eine Folge von „oberen und unteren“ Streckgrenzen. Dies wird an einem besonderen Beispiel weiter unten nachgewiesen (S. 79.)

Es sei noch erwähnt, daß auch die Härteprüfung eine Bereicherung durch derartige Maschinen erfahren kann. Wird in einer solchen harten Presse etwa ein Kugeldruckversuch ausgeführt, so läßt sich der Eindringvorgang sehr genau verfolgen. Sobald der elastische Bereich überschritten ist, und die Kugel plastisch in die Oberfläche des Prüfkörpers einbricht, muß ein Spannungsrückgang sich anzeigen. Auf diese Weise könnte also der Fließbeginn beim Eindringen der Kugel festgestellt werden. Die Spannung, bei der dies erfolgt, ist ein Kennwert für die Härte des Werkstoffs. Bei den üblichen Härteprüfeinrichtungen wird dieser Fließbeginn durch die Eigenfederung der Maschine völlig verwischt, da gerade bei diesen Versuchen besonders hohe Anforderungen an die Unnachgiebigkeit der Prüfeinrichtung gestellt werden müssen. Der alte Vorschlag von Hertz, die Härte in absolutem Maß als diejenige kritische

Höchstspannung zu definieren, bei der die Elastizitätsgrenze beim Eindrücken einer Kugel überschritten wird, könnte heute also mit zweckentsprechenderen experimentellen Hilfsmitteln wieder aufgegriffen werden.

2. Meßtechnische Vorzüge.

Die harte Maschine ist nicht imstande, einen nennenswerten Betrag an potentieller Energie bei der Belastung aufzuspeichern, da sie infolge ihrer großen Federkonstanten sofort auf Spannung kommt. Da diese Energie mit dem Federweg ansteigt, so ist sie für die gleiche Endlast sehr viel kleiner als bei der weichen Maschine. Bei einer Längung des Prüfstabes infolge von Fließerscheinungen wird daher dieser kleine Energievorrat sofort verzehrt. Die harte Maschine kann also die Spannung nicht halten, da ihr der Ausgleich durch eine genügend große eigene Nachgiebigkeit fehlt. Sie hat aber aus diesem Grunde den für die Werkstoffprüfung unschätzbaren Vorteil, auf kritische Belastungsgrenzen im Werkstoff deutlich mit einem Spannungsabfall anzusprechen. Bei ihr muß der Werkstoff in die elastische Dehnung des Prüfstücks selbst hineinfließen, da die beiden starren Spannköpfe einen Ausgleich nicht zulassen, im Gegensatz zur weichen Maschine, wo die bildsame Dehnung sich in die weiche Federung der Prüfmaschine hinein ausbilden kann. Die heute üblichen Maschinen verschmieren daher das Belastungsschaubild, während die harte Maschine auch auf sehr geringfügige bildsame Vorgänge mit einem deutlich im Schaubild ausgeprägten Lastabfall anspricht.

Zur Untersuchung beginnender Fließerscheinungen, etwa in der Nähe der Elastizitätsgrenze, hat man bisher nach einer möglichst vollkommenen Längenmessung gestrebt. Man glaubte, daß durch immer höhere Steigerung der Empfindlichkeit der Längenmessung zur Erfassung auch geringster bleibender Verformungen, dem Problem näher zu kommen sei. So ist man etwa zur Festlegung der E-Grenze bei einer bleibenden Verformung von 0,001% der Prüflänge angelangt, was bei einer Prüflänge von 100 mm die Ermittlung von 0,001 mm nötig macht. Diese kleinen Längenänderungen müssen also mit Sicherheit noch meßbar sein.

Die harte Maschine macht jedoch solche langwierigen Feinmessungen überflüssig, da bei ihr die Messung der Verformung sozusagen dem Kraftmeßgerät übertragen wird. Bei ihr besteht eine eindeutige Zuordnung von Verformung und Belastung, da eine bleibende Verformung sich bei langsamer Belastungszunahme nur in die elastische Dehnung, also in die durch die Spannköpfe bestimmte Strecke hinein ausbilden kann. Beträgt etwa im obigen Beispiel bei Erreichen der E-Grenze die elastische Verformung 0,1 mm, und schlägt hierbei das Kraftmeßgerät um 100 Skalenteile aus, so ist also umgekehrt jedem Skalenteil der Kraftskala eine elastische Dehnung von 0,0001 mm zuzuordnen. Fließt nun der Prüfstab, so tritt diese bleibende Dehnung in voller Höhe an die Stelle einer entsprechend großen elastischen Dehnung. Im obigen Beispiel macht bei Überschreitung der E-Grenze die bleibende Verformung 1% der elastischen Dehnung aus. Entsprechend verringert sich die elastische Dehnung um diesen Betrag und die Spannung fällt um 1% ab. Am Kraftmeßgerät wird also ein Rückgang um 1 Skalenteil festgestellt, ein Wert, der mit Leichtigkeit noch beobachtet werden kann.

Das Kraftmeßgerät vergrößert also sehr stark die Verformungen; die ganze Kraftskala entspricht den wenigen Zehntel Millimetern der Verformung, die bei der Höchstlast im allgemeinen auftreten. Bei den heute üblichen Maschinen ist diese eindeutige Zuordnung nicht möglich, weil eben außer der Federung der Prüfstücke noch die Eigenfederung der Maschine vorhanden ist.

Zur Ausführung sehr genauer Dehnungsmessungen hat man versucht, etwa aus der Umdrehungsgeschwindigkeit des Antriebsmotors, und unter Berücksichtigung der Übersetzung zwischen Motor und Spindelantrieb einer Prüfmaschine, auf die Zunahme der Dehnung zu schließen. Rechnungsmäßig kommt man hierbei auf außerordentlich hohe Empfindlichkeiten. Dies ist bei einer üblichen Maschine jedoch nicht zulässig, da die Geschwindigkeit, mit der sich die Spannköpfe voneinander entfernen, in keinem beherrschbaren Verhältnis zur Antriebsgeschwindigkeit ist. Die Eigenfederung der Maschine, in die der Stab fließen kann, verhindert eine derartige, eindeutige Zuordnung von Verformungsgeschwindigkeit und Antriebsgeschwindigkeit.

F. Dynamische Prüfeinrichtungen.

Unabhängig von der statischen Belastungsprüfung hat sich in den letzten Jahrzehnten immer mehr die dynamische Dauerprüfung der Werkstoffe durchgesetzt. Zwischen beiden Forschungsrichtungen bestehen heute nur sehr lose Beziehungen. In den folgenden Abschnitten wird versucht, das Gemeinsame dieser beiden Forschungsrichtungen herauszustellen.

Über Einzelheiten der verschiedenen, dynamischen Prüfeinrichtungen ist im Schrifttum vielfach berichtet worden, so daß es sich erübrigt, hierauf näher einzugehen. Es sei auf die Bücher von Föppl, Becker, v. Heydekampf[1], ferner von Graf[2], Lehr[3], Herold[4], Späth[5], Gough[6], Moore und Kommers[7], Cazaud und Persoz[8] u. a. verwiesen. In einer kürzlich erschienenen Arbeit von Oschatz[9] ist eine Übersicht über den neuesten Stand der Technik mit ausführlicher Angabe des Schrifttums gegeben.

In diesem Abschnitt soll zunächst kurz auf einige besondere Verhält-

[1] Föppl, O., E. Becker und G. v. Heydekampf: Die Dauerprüfung der Werkstoffe. Berlin: Julius Springer 1929.

[2] Graf, O.: Die Dauerfestigkeit der Werkstoffe.

[3] Lehr, E.: Die Abkürzungsverfahren zur Ermittlung der Schwingungsfestig keit von Materialien. Diss. Stuttgart 1925.

[4] Herold, W.: Wechselfestigkeit metallischer Werkstoffe. Berlin: Julius Springer 1934.

[5] Späth, W.: Theorie und Praxis der Schwingungsprüfmaschinen. Berlin: Julius Springer 1934.

[6] Gough, H. J.: The Fatigue of Metals. London 1926.

[7] Moore und Kommers: The Fatigue of Metals. New-York 1927.

[8] Cazaud, R. und L. Persoz: La Fatigue des Métaux. Paris: Dunod 1937.

[9] Oschatz, H.: Z. VDI Bd. 80 (1936) S. 48.

nisse an dynamischen Prüfeinrichtungen eingegangen werden, da sich gewisse Parallelen zwischen statischen und dynamischen Prüfeinrichtungen ergeben. Auch bei dynamischen Prüfeinrichtungen kann man eine Kennlinie aufstellen. Außerdem soll auf einige besondere Einrichtungen hingewiesen werden, um den Anschluß an die späteren Ausführungen zu gewinnen.

I. Die Kennlinien dynamischer Prüfeinrichtungen.

1. Einrichtungen mit gleichbleibender Verformung.

Es sei angenommen, daß das Prüfstück in einer sehr kräftigen Maschine eingespannt werde. Die Eigenfederung dieser Maschine sei zu vernachlässigen, insbesondere sei die Nachgiebigkeit etwa vorhandener Kraftmeßgeräte verschwindend gering. Wird nun dem Probestück durch ein sehr kräftig gehaltenes Getriebe, etwa eine Exzentervorrichtung, eine wechselnde Verformung zwangsläufig aufgezwungen, so ist die Verformungsamplitude bei genügend starrer Ausbildung aller Teile durch den Hub des Exzenters gegeben. Eine solche Maschine kann also mit einer harten Maschine verglichen werden. Tritt im Laufe eines Dauerversuchs eine bleibende Verformung des Prüfstücks auf, so kann sich diese nur in die wechselnde elastische Verformung des Prüfstücks hinein ausbilden. Die elastische Verformung muß entsprechend kleiner werden, genau wie bei einer harten Maschine. Die durch den Höchstwert des Hubes gegebene Wechselamplitude teilt sich also in eine bleibende und eine elastische Dehnung auf. Hierdurch muß der Höchstwert der auf das Probestück wirkenden Wechsellast abnehmen. Diese Abnahme ist eine willkommene Anzeigemöglichkeit für das Eintreten bildsamer Vorgänge. Bei Dauerversuchen mit gleichbleibender Belastung allerdings ist hierdurch unter Umständen eine Nachregelung des Hubes der Maschine nötig, d. h. der Hub muß im Ausmaße der bleibenden Verformung jeweils vergrößert werden, um stets die gleiche elastische Verformung, und damit die gleiche Wechsellast zu erhalten.

Andererseits kann durch das Fließen des Prüflings eine Verfestigung, d. h. eine Erhöhung des E-Moduls eintreten, so daß aus diesem Grunde die elastische Gegenkraft größer wird, die Spannung also wieder steigt.

Die Wechsellast einer mit gleichbleibender Verformung betriebenen Dauerprüfmaschine wird also genau wie bei einer harten Maschine, auf irgendwelche Vorgänge im Prüfstück sehr empfindlich mit einer Spannungsänderung ansprechen. Diese Maschinen sind daher besonders geeignet zur grundsätzlichen Untersuchung der Vorgänge in wechselbelasteten Werkstoffen.

2. Einrichtungen mit gleichbleibender Belastung.

Bei anderen Maschinen ist von vornherein eine gleichbleibende Höhe der Spitzenbelastung gegeben, oder aber es wird durch besondere Vorrichtungen die von der Maschine ausgeübte Wechsellast auf den Sollwert eingeregelt. Derartige Maschinen können mit weichen statischen Maschinen verglichen werden. Tritt bei ihnen eine bleibende Verformung auf, so wird im gleichen Ausmaß die Gesamtverformung unter der schwingenden Last vergrößert.

Ein Beispiel hierfür ist der hydraulische Pulsator, bei dem der Belastungshub nicht unmittelbar auf den Stab aufgebracht wird, sondern ein nachgiebiges Flüssigkeitskissen zwischen Antrieb und Prüfstab eingeschaltet ist. Die verhältnismäßig große Nachgiebigkeit der Flüssigkeitsräume verhindert hierbei von vornherein ein scharfes Absinken der Spannung. Die sich allerdings auch hier zeigenden Spannungsschwankungen werden durch besondere Regelorgane ausgeglichen, durch die zum mindesten die Oberspannung wieder auf den alten Wert gebracht wird.

Diese Maschinen haben also den Vorteil, daß sie mit gleichbleibender Spannung arbeiten, so daß im Dauerversuch Messungen unter gleichbleibender Last verhältnismäßig einfach durchzuführen sind. Sie haben aber andererseits den Nachteil, daß sie Fließvorgänge nicht einwandfrei zur Anzeige bringen können, insbesondere fehlt ihnen die hohe Empfindlichkeit der Wechsellast gegenüber sehr kleinen Fließerscheinungen. Zur Durchführung insbesondere von Kurzzeitversuchen sind sie daher weniger geeignet.

3. Einrichtungen mit Anwendung von Zentrifugalkräften.

Die Erzeugung periodischer Kräfte durch Ausnutzung der Zentrifugalkraft umlaufender außermittiger Massen hat seit einigen Jahren vielfach Eingang in die Dauerprüfung gefunden[1]. Die Schwierigkeit, die Drehzahl dieser umlaufenden Massen genau in der Resonanz des das Probestück enthaltenden Schwingungssystems zu halten, hat dazu geführt, daß man entweder unter oder über der kritischen Resonanzfrequenz arbeitet, also von vornherein auf die große Aufschaukelung in Resonanz verzichtet. Je nachdem, ob unter oder über der Resonanz gearbeitet wird, ergeben sich jedoch gewisse grundsätzliche Unterschiede.

Wird unter der Resonanz gearbeitet, so wird die Wechselkraft des Schwingers elastisch vom Prüfstab aufgenommen. Beginnt das Prüfstück zu fließen, so bleibt die Kraft des Schwingers hierdurch unbeeinflußt und die bleibende Verformung tritt in voller Höhe zur elastischen Verformung hinzu. Die Maschine arbeitet also bei gleichbleibender Spannung und veränderlicher Gesamtverformung, sie ist bei dieser Betriebsweise als weich anzusprechen.

Wird jedoch die Umlaufzahl der Wuchtmassen weit über die Resonanzzahl geregelt, so ist die Größe der Schwingungsausschläge nicht mehr durch die elastische Gegenkraft des Probestückes, sondern durch die zu beschleunigenden und verzögernden Massen der Prüfeinrichtung gegeben. Bleiben diese Massen während eines Versuches unverändert, so bleibt auch der Verformungshub gleich groß. Die Maschine führt also zwangsläufig eine ganz bestimmte Schwingungsamplitude aus, gleichgültig, welche Veränderungen im Probestab vor sich gehen. Selbst wenn der Probestab bricht, werden diese Schwingungen nach wie vor in ihrer vollen Größe vorhanden sein. Tritt daher im Prüfstück eine bleibende

---

[1] Späth, W.: Siehe Anmerkung S. 76.

Verformung auf, so verringert sich entsprechend die elastische Verformung, die Spannung muß sinken. Durch eine hierdurch bedingte Zunahme des E-Moduls kann die Spannung wieder ansteigen. In dieser Betriebsweise zeigt also der Schwinger die Eigenschaften einer harten Maschine.

4. Einrichtungen mit Vorlastfeder.

Zur Ausübung einer Vorlast bei schwingender Beanspruchung werden mit Vorliebe Federn benutzt, die dem Prüfstück die jeweils geforderte Vorlast aufzwingen, ohne daß hierdurch die Schwingfähigkeit der Probe beeinträchtigt wird. Es kann auch das Dynamometer, das häufig als Kraftmeßgerät für die Wechselbeanspruchung vorgesehen wird, gleichzeitig als Vorlastfeder dienen. Diese im gleichen Kraftfluß mit dem Prüfstück liegenden Federn beeinflussen den Prüfvorgang in ähnlicher Weise, wie dies für die statischen Maschinen beschrieben wurde. Je weicher diese zusätzlichen Federungen sind, desto stärker tragen diese zu einem Ausgleich der Fließvorgänge bei, so daß die Spannungsschwankungen im Dauerbetrieb kleiner werden, selbst wenn der Antrieb durch ein zwangsläufiges Getriebe erfolgt.

Bei der Bemessung insbesondere der Federn zur Kraftmessung sind allerdings sehr enge Grenzen gesetzt, da diese Federn andererseits möglichst wenig nachgiebig sein müssen, damit sie den Wechselkräften phasen- und amplitudengerecht folgen können[1]. Zur Untersuchung der Fließerscheinungen wird man diese Federn aus den dargelegten Gründen ebenfalls möglichst steif machen.

II. Eine verbesserte Umlauf-Biegemaschine.

Dank dem Entgegenkommen der Firma Schenck, Darmstadt, konnten einige orientierende Versuche an deren bekannter Umlaufbiegemaschine durchgeführt werden. Diese Versuche hatten zum Ziel, die mehrfach erwähnten Fortschritte nachzuweisen, die durch harte Dauerprüfmaschinen zu erreichen sind[2]. Die Umlaufbiegemaschine ist für derartige Versuche besonders geeignet, weil diese in ihrem heutigen Zustand als unendlich weich anzusprechen ist, so daß also irgendwelche Unterschiede in dem Meßergebnis besonders auffällig sich ausprägen müssen. Auch ist bei dieser Maschine das bekannte Dehnungskurvenverfahren sehr häufig durchgeführt worden, um durch Kurzzeitversuche die Dauerwechselfestigkeit zu ermitteln, so daß ein reiches Versuchsmaterial zum Vergleich zur Verfügung steht.

1. Prüfeinrichtung.

In der rotierenden Dauerbiegemaschine wird bekanntlich der Prüfstab an zwei Stellen durch Hebel und Laufgewicht mit gleichbleibendem Biegemoment über die Prüfstrecke belastet (Abb. 42). Durch Verschieben des Laufgewichts auf dem Hebel kann die Belastung beliebig einge-

[1] Erlinger, E.: Meßtechn. Bd. 12 (1936) S. 109.
[2] Späth, W.: Z. VDI Bd. 81 (1937) S. 710.

stellt werden. Die Maschine stellt eine sehr weiche Maschine dar, weil die einmal aufgebrachte Last stets aufrechterhalten bleibt, ganz gleich, wie stark der Prüfstab sich verformt, und damit das Belastungsgewicht im Laufe eines Dauerversuchs absinkt.

Um die Maschine hart zu machen, wurde an ihr eine Zusatzeinrichtung nach Abb. 43 angebracht. Am Ende des Hebels wurde eine Schelle *a* befestigt, die eine senkrecht nach unten hängende Stange *b* trägt. Das untere Ende dieser Stange ist mit einem Gewinde versehen. Ein an beiden Enden fest eingespanntes Stahlblech *c* besitzt eine Öffnung zum Durchlaß dieser Stange. Durch Drehen einer Mutter *d* auf dem Gewinde der Stange wird diese und damit der Hebel nach unten gezogen. Das elastische Stahlblech *c* wird unter dem Druck der Mutter ein wenig durchgebogen. Diese Durchbiegung wird mit Hilfe einer Meßuhr *e* bestimmt.

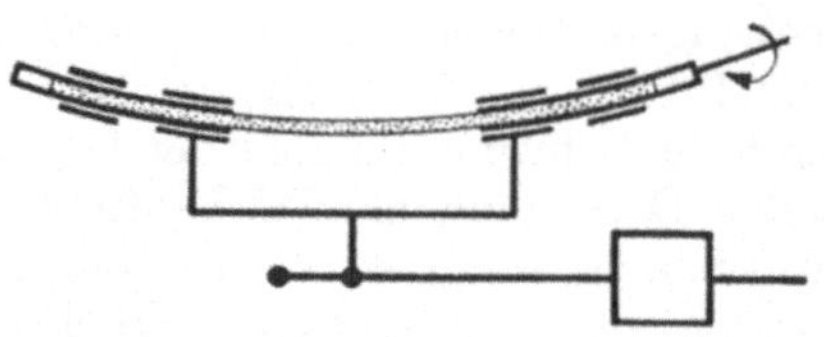

Abb. 42. Grundsätzliche Anordnung der Umlauf-Biegemaschine mit Gewichtsbelastung.

Durch Drehen der Mutter kann eine einstellbare Last aufgebracht werden, deren Größe jeweils aus der Durchbiegung des Stahlbleches zu ermitteln ist. Zur Eichung der Meßfeder wird zunächst mit eingespanntem Prüfstab ein üblicher Versuch mit Gewichtsbelastung durchgeführt. Hierauf wird das Laufgewicht in die Null-Lage zurückgeschoben und ein entsprechender Versuch unter Beobachtung der Durchbiegung des Prüfstabes angeschlossen. Für die gleiche Durchbiegung des Prüfstabes kann die vom Stahlblech ausgeübte Rückstellkraft der entsprechenden Gewichtsbelastung gleichgesetzt werden.

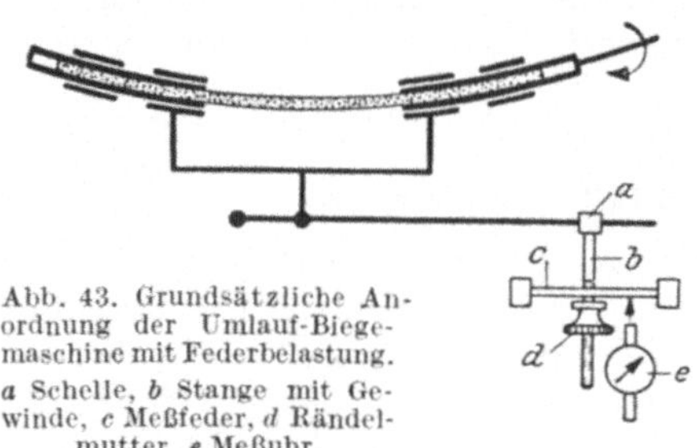

Abb. 43. Grundsätzliche Anordnung der Umlauf-Biegemaschine mit Federbelastung. *a* Schelle, *b* Stange mit Gewinde, *c* Meßfeder, *d* Rändelmutter, *e* Meßuhr.

Die Durchbiegung des benutzten Stahlbleches ist etwa 15 mal kleiner als die entsprechende Durchbiegung des Prüfstabes. Bei einer kleinen, bleibenden Verformung des Prüfstabes ändert sich die Belastung stark, die Maschine ist also jetzt als hart anzusprechen. Die Ausführung der Belastungseinrichtung mit Mutter und Meßfeder ist nur behelfsmäßig, sie genügt jedoch vollauf, um die theoretischen Erwägungen durch Versuche zu erhärten.

2. Versuchsergebnisse.

In Abb. 44 ist das Ergebnis zweier Kurzzeitversuche an zwei Stäben des gleichen Werkstoffs mit der üblichen Gewichtsbelastung, Kurve *a*, und mit der Federbelastungseinrichtung, Kurve *b*, dargestellt. Gemäß den eingezeichneten Meßpunkten wird die Belastung schrittweise bei rotierender Maschine gesteigert und in jedem Meßpunkt zwei Minuten gewartet, worauf Last und Durchbiegung abgelesen werden. Die Kurve *a* zeigt, wie in bekannter Weise die Belastung zunächst verhältnisgleich mit der Verformung ansteigt, um schließlich bei größerer Belastung allmählich vom geradlinigen Verlauf abzubiegen.

Hierauf wurde eine entsprechende Kurve an einem zweiten Prüfstab des gleichen Werkstoffs mit Federbelastung aufgenommen. Durch Drehen der Rändelmutter wird der Belastungshebel der Prüfmaschine herabgezogen. Hierbei steigt die Belastung des Prüfstabes, meßbar an der Durchbiegung der Stahlfeder. Die Last wird auch hier schrittweise gemäß den eingezeichneten Meßpunkten gesteigert, wozu etwa 20 sec benötigt werden. Nach Erreichen des nächsten Meßpunktes wird jeweils ebenfalls 2 min gewartet. Kurve *b* steigt genau wie bei Gewichtsbelastung zunächst geradlinig an, etwa bis Punkt *A*. Wenn nunmehr die Last bis Punkt *B* gesteigert wird, so fällt während 2 min die Last bis zum Punkt *C* ab; die Spannung der Meßfeder läßt also in diesem Ausmaße infolge bildsamer Verformung des Prüfstabes nach. Wird nunmehr die Rändelmutter weitergedreht, so hebt sich die Last zunächst bis auf die alte Höhe bei *D*, um schließlich weiter zu steigen. Es ergibt sich also die wichtige Feststellung, daß die harte Federmaschine im Gegensatz zur weichen Gewichtsmaschine, den Beginn bleibender Verformungen durch einen deutlichen Spannungsabfall anzeigt.

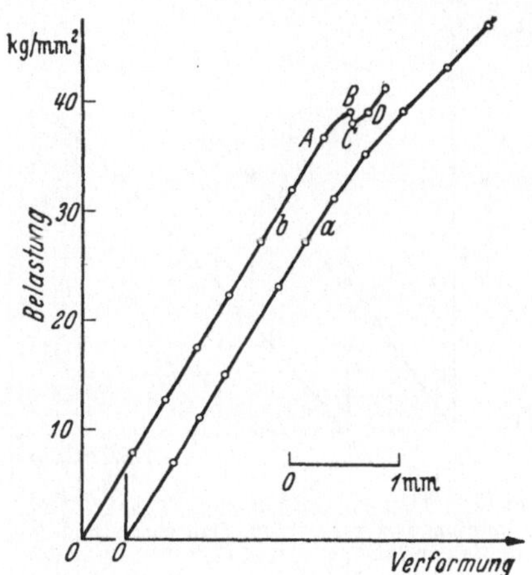

Abb. 44. Verformungs-Belastungs-Schaubild von Stahl bei kurzzeitiger Dauerbelastung mit Gewichtsbelastung (*a*) und Federbelastung (*b*).

Bemerkenswert ist, daß bereits vor Erreichen des Punktes *B* eine deutlich sichtbare Krümmung der Kurve auftritt, so daß also eigentlich schon zwischen den beiden Punkten *A* und *B* ein Spannungsabfall liegen müßte. Da bei der vorliegenden, sehr einfachen Versuchseinrichtung durch das Drehen der Rändelmutter unvermeidliche Schwankungen des Zeigers der Meßuhr infolge der Berührung mit der Hand auftreten, wurde der zunächst schwach einsetzende Fließvorgang nicht erkannt, und die Spannung schneller erhöht, als diese durch den an sich vorhandenen Spannungsabfall erniedrigt wird. Erst wenn nach Erreichen des Punktes *B* die Maschine sich 2 min lang selbst überlassen bleibt, kann diese das Fließen des Prüfstabs durch einen Spannungsabfall anzeigen. Hätte man dagegen bereits auf einem Zwischenpunkt zwischen *A* und *B* einige Zeit gewartet, so hätte sich schon hier ein Spannungsabfall gezeigt.

Es wurde noch eine Reihe ähnlicher Kurven aufgenommen, wobei sich stets zeigte, daß auf der Maschine mit Federbelastung ein Spannungsrückgang auftritt, der je nach der Größe der Belastungsstufe mehr oder weniger stark ausgeprägt war.

Wenn man den zu untersuchenden Werkstoff besser kennt, so kann man ohne weiteres bei Annäherung an die kritische Grenze die Meßpunkte enger wählen, so daß der erste Einsatz einer Spannungserniedrigung sehr genau bestimmbar ist. Ebenso wird natürlich eine verbesserte Belastungsvorrichtung, die eine störungsfreie Erhöhung der Last ermöglicht, zur besseren Aufnahme derartiger Kurven beitragen.

Verformungs-Belastungs-Schaubilder von Werkstoffen, die bei der heute üblichen Prüfung schon bei sehr geringen Lasten eine allmählich vom geradlinigen Verlauf abweichende Form aufweisen, sich also schon bei kleinen Belastungen bleibend verformen, müssen in einer harten Maschine einen besonders unruhigen Verlauf zeigen. Als Vertreter dieser stark bildsamen Stoffe stand Aluminium zur Verfügung. In Abb. 45 ist ein Versuch als Beispiel für mehrere gleichartige Ergebnisse dargestellt.

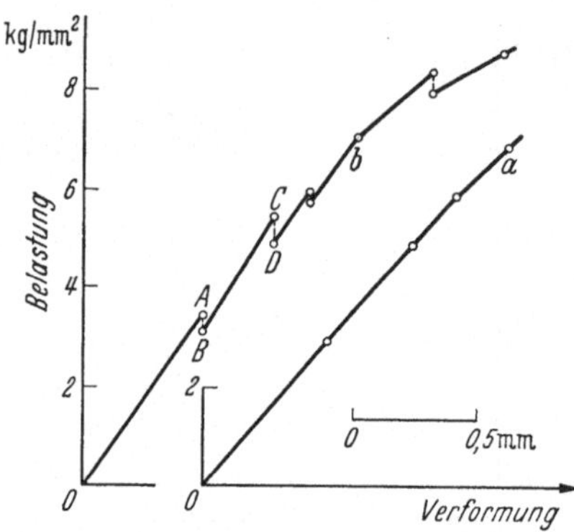

Abb. 45. Verformungs-Belastungs-Schaubild von Aluminium bei kurzzeitiger Dauerbelastung mit Gewichtsbelastung (*a*) und Federbelastung (*b*).

Kurve *a* zeigt das übliche Schaubild, wie man es auf der gewichtsbelasteten Maschine erhält, mit einem zunächst fast geradlinigen Anstieg und allmählich einsetzender Rechtsneigung. Auch hier wurde die Last jeweils gemäß den eingezeichneten Meßpunkten gesteigert, und in jedem Punkt etwa 2 min gewartet. Ganz anders sieht dagegen die entsprechende Kurve auf der harten Maschine aus, Kurve *b*. Hier wurde zunächst die Last bis Punkt *A* gesteigert und hierauf 2 min gewartet. Infolge der bildsamen Verformung, die bei Aluminium schon bei sehr geringen Lasten einsetzt, spricht die Maschine mit einem deutlich erkennbaren Abfall bis zum Punkt *B* an. Hierauf wird die Spannung gesteigert bis zum Punkt *C*, und wiederum 2 min gewartet; es erfolgt ein erneuter Spannungsabfall bis *D*. In dieser Weise wird fortgefahren, wobei ein vielzackiger Verlauf der Kurve erhalten wird. Mehrere gleichartige Messungen lassen keinen Zweifel an dem tatsächlichen Verlauf dieser Kurve bestehen. Selbstverständlich kann man eine große Mannigfaltigkeit von Kurven erhalten, je nach der Größe der Laststufen. Je kleiner die einzelnen Belastungsschritte gemacht werden, desto zahlreicher und kleiner werden die einzelnen Lastrückgänge, bis man schließlich für unendlich langsame Laststeigerung eine Grenzkurve erhält, die aus einer großen Anzahl unmerklich kleiner Lastsprünge besteht.

3. Einfluß einer Vorbelastung.

Schon früher wurde die Vermutung ausgesprochen, daß zwei ganz verschiedenartige, bildsame Verformungen bei Dauerbeanspruchungen auftreten können[1]. Die eine ist ein Anzeichen für die Anpassung des Werkstoffs an den Belastungszustand; sie muß im Laufe eines Dauerversuchs allmählich zur Ruhe kommen. Die zweite plastische Verformung dagegen kündigt eine Schädigung des Werkstoffs an, die im Dauerversuch zum Bruch führt. Kurzzeitversuche, die am jungfräulichen Werkstoff aufgenommen werden, geben daher kein Bild vom Endzustand, den der dauerbelastete Werkstoff allmählich annimmt; ihre Aussagen können daher mehr oder weniger vom Ergebnis des Dauerversuchs abweichen.

Wird jedoch an einem genügend lange vorbelasteten Werkstoff ein Kurzzeitversuch ausgeführt, und werden hierbei deutlich sichtbare Veränderungen gegenüber dem Kurzzeitversuch bei Beginn des Dauerversuchs beobachtet, so besteht die Hoffnung, in das Wesen des Dauerbruchs weiter vordringen zu können.

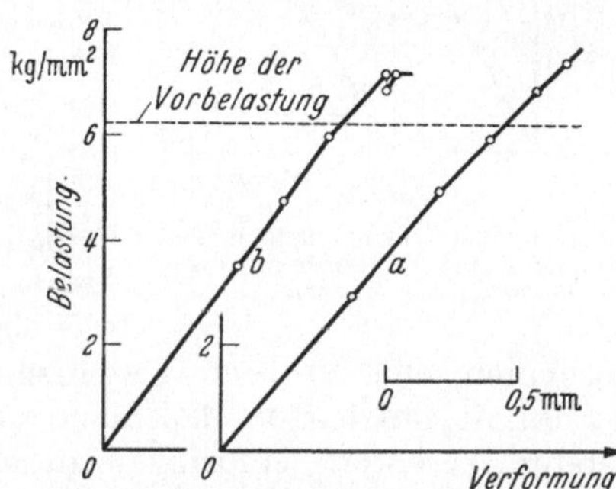

Abb. 46. Verformungs-Belastungs-Schaubild eines mit 13 · 10⁶ Lastwechseln vorbelasteten Aluminium-Prüfstabes, mit Gewichtsbelastung (*a*), mit Federbelastung (*b*).

Einige unterrichtende Messungen wurden an Aluminium ausgeführt. Ein Prüfstab aus Aluminium, der im Anlieferungszustand ein Schaubild gemäß Kurve *b* in Abb. 45 zeigte, wurde einem Dauerversuch unterworfen. Nach $13 \cdot 10^6$ Lastwechseln bei einer Beanspruchung von 6,25 kg/mm^2 wurde ein Kurzzeitversuch unternommen. Kurve *a* in Abb. 46 mit Gewichtsbelastung zeigt gegenüber der entsprechenden Kurve *a* in Abb. 45 keine merklichen Veränderungen. In Kurve *b* der Abb. 46 bei federbelasteter Maschine erkennt man, daß die Vielzahl der Lastsprünge infolge der Vorbelastung verschwunden ist; erst bei einer verhältnismäßig hohen Belastung zeigt sich dann der erste Knick.

Durch den Vergleich der Kurven in Abb. 46 wird erneut bestätigt, daß die harte Maschine wesentlich feinfühliger in die Vorgänge belasteter Werkstoffe einzudringen vermag, da sie Veränderungen im Werkstoff infolge der Dauerbelastung anzeigt, die der weichen Maschine vollständig verborgen bleiben.

Es sei noch erwähnt, daß der Prüfstab bei einer Belastung von 7,0 kg/mm^2 nach 10^7 Lastwechseln zu Bruch ging.

4. Versuche am gekerbten Prüfstab.

Die Klärung des Einflusses einer Kerbe auf die Dauerfestigkeit steht heute im Vordergrund des Interesses; es wurden deshalb auch einige Versuche auf der harten Maschine über den Einfluß von Kerben auf das Verformungs-Belastungs-Schaubild ausgeführt. An Kurve *a* eines glatten, polierten Stahlstabes in Abb. 47 erkennt man deutlich den ersten Spannungsabfall, an den sich ein verwickelter Verlauf anschließt. Kurve *b*

[1] Späth, W.: Metallwirtsch. Bd. 15 (1936) S. 91.

in Abb. 47 wurde in entsprechender Weise an einem gekerbten Stab aufgenommen. Die Kerbung bestand in einem auf die Oberfläche des polierten Stabes eingeschnittenen Gewindes von nur etwa 0,1 mm Tiefe und 1 mm Ganghöhe. Hier treten schon bei wesentlich tieferen Belastungen deutlich sichtbare Unregelmäßigkeiten auf; es wirken sich also schon die geringen Verformungen im Kerbgrund im Belastungsschaubild aus. Damit ist der Nachweis erbracht, daß die große Empfindlichkeit der Einrichtung ausreicht, um den Fragen der Kerbempfindlichkeit nachzugehen.

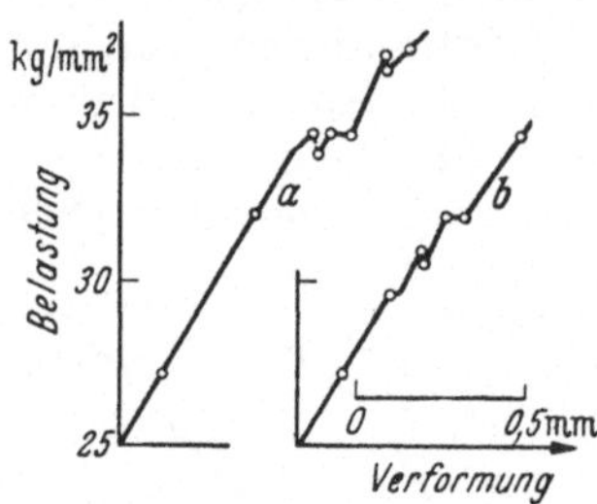

Abb. 47. Verformungs-Belastungs-Schaubild eines ungekerbten (*a*) und eines gekerbten (*b*) Stahlstabes.

Diese Versuche zeigen mit aller Deutlichkeit, daß auch die Schaubilder in Dauerprüfmaschinen weitgehend durch die elastischen Eigenschaften der Prüfmaschinen selbst zu beeinflussen sind. Es besteht daher die Hoffnung, in Zukunft mit harten Maschinen wesentlich tiefer in die Vorgänge belasteter Werkstoffe eindringen zu können, als dies bis heute der Fall war[1].

III. Ein neues Antriebsverfahren für Dauerprüfmaschinen.

Die Hoffnungen, die sich an die Ausnutzung der Aufschaukelung der das Prüfstück enthaltenden Schwingungsanordnung knüpften, haben sich nicht ganz erfüllt. Die Aufrechterhaltung des Schwingungszustandes in der Nähe der Resonanzspitze im Dauerbetrieb ist nicht einfach. Unvermeidliche Schwankungen der Wechselzahl des Antriebs, oder auch der Eigenschwingungszahl des Schwingungssystems machen die Erzeugung eines gleichbleibenden Ausschlages sehr schwierig. Trotzdem haben die großen Vorteile dieses Resonanzverfahrens bis in die neueste Zeit zu dessen Anwendung geführt, wobei durch besondere Anordnungen, etwa durch Selbststeuerung, oder aber durch eine besondere Steuerung eine Gleichhaltung der Schwingungsweite angestrebt wird[2].

Bei diesem Resonanzverfahren wird bekanntlich durch eine bestimmte Wechselkraft infolge des Gleichtaktes der erregenden Kraft mit der Schwingungsanordnung eine sehr große Erhöhung des Ausschlages erzielt. Die Anordnung verhält sich so, als ob ein Vielfaches der erregenden Kraft wirksam wäre. Ein Kennzeichen dieser Anordnungen ist meist die lose Kopplung, wodurch die Aufschaukelung ermöglicht wird. Im folgenden soll nun ein Antriebsverfahren beschrieben werden, das gerade den umgekehrten Weg einschlägt, wobei also der Schwingungsausschlag zwangsläufig mit gleicher Größe aufrechterhalten bleibt, bei günstigen Betriebsverhältnissen kann jedoch die nötige Antriebskraft auf einen geringen Bruchteil der eigentlichen Prüfkraft vermindert werden[3].

---

[1] Die neue Umlauf-Biegemaschine wird von der Firma Schenck, Darmstadt, hergestellt.

[2] Erlinger, E.: Arch. Eisenhüttenwes. Bd. 10 (1934/37) S. 317.

[3] Späth, W.: Arch. Eisenhüttenwes. Bd. 10 (1936/37) S. 313.

1. Theoretische Grundlagen.

Das Antriebsverfahren[1] sei an Hand eines Modells (Abb. 48) näher erläutert. Eine am unteren Ende fest eingespannte Feder F soll auf Biegung im Dauerversuch geprüft werden. Zu diesem Zweck sei eine Kurbelstange vorgesehen, die am oberen Ende der Feder angreift, und diese abwechselnd nach rechts und links biegt. Diese Bewegung der Kurbelstange wird durch eine Scheibe mit außermittigem Kurbelzapfen erzeugt. Wenn der Hub des Zapfens mit A und die Wechselzahl mit ω bezeichnet wird, dann ist die zeitliche Bewegung des oberen Endes der Feder angenähert darzustellen als

$$a = A \sin \omega t .$$

Die Geschwindigkeit v dieser Schwingbewegung ergibt sich zu

$$v = \frac{da}{dt} = \omega A \cos \omega t .$$

Der Höchstwert der Geschwindigkeit ist also ωA, und dieser Höchstwert ist gegenüber dem Höchstwert des Schwingungsausschlages um 90° phasenverschoben. Die Beschleunigung b ergibt sich als Differentialquotient der Geschwindigkeit zu

$$b = \frac{dv}{dt} = -\omega^2 A \sin \omega t .$$

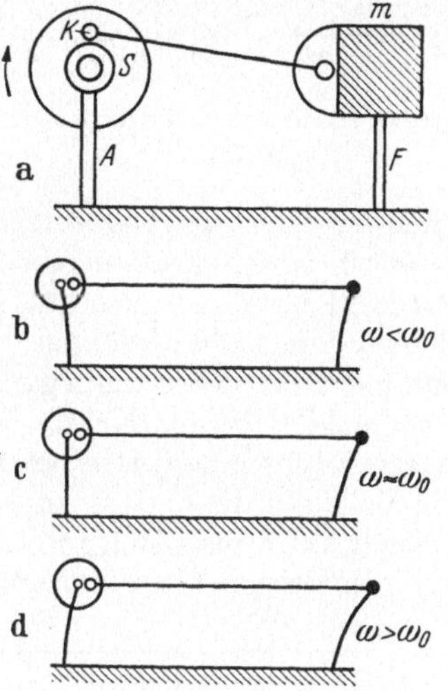

Abb. 48. Schematische Darstellung des Antriebsverfahrens.

Der Höchstwert der Beschleunigung beträgt also $\omega^2 A$. Weiter ist zu beachten, daß dieser Höchstwert der Beschleunigung gegenüber demjenigen des Ausschlages um 180° phasenverschoben ist.

Wenn die zu prüfende Feder etwa nach rechts mit dem Höchstwert der Schwingweite von A gebogen wird, so tritt eine Kraft

$$P_c = c\,A$$

auf, wobei c die Federkennzahl des Prüflings ist. Besonders bemerkenswert ist hierbei, daß diese Federkraft von der Wechselzahl unabhängig ist. Eine gleich große Kraft ist im Antrieb wirksam, wodurch im Lager eine Kraft entsteht, die nach links drückt. In Abb. 49 ist diese Kraft als Vektor OA dargestellt.

Da an den Schwingungen stets eine Masse teilnimmt, tritt neben der Federkraft eine Trägheitskraft auf. Beträgt diese Masse m, so ergibt sich für die Trägheitskraft

$$P_m = m\,\omega^2 A.$$

Dieser Wert ist nach Richtung und Größe durch den Vektor OB in Abb. 49 dargestellt, wobei besonders zu beachten ist, daß diese Kraft stets entgegengesetzt zum Vektor der Federkraft liegt. Dies läßt sich

[1] DRP. angemeldet.

sehr leicht dadurch einsehen, daß man für einen Augenblick die Feder entfernt denkt, so daß nur die Masse m etwa auf einer entsprechenden Führung hin und her bewegt wird. Wenn z. B. die Masse m mit dem Höchstwert der Geschwindigkeit durch die Nullage nach rechts schwingt, so muß diese allmählich verzögert werden. Die hierbei auftretenden Verzögerungskräfte suchen den Antrieb ebenfalls nach rechts zu ziehen. Im äußersten Punkt rechts ist diese Verzögerungskraft am größten. Nun muß die Masse nach links beschleunigt werden. Hierbei tritt eine Beschleunigungskraft auf, die eine Kraft im Antrieb wiederum nach rechts zur Folge hat. Solange also die Masse m nach rechts ausgeschwungen ist, tritt im Antrieb eine Kraft auf, die ebenfalls nach rechts zeigt und demnach stets entgegengesetzt zur Federkraft wirkt. Der Höchstwert dieser Trägheitskraft ergibt sich in den Totpunktlagen zu $m\,\omega^2 A$; ihre jeweilige Größe ist also im Gegensatz zur Federkraft sehr stark von der Schwingungszahl abhängig. Die Federkraft und die Trägheitskraft sind demnach einander entgegengesetzt, so daß im Antrieb lediglich der Unterschied beider Kräfte wirksam wird. Zu diesen beiden wattlosen Kräften tritt eine dritte Kraft, die Reibungskraft. Sie ist bedingt durch die Verluste, besonders im Innern des Werkstoffes. Diesen Arbeitsverbrauch kann man sich in einem Reibungswiderstand r entstanden denken, zu dessen Überwindung eine Kraft

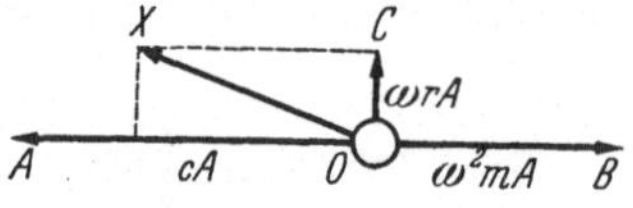

Abb. 49. Kräfteplan für die im Antrieb auftretenden Kräfte.

$$P_r = r\,V = r\,\omega\,A$$

nötig ist. Sie steht senkrecht zu den beiden wattlosen Kräften und ist meist wesentlich kleiner als Feder- oder Trägheitskraft. Ihr Vektor ist in Abb. 49 durch OC dargestellt.

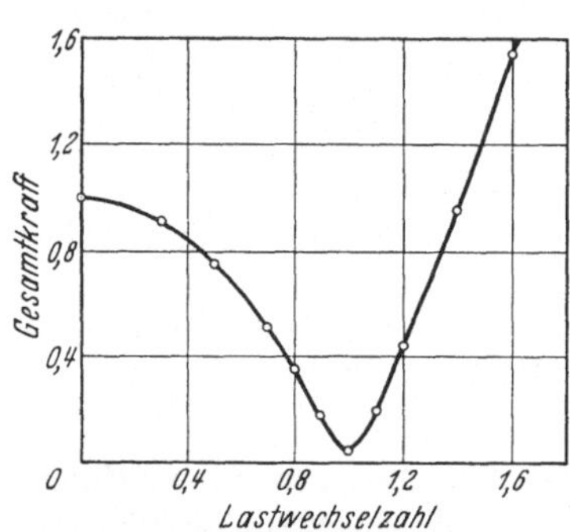

Abb. 50. Abhängigkeit der Gesamtkraft von der Lastwechselzahl.

Die Gesamtkraft, die als Reaktionskraft im Antrieb wirksam ist, ergibt sich aus der geometrischen Addition dieser drei Einzelkräfte. In Abb. 49 erhält man für einen bestimmten Wert von ω als Vektor der Gesamtkraft den Strahl OX. Wird diese Addition für alle Wechselzahlen von 0 bis ∞ durchgeführt, so ergibt sich als geometrischer Ort für die Endpunkte der Gesamtkraft eine Parabel, die auf der Abszissenachse links mit dem Wert cA beginnt, um sich nach rechts ins Unendliche zu erstrecken. Diesem Schaubild kann die jeweilige Gesamtkraft sowohl nach Größe als auch nach Richtung entnommen werden. Für ihre Größe in Abhängigkeit von der Wechselzahl gilt die Gleichung

$$P = A\sqrt{(c - m\,\omega^2)^2 + r^2\,\omega^2}\,. \tag{8}$$

In Abb. 50 ist der Verlauf der Gesamtkraft in Abhängigkeit von der Lastwechselzahl dargestellt. Es zeigt sich, daß die Gesamtkraft für sehr langsame Schwingungen mit dem Wert cA beginnt, im Antrieb tritt die zu überwindende Federkraft als Reaktionskraft auf.

Mit allmählich steigender Wechselzahl wird die Trägheitskraft größer, demnach der Unterschied der beiden wattlosen Kräfte kleiner. Somit nimmt die Gesamtkraft immer mehr ab, um schließlich in der Nähe der kritischen Wechselzahl ω_0, für welche die Trägheitskraft gleich der Federkraft, also

$$c A = \omega_0^2 m A \quad \text{und} \quad \omega_0 = \sqrt{\frac{c}{m}}$$

ist, einen Tiefstwert anzunehmen. Bei Abwesenheit von Reibungs- und sonstigen Verlusten erreicht dieser Tiefstwert den Wert Null. Infolge der stets vorhandenen Reibung liegt er jedoch höher, wobei er je nach Größe der Dämpfung praktisch einige Hundertteile des Anfangswertes cA annimmt. Wird die Lastwechselzahl nun noch weiter gesteigert, so überwiegt immer mehr der Einfluß der mit dem Quadrat der Wechselzahl ansteigenden Trägheitskraft, so daß die im Antrieb auftretende Gesamtkraft sehr schnell anwächst, wie dies deutlich aus Abb. 50 hervorgeht.

Wenn das in Abb. 48 dargestellte Modell in Betrieb genommen wird, so ist der jeweilige Betriebszustand nicht ohne weiteres zu erkennen. Um jedoch stets einen Einblick in die Antriebsbedingungen zu gewinnen, ist die Lagerung der Scheibe S mit dem außermittigen Bolzen K für die Kurbelstange selbst federnd gelagert. Das Lager hat also die Möglichkeit, unter dem Einfluß der Rückdruckkräfte auszuschlagen.

Wenn der Antriebsmotor eingeschaltet wird, so tritt beim langsamen Lauf eine federnde Durchbiegung des Lagers auf, deren Größe der Prüfkraft cA entspricht. Bemerkenswert hierbei ist ferner, daß der Prüfkörper und das Federlager gerade entgegengesetzt schwingen. Wenn der Prüfkörper z. B. gerade am weitesten nach rechts durchgebogen ist, so schwingt das Lager am weitesten nach links aus (Abb. 48, b). Wenn nun die Drehzahl des Antriebsmotors erhöht wird, so nimmt der Ausschlag des Federlagers immer mehr ab, weil nach Abb. 50 die im Lager wirkende Gesamtkraft immer kleiner wird. Schließlich erreicht der Ausschlag des Federlagers einen Tiefstwert; er ist nur noch durch die Reibungskraft gegeben, während die beiden wattlosen Kräfte sich gegenseitig aufheben. Schon am ruhigen Lauf des Modells erkennt man, daß jetzt sehr geringe Lagerkräfte auftreten (Abb. 48 c). Wenn nun die Drehzahl noch weiter gesteigert wird, so treten sehr schnell wachsende Reaktionskräfte auf, die einen anwachsenden Ausschlag des Federlagers zur Folge haben. Da diese Kräfte vorwiegend durch Massenkräfte bedingt sind, schlagen Federlager und Prüfkörper gleichgerichtet aus, d. h., wenn jetzt der Prüfkörper etwa nach rechts am weitesten durchgebogen ist, so hat auch das Federlager seinen größten Ausschlag nach rechts erreicht (Abb. 48 d).

Es sei noch erwähnt, daß außer den genannten drei Kräften eine vierte Kraft im Antrieb auftritt, und zwar die Fliehkraft der außermittigen Teile, wozu noch ein Anteil der Kurbelstange kommt. Diese Kraft kann jedoch durch Anbringung von Ausgleichsmassen beseitigt werden. Bei sehr schnell laufenden Einrichtungen ist dieser Massenausgleich wichtig.

Durch diesen Modellversuch ist nachgewiesen, daß durch Betrieb der Schwingungsanordnung im kritischen Bereich eine sehr starke Verminderung der Antriebskraft im Lager auftritt, wobei je nach der Größe der Reibungskräfte im praktischen Betrieb, diese Verkleinerung bis auf etwa 5% der eigentlichen Prüfkraft heruntergeht. Die Maschine schwingt also sozusagen von allein, und der Antrieb hat lediglich die verbrauchte Leistung nachzuliefern. Damit ist aber ein beachtlicher Fortschritt für rein mechanische Schwingungsantriebe gewonnen, der sich in einer Erleichterung für die Gestaltung auswirkt. Es lassen sich Prüfmaschinen für verschiedene Zwecke herstellen, ohne daß die meist ausschlaggebende Lagerfrage hemmend in Erscheinung tritt. Umgekehrt sind mit einem bestimmten Aufwand wesentlich leistungsfähigere Prüfmaschinen herzustellen. Im Gegensatz zu den üblichen Resonanzmaschinen mit loser Kopplung, ist der Ausschlag unabhängig von Schwankungen der Betriebsdrehzahl, oder auch von Änderungen der den Prüfkörper enthaltenden Schwingungsanordnung. Die Maschine schwingt stets mit der durch den Hub des Kurbelzapfens gegebenen Schwingweite. Wenn z. B. eine Änderung der Eigenschwingzahl der Schwingungsanordnung eintritt, so hat dies lediglich zur Folge, daß die Belastung der Lager etwas zunimmt, ohne daß damit eine merkliche Veränderung der Schwingweite verbunden ist. Je nach der Härte der Federung des Antriebs ist allerdings auch hierbei eine geringe Veränderung der Schwingweite möglich. Dies kann aber dadurch verhindert werden, daß das Federlager durch eine passend ausgebildete Einrichtung starr festgehalten wird.

Zur praktischen Ausgestaltung besteht die Möglichkeit, durch einen regelbaren Antrieb eine Prüfmaschine in den günstigen Bereich einzustellen. Meist wird man jedoch von einer festgegebenen Drehzahl des Antriebmotors ausgehen, etwa bei Drehstrom von einer Drehzahl von annähernd 3000 Umdr./min. Die Federung des Prüfkörpers wird nun durch eine verstellbare Masse auf die Betriebsdrehzahl abgestimmt. Durch Anbringung von kleinen Zusatzmassen kann in wenigen Probeläufen der günstigste Betriebszustand ermittelt werden, da an den Ausschlägen des Federlagers die Wirkung der Zusatzmassen sofort erkannt wird. Ist die günstigste Massenanordnung gefunden, so kann durch eine passende Klemmvorrichtung das Federlager festgehalten werden. Bei gleichbleibenden Abmessungen des Prüfstückes braucht die Einstellung der Massen nur einmal vorgenommen zu werden. Für andere Probekörper dagegen muß die entsprechende Zusatzmasse jeweils aufgesucht werden.

2. Dauerprüfmaschine für Verdrehwechselbelastung.

Dieses Antriebsverfahren wurde zunächst an einer Dauerprüfmaschine für Verdrehwechselbelastung erprobt. Diese Maschine sei im Hinblick auf eine besondere, später zu beschreibende Meßeinrichtung kurz dargestellt (Abb. 51).

Eine Grundplatte trägt links ein Führungsbett, auf dem ein Schlitten gleiten kann. Dieser Schlitten enthält einen Meßstab zur Ermittlung des Drehmoments. Auf der Grundplatte sind ferner zwei Stehlager befestigt, in denen eine Welle mit Schwingmasse schwingen kann. Zwischen Meßstab und Schwingwelle ist das Prüfstück eingespannt. An der Schwingmasse greift eine Kurbelstange an, die eine hin- und hergehende Bewegung durch einen außermittigen Bolzen in einem Antriebskopf erhält. Dieser Antriebskopf ist in einem besonderen Schwingbock gelagert, der eine eigene Richtkraft durch einen Torsionsstab besitzt. Auf der Achse des Antriebskopfes sitzt ferner eine Schwungscheibe, die über eine nachgiebige Schwingmetallkupplung mit dem Antriebsmotor gekuppelt ist.

Wird die Maschine eingeschaltet, so wird also der Prüfstab zwangsläufig durch die Kurbelstange, entsprechend der jeweils eingestellten Außermittigkeit des Bolzens im Antriebskopf, hin- und hergedreht. Hierbei tritt in der Kurbelstange eine Kraft auf, unter deren Wirkung der federnd gelagerte Schwingbock ebenfalls ein wenig schwingt. Je mehr

Abb. 51. Dauerprüfmaschine für Verdrehwechselbelastung.

nun die Maschine hochläuft, desto mehr macht sich die zunehmende Trägheitskraft geltend, die Gesamtkraft in der Kurbelstange nimmt demnach allmählich ab. Diese Abnahme wird an einer entsprechenden Verkleinerung der Schwingungen des Schwingbockes beobachtet.

Schließlich wird ein Tiefstwert der Ausschläge des Schwingbockes erreicht, wobei dieser annähernd stillsteht. In diesem Fall ist also die elastische Federkraft des Prüfstücks gerade gleich der Massenkraft, ihre Differenz ist also Null. Die Maschine schwingt jetzt sozusagen von allein, im Antrieb werden lediglich ganz geringe Kräfte in der beschriebenen Weise nötig, die zum Nachschub der durch Reibungsvorgänge benötigten Leistung dienen.

Bei einer Prüflast von 1000 cmkg z. B. müßte an einem Hebelarm von 10 cm eine wechselnde Kraft von 100 kg aufgebracht werden. Durch die besondere Betriebsweise tritt jedoch im Antrieb nur eine Kraft von etwa 3—5 kg auf. Die Maschine ist also mit Ausnahme des An- und Auslaufs von den eigentlichen Prüfkräften weitgehend entlastet.

Dieses Antriebsverfahren läßt sich auf beliebige Prüfeinrichtungen anwenden. Eine entsprechende Prüfmaschine für Zug-Druck ist in Vorbereitung. Hier bietet der rein mechanische Antrieb den besonderen

Vorteil, daß schnelle Schwingungen mit verhältnismäßig großem Hub erzeugt werden können, so daß die dynamische Prüfung ganzer Bauteile mit entsprechend hohen Verformungen möglich wird[1].

IV. Dynamische Zerreißversuche.

Dynamische Zerreißversuche durch Schlag oder Stoß werden heute hauptsächlich beim Kerbschlagversuch angewandt. Meistens begnügt man sich hierbei mit der Messung der verbrauchten Arbeit an besonders genormten Prüfstäben. Aber auch der Verlauf der Beanspruchung während des Stoßes ist von Interesse, nicht nur für die eigentliche Werkstoffprüfung, sondern auch für die Beurteilung des Gesamtverhaltens einer Konstruktion bei einer schlagartigen Beanspruchung. (Zughaken von Eisenbahnkupplungen, Vorholfedern von Geschützen, Panzerplatten usw.) Die Aufnahme vollständiger Belastungs-Verformungs-Schaubilder ist sehr schwierig, so daß verhältnismäßig wenige Messungen heute zur Verfügung stehen. Meist werden Weg-Zeit-Kurven aufgenommen, aus denen durch zweimalige Differentiation die Beschleunigung und damit bei bekannter Schlagmasse die Kraft ermittelt wird[2].

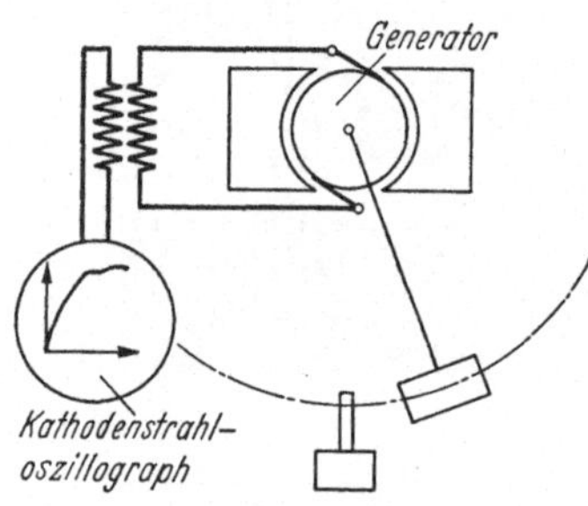

Abb. 52. Elektrische Aufzeichnung von Stoßkräften.

Eine genaue Aufnahme von Belastungskurven wäre sehr wünschenswert, dies um so mehr, als durch neuere Versuche, die allerdings noch einer Nachprüfung bedürfen, die Abhängigkeit der zum plötzlichen Bruch nötigen Energie von der Schlaggeschwindigkeit behauptet wird[3]. Es sollen daher hier einige kurze Bemerkungen über die Möglichkeit der Messung der Stoßvorgänge auf elektrischem Wege gemacht werden.

In Abb. 52 ist der Anker eines Elektromotors oder einer sonstigen passenden Einrichtung gezeichnet, der auf der Achse eines Pendelschlagwerks oder auch eines Guillery-Hammers sitzen möge. In diesem Motor, der als Generator geschaltet ist, werden bei der Drehung des Ankers verhältnismäßig starke Ströme erzeugt, die mit der jeweiligen Drehgeschwindigkeit verhältnisgleich sind. Werden diese Ströme nun in einen Umspanner geschickt, so ist die Spannung auf der Sekundärseite bekanntlich durch den Differentialquotienten der Stromänderungsgeschwindigkeit bestimmt. Durch Messung der Sekundärspannung erhält man unmittelbar eine völlig selbsttätige, zweimalige Differentiation der Weg-Zeit-Kurve. Der Verlauf der Sekundärspannung entspricht also der Beschleunigung bzw. Verzögerung der Stoßvorrichtung und gibt damit unmittelbar ein Bild von dem Verlauf der Stoßkräfte. Die Aufzeichnung dieser schnellen Spannungsschwankungen kann durch Kathodenstrahl-Oszillographen erfolgen, die

[1] Hergestellt durch die Firma Mohr und Federhaff, Mannheim.

[2] Vgl. z. B. F. Körber und A. H. v. Storp: Mitt. Kais.-Wilh.-Inst., Düsseld. Bd. 7 (1925) S. 81.

[3] Mann, H. C.: Amer. Soc. Test. Mater. Bull. (1936) Preprint.

heute im Zusammenhang mit dem Fernsehproblem für praktische Meßzwecke sehr weit entwickelt sind.

Schickt man den entstehenden Stromstoß in ein ballistisches Galvanometer, so kann auch die zeitliche Summe des Stromstoßes und damit die beim Stoß verbrauchte Arbeit bestimmt werden.

G. Die Dämpfung der Werkstoffe.

Solange sich ein Werkstoff vollkommen elastisch verhält, wird die bei der Belastung in der Federung des Prüfkörpers aufgespeicherte Energie bei der Entlastung restlos wiedergewonnen. Das Schaubild besteht demnach aus einer einzigen Linie für Be- und Entlastung. Treten jedoch im Werkstoff innere Verluste auf, so beschreibt das Schaubild eine Schleife. Der Inhalt dieser Schleife ist ein Maß für die verbrauchte Energie, die im allgemeinen in Wärme verwandelt wird.

Im Laufe der Zeit wurden mehrere Verfahren zur Messung dieser Werkstoffeigenschaft entwickelt. Je nach der angewandten Meßmethode bieten sich verschiedene Kennwerte zur Erfassung der „Dämpfung" an, so daß im Schrifttum mehrere Kennwerte nebeneinander Verwendung finden. Es soll daher zunächst kurz auf die Messung und Kennzeichnung der Dämpfung eingegangen werden, soweit dies im Hinblick auf spätere Ausführungen nötig erscheint. Eine neuere zusammenfassende Darstellung wurde von O. Föppl[1] gegeben, wobei auf den Diskussionsbeitrag hierzu von Hempel verwiesen werde.

I. Messung und Kennzeichnung der Dämpfung.

1. Kalorimetrische Messungen.

Die ältesten Versuche zur Messung der Dämpfung durch die im Prüfstab erzeugte Wärme gehen auf Hopkinson[2] zurück, der die Temperatur des Prüfstabes in Abhängigkeit von der Schwingungsbeanspruchung mißt.

Zur Auswertung können kalorimetrische Verfahren verwandt werden. Meist wird hierbei ein Vergleich mit einem durch einen elektrischen Strom geheizten Vergleichsstab herangezogen. Auch durch Messung der Erwärmung einer Kühlflüssigkeit kann auf die im Stab auftretende Wärmeentwicklung geschlossen werden.

Als Maß der Dämpfung ergibt sich hierbei die je Volum- oder Gewichtseinheit und Belastungszyklus verbrauchte Arbeit, gemessen in Grammkalorien oder auch in Wattsekunden. Die Auswertung durch kalorimetrische Untersuchungen ist jedoch sehr langwierig, da sich nur allmählich ein Gleichgewicht einstellen kann. Für praktische Zwecke kommt daher dieses Verfahren kaum in Frage. Für Vergleichsversuche ist die Messung der Temperatur sehr einfach durchzuführen.

2. Ausmessung der Hysteresisschleife.

Wenn man im statischen Versuch einen vollständigen Belastungszyklus auf das Werkstück ausübt, so läßt sich die Hysteresisschleife

[1] Föppl, O.: The Practical Importance of the damping Capacity of Metals, especially Steels. J. Iron and Steel Inst. 2 (1936).

[2] Hopkinson: Engineer Bd. I (1922) S. 113.

Punkt für Punkt auftragen. Hierauf kann man die Schleife planimetrieren und erhält so die je Zyklus verbrauchte Arbeit, etwa in cmkg[1].

Mehrfach ist auch versucht worden, bei Wechselbeanspruchung etwa durch eine optische Einrichtung die Hysteresisschleife unmittelbar auf einen Schirm zu projizieren[2]. Diese unmittelbare Aufzeichnung verlangt jedoch einen ziemlichen experimentellen Aufwand an optischen Hilfsmitteln. Durch die vielfachen Übertragungen und Gelenke sind Fehler unvermeidlich.

Es sei noch erwähnt, daß Föppl den Inhalt der Dämpfungsschleife als cmkg/cm³ je Belastungswechsel mißt. Dieser Betrag wird von ihm Dämpfung genannt. Das Verhältnis dieses Arbeitsbetrages zur elastischen Verformungsarbeit nennt er verhältnismäßige Dämpfung.

3. Messung der verbrauchten Leistung.

Die Messung der Dämpfungsarbeit im Inneren eines Prüfstücks kann auch dadurch erfolgen, daß man den Leistungsbedarf einer Dauerprüfmaschine mißt und die Leerlaufverluste abzieht. Die Restleistung muß der im Werkstoff verbrauchten Leistung entsprechen. Die Messung der Leistung kann etwa durch ein Wattmeter oder auch durch Ausbildung des Antriebsmotors als Leistungswaage erfolgen. Ein Beispiel hierfür ist die rotierende Dauerbiegemaschine von Schenck[3].

Derartige Einrichtungen sind in der Bedienung sehr einfach. Die Berücksichtigung der Leerlaufverluste jedoch, die merklich von dem Zustand der Maschine, von der wechselnden Reibung in den Lagern, von der Erwärmung usw. abhängen, ist nicht ganz einfach.

4. Ausschwingverfahren.

Schon von Guillet[4] rührt der Vorschlag her, ein Prüfstück in Eigenschwingungen zu versetzen, und die Abklingung dieser Schwingungen zu untersuchen. Je größer die innere Dämpfung ist, desto schneller wird die anfängliche Energie verzehrt, desto schneller müssen die freien Schwingungen abklingen.

Dieses Verfahren wird heute mit Ausschwingmaschinen durchgeführt, um deren Ausbildung sich besonders O. Föppl[5] und A. Esau[6] verdient gemacht haben. Die ausklingenden Schwingungen des meist in Torsionsschwingungen versetzten Prüfstabes werden hierbei photographisch aufgezeichnet. Werden zwei aufeinanderfolgende Schwingungsausschläge, die also durch eine ganze Schwingungsperiode voneinander getrennt sind, A_1 und A_2 genannt, so wird bekanntlich in dem Ausdruck $D = \log \text{nat} \frac{A_1}{A_2}$

[1] Rouchet, M. Association Technique Maritime et Aeronautique Juin 1934.

[2] Dalby, W. E.: Phil. Trans. Roy. Soc., Lond. Bd. 1 (1921) S. 221; ferner E. Lehr: Glasers Ann. Bd. 99 (1926) S. 109.

[3] Lehr, E.: Siehe Anmerkung S. 76.

[4] Guillet, A.: Révue Métallurgique Mémoires (1909) S. 885.

[5] Föppl, O.: Mitt. Wöhler-Inst. Heft 18; ferner E. Pertz: Die Bestimmung der Baustoffdämpfung nach dem Verdrehausschwingverfahren. Sammlung Vieweg, Heft 91.

[6] Esau, A. und H. Kortum: Meßtechn. (1934) S. 21.

das logarithmische Dekrement der Dämpfung erhalten. Zur Erhöhung der Genauigkeit werden auch die Amplituden nach Ablauf mehrerer Schwingungen ausgemessen, so daß ein Mittelwert erhalten wird.

5. Resonanzkurvenverfahren.

Eine in den Bell Telephone Laboratories von Walther[1] ausgearbeitete Methode zur Ermittlung der Dämpfung benutzt das an sich bekannte Resonanzkurvenverfahren zur Ermittlung der Dämpfung von Schwingungssystemen. Hierbei wird der längliche Prüfkörper in der Mitte aufgehängt. Mit Hilfe eines Magnets, der durch einen Röhrengenerator mit Wechselstrom gespeist wird, werden Longitudinalschwingungen erzeugt. Diese Schwingungen induzieren in einem, am anderen Ende des Prüfstabes angebrachten Empfänger elektrische Spannungen, die nach Verstärkung und Gleichrichtung in einem passenden Instrument gemessen werden. Durch Veränderung der Frequenz der erregenden Schwingungen kann eine vollständige Resonanzkurve des Schwingungssystems aufgenommen werden, woraus dann das logarithmische Dekrement der Dämpfung zu entnehmen ist.

Neuerdings wurden mit Hilfe einer ähnlichen Einrichtung Dämpfungsmessungen von Köster und Foerster[2] ausgeführt. Es wird von ihnen gezeigt, daß die Dämpfung äußerst empfindlich auf jede Änderung des Werkstoffzustandes anspricht.

Bemerkenswert ist bei diesem Verfahren, daß die Beanspruchung des Werkstoffs sehr klein ist. Es wird hierbei vorausgesetzt, daß die Dämpfung mit der Schwingungsamplitude sich nicht wesentlich ändert, da die Auswertung einer Resonanzkurve eine Unveränderlichkeit der Reibungsverhältnisse voraussetzt. Es ist ferner von besonderem Interesse, daß Dämpfungswerte bis herunter zu einem Dekrement von 10^{-4} noch gemessen werden können.

Die Durchführung des Verfahrens ist allerdings verhältnismäßig langwierig und die Verfolgung von kurzzeitigen Änderungen der Dämpfung kaum möglich. Für technische Messungen der Dämpfung im Gebiete der Dauerfestigkeit müßte es noch seine Brauchbarkeit erweisen. Die Dämpfungskennziffer ist hier ebenfalls das logarithmische Dekrement.

II. Neue Kennzeichnung der Dämpfung.

In der Elektrotechnik wird das Verhalten eines Werkstoffes unter elektrischer Wechsellast meist durch einen Phasenverschiebungswinkel gekennzeichnet. So werden z. B. die in einem Dielektrikum auftretenden Verluste durch einen „Verlustwinkel“ gekennzeichnet, der sich aus der Phasenverschiebung des Wechselstromes gegenüber dem Strom in einem als verlustlos angesehenen Dielektrikum ergibt. Ebenso können die Verluste in einem wechselstromdurchflossenen Elektromagneten durch einen solchen Phasenverschiebungswinkel angegeben werden.

---

[1] Walther, H.: Sci. Monthly Bd. XLI (1935) S. 275; ferner R. L. Wegel und H. Walther: Physics Bd. 6 (1935) S. 141.

[2] Foerster, F.: Z. Metallkde. Bd. 29 (1937) S. 109; ferner F. Foerster und W. Köster: Z. Metallkde. Bd. 29 (1937) S. 116.

In ähnlicher Weise kann man zur Kennzeichnung des Verhaltens eines Werkstoffes unter periodischer, mechanischer Belastung einen Verlustwinkel einführen[1]. Solange sich ein Werkstoff rein elastisch verhält, sind belastende Kraft und Verformung in Phase, die beiden sinusförmig schwankenden Vektoren der Kraft und Verformung erreichen also gleichzeitig ihre Höchstwerte, sie gehen entsprechend gleichzeitig durch die Null-Lage hindurch. Hierbei wird keine Arbeit geleistet, weil der Vektor der Verformungsgeschwindigkeit senkrecht zum Vektor der Kraft steht. Treten im Werkstoff jedoch Verluste auf, verhält er sich also nicht mehr rein elastisch, so muß eine Komponente der Verformungsgeschwindigkeit in die Kraftrichtung fallen. Dadurch entsteht eine Phasenverschiebung zwischen der erregenden Kraft und dem durch sie erzeugten Ausschlag. Eine entsprechende Phasenverschiebung ist auch zwischen der Verformung eines rein elastischen Werkstoffes und der Verformung eines Werkstoffes mit innerer Dämpfung vorhanden. Diese Phasenverschiebung sei der Verlustwinkel des periodisch belasteten Werkstoffes genannt. Durch die Einführung eines solchen Verlustwinkels zur Kennzeichnung der inneren Dämpfung werden eine Reihe von Vorteilen gewonnen.

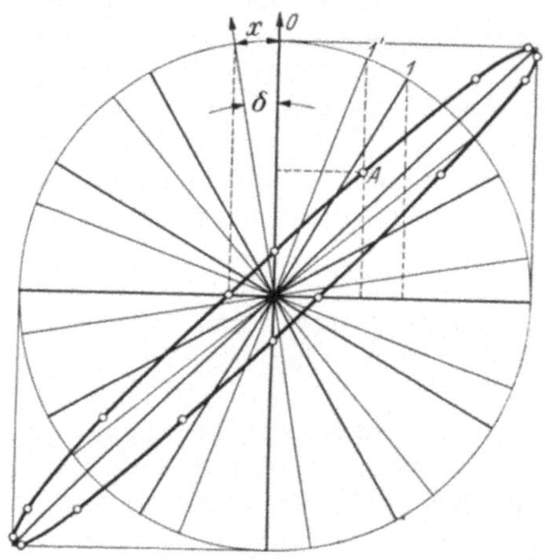

Abb. 53. Vektorielle Zusammensetzung von Belastung und Verformung.

Wenn man in Abb. 53 den Vektor der periodischen, mechanischen Kraft senkrecht nach oben bis zum Punkt 0 als Ausgangsstellung annimmt, so fällt für elastisches Verhalten auch der Vektor der Verformung in diese Richtung, wobei hier der Einfachheit halber beide Vektoren gleich groß gezeichnet werden. Läßt man nun diese beiden Vektoren rotieren, z. B. im Uhrzeigersinn, so gibt die Projektion dieser Vektoren etwa auf die Abszissenachse, die jeweilige zeitliche Größe von Kraft und Verformung an. Trägt man im gleichen Schaubild die Verformung als Abszisse und die zugehörige Belastung als Ordinate auf, so erhält man eine unter 45° geneigte Gerade, die vom Ursprung zunächst nach rechts aufwärts ansteigt, einen bestimmten Höchstwert erreicht, um zurück nach der anderen Seite zu wandern. Diese Gerade wird für einen Schwingungszyklus einmal durchlaufen.

Der andere Grenzfall ist durch vollkommen plastisches Verhalten des Werkstoffes gegeben. In diesem Fall ist nicht die Verformung, sondern die Verformungsgeschwindigkeit in Phase mit der Belastung. Zwischen Kraft und Verformung herrscht also eine Phasenverschiebung von genau

[1] Späth, W.: Arch. Eisenhüttenwes. Bd. 5 (1931/32) S. 587.

90° und die Zusammensetzung dieser beiden Vektoren ergibt einen Kreis. Dieser Kreis ist also das Schaubild für einen ideal plastischen Körper.

Bei technischen Werkstoffen zeigt sich mit zunehmender Bildsamkeit eine allmähliche Abweichung der Phase der Verformung von derjenigen der Kraft, die verhältnismäßig klein ist. Wenn man in Abb. 53 den Vektor der Kraft sich wiederum in der Stellung 0 angekommen denkt, so hat also die Verformung diese Stellung in diesem Zeitpunkt noch nicht erreicht, sie liegt um einen bestimmten Winkel δ zurück. Mit dieser Phasenverschiebung durchwandern beide Vektoren im Uhrzeigersinn für einen Schwingungszyklus den ganzen Kreis. In der Abb. 53 sind die jeweiligen Stellungen beider Vektoren eingezeichnet, wobei der Vektor der Kraft stark, derjenige der Verformung schwach ausgezogen ist. Wenn z. B. der Kraftvektor bei 1 angekommen ist, so steht der Vektor der Verformung um den Winkel δ zurück, also bei 1'. Die zeitliche Schwankung der beiden Vektoren ergibt sich wiederum durch Projektion auf die Abszissenachse. Trägt man die so gewonnenen, zeitlich zueinandergehörigen Stücke der Verformung auf der Abszissenachse, und der Kraft auf der Ordinatenachse auf, so erhält man eine Ellipse, wie sie in Abb. 53 Punkt für Punkt aufgesucht wurde. An die Stelle der tatsächlich vorhandenen Hysteresisschleife ist also eine Ellipse getreten. Diese Ellipse kann jedoch mit sehr großer Annäherung wenigstens für kleine Phasenverschiebungswinkel δ die Hysteresisschleife ersetzen, dies um so mehr, als praktisch meist nur der Beginn der Dämpfung interessiert. In der Abb. 53 wurde ein Phasenverschiebungswinkel von 10° angenommen, um übersichtliche Verhältnisse zu bekommen. Tatsächlich ist jedoch dieser Winkel bei Werkstoffen in der Nähe der Dauerfestigkeit meist wesentlich kleiner.

Die Einführung dieses Verlustwinkels bedeutet also nichts anderes, als die Ersetzung der Hysteresisschleife, die sich einer genauen mathematischen Erfassung entzieht, durch eine einfache Ellipse. Diese Ellipse ist aber rechnerisch sehr einfach zu behandeln. Die große Anpassungsfähigkeit der Messung und Rechnung in der Elektrotechnik bei der Bearbeitung von Wechselstromvorgängen ist im wesentlichen auf diese Vereinfachung zurückzuführen. Ähnliche Vorteile sind auch für den Verlustwinkel periodisch belasteter Werkstoffe zu erwarten, wie im folgenden gezeigt wird. Insbesondere können aus dem Verlustwinkel alle sonstigen Größen durch einfache Gleichungen berechnet werden, ferner sind auch in meßtechnischer Hinsicht wesentliche Fortschritte zu erzielen.

Die in einem Probestück unter einer sinusförmigen Belastung vom Höchstwert P und einer Höchstverformungsgeschwindigkeit V auftretenden Verluste ergeben sich bei bekanntem Verlustwinkel δ ohne weiteres zu

$$N = \tfrac{1}{2}\, P V \sin\delta\,. \tag{9}$$

Da die Geschwindigkeit V bei der Frequenz ω mit der Verformung A gemäß

$$V = \omega A = 2\,\pi n A$$

zusammenhängt, so kann auch geschrieben werden

(10) $$N = \tfrac{1}{2}\,\omega P A \sin\delta$$

oder da der Winkel δ meist sehr klein ist

(11) $$N = \tfrac{1}{2}\,\omega P A \delta = \pi n P A \delta\,.$$

Für Verdrehung gilt die entsprechende Gleichung

(12) $$N = \tfrac{1}{2}\,\omega D \varphi \delta\,,$$

worin D das Höchstdrehmoment und φ den größten Verdrehungswinkel bedeutet.

Bei bekannter Federkonstanten c des Prüfkörpers, kann man mit großer Annäherung

$$P = cA$$

oder $$A = \frac{P}{c}$$

schreiben, so daß sich also ergibt

(13) $$N = \tfrac{1}{2}\,\omega c A^2 \delta$$

oder in Belastung P ausgedrückt

(14) $$N = \tfrac{1}{2}\,\omega \frac{P^2}{c}\,\delta\,.$$

Diese Gleichungen haben den Vorteil, daß man nur eine Schwingungsgröße, also entweder die Belastung P oder die Verformung A zu ermitteln hat, wenn die Federkonstante c bekannt ist.

Zur Kennzeichnung der Dämpfung wird im Schrifttum häufig das logarithmische Dekrement der Dämpfung, wie es sich z. B. aus Ausschwingversuchen oder Resonanzversuchen ergibt, angegeben. Dieses Dekrement hängt mit dem Verlustwinkel durch die einfache Beziehung

(15) $$\vartheta = \pi \operatorname{tg}\delta = \pi\delta$$

zusammen.

Die je Schwingungszyklus verbrauchte Arbeit ergibt sich als Flächeninhalt der Ellipse zu

(16) $$Q = \pi P A \delta\,.$$

Die wattlos in der Federung des Prüfkörpers aufgespeicherte Energie bei Annahme des Hookeschen Gesetzes beträgt

$$E = \tfrac{1}{2}\,P A\,.$$

Von Föppl wurde das Verhältnis von je Zyklus verbrauchter Arbeit zur elastischen Formänderungsarbeit die verhältnismäßige Dämpfung genannt. Für dieses Verhältnis ergibt sich demnach

(17) $$\psi = 2\,\pi\delta = 2\vartheta\,.$$

Die verhältnismäßige Dämpfung wird also aus dem Verlustwinkel durch Multiplikation mit $2\,\pi$ erhalten. Ebenso folgt aus der obigen Gleichung ohne weiteres, daß die verhältnismäßige Dämpfung gleich dem doppelten Wert des logarithmischen Dekrements ist. Diese Beziehungen gelten nur, um dies nochmals zu betonen, unter der Voraussetzung, daß die

Hysteresisschleife durch eine Ellipse ersetzt werden kann. Insbesondere der durch Gl. (17) gegebene Zusammenhang zwischen verhältnismäßiger Dämpfung (Föppl) und Verlustwinkel wird daher im allgemeinen mit wachsender Dämpfung einer Korrektur bedürfen.

Die Einführung des Verlustwinkels bringt somit eine große Anschaulichkeit in die Schwingungsvorgänge, gleichgültig ob es sich um erzwungene oder freie Schwingungen handelt. Aber auch für die Messung der Dämpfung durch die Bestimmung des Verlustwinkels eröffnen sich neue Möglichkeiten.

III. Die Messung des Verlustwinkels.

1. Optische Phasenmeßeinrichtung.

In Abb. 54 ist eine Meßeinrichtung für Torsionsschwingungen schematisch gezeichnet[1]. Man erkennt zunächst den Probestab, der zwischen zwei Spannköpfen eingespannt ist. Vom rechten Spannkopf her wird eine wechselnde Verdrehung eingeleitet. Das hierbei auftretende Moment wird durch die Verdrehung des linken Spannkopfes gemessen, der an einem fest eingespannten Meßstab befestigt ist.

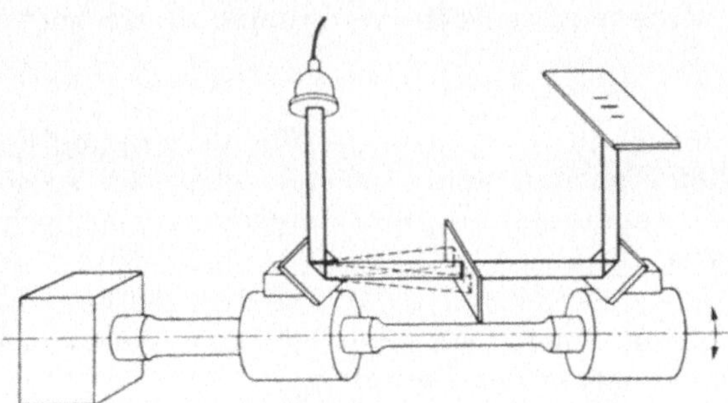

Abb. 54. Optische Messung des Verlustwinkels.

Von einer Lichtquelle fällt ein Lichtstrahl zunächst auf einen Spiegel, der mit dem linken Spannkopf schwingt. Dieser Lichtstrahl wird nach rechts geworfen und durch eine entsprechende, nicht gezeichnete Linsenanordnung auf die Ebene einer feststehenden Schlitzblende abgebildet. Eine weitere Optik bildet den Spalt nach Reflexion an dem mit dem rechten Spannkopf schwingenden Spiegel auf einen Schirm ab.

Bei ruhender Maschine wird die Schlitzblende so eingestellt, daß der Lichtstrahl gerade durch den sehr feinen Schlitz hindurchfällt, so daß sich auf dem Schirm eine Lichtmarke zeigt, die als Nullstellung dient. Wird nun die Maschine in Gang gesetzt, so wird der vom linken Spiegel reflektierte Lichtstrahl zu einem Band auseinander gezogen. Dieses Band wird durch die Blende abgeschirmt, lediglich beim Überschreiten des Spaltes fällt ein Lichtblitz auf den rechten Spiegel, der beim Auffallen des Lichtblitzes gerade durch die Null-Lage schwingt und diesen auf den Schirm wirft. Der vorher ruhende Lichtstrich auf diesem Schirm wird demnach in eine Folge von einzelnen Lichtblitzen aufgeteilt. Entsprechend der Arbeitsfrequenz der Maschine folgen sich diese Lichtblitze verhältnismäßig schnell, so daß für das Auge des Beobachters sich nichts ändert. Dies gilt jedoch nur, wenn der Prüfling sich rein elastisch verhält.

[1] Späth, W.: Z. techn. Physik Bd. 15 (1934) S. 477.

In diesem Fall schwingen beide Spiegel gleichzeitig durch die Null-Lage, da Belastung und Verformung gleichzeitig die Nullstellung erreichen, also in Phase sind. Bei einer Steigerung der Belastung möge nun eine innere Energieaufnahme erfolgen, so daß also das Belastungsschaubild sich allmählich aufweitet. Die Folge hiervon ist eine Phasenverschiebung, da nunmehr die Verformung und damit der rechte Spiegel noch nicht die Null-Lage erreicht hat, wenn die Belastung durch Null geht. Wenn demnach jetzt ein Lichtblitz durch den Spalt fällt und damit die Belastung in diesem Augenblick Null erreicht, so hat der rechte Spiegel noch nicht seine Null-Lage erreicht, sondern steht um einen gewissen Winkel aus der Null-Lage verdreht. Entsprechend dieser Verdrehung wird der Lichtblitz auf dem Schirm aus der Mittellage verschoben. Dasselbe geschieht beim Zurückschwingen, so daß symmetrisch zur Null-Lage zwei Marken entstehen. Die Nullmarke auf dem Schirm spaltet sich also mit wachsender Dämpfung in zwei Linien auf, deren Abstand immer mehr anwächst. Dieser Abstand von der Null-Lage entspricht also dem Stück x in Abb. 53. Bei bekannter Höchstverformung A errechnet sich der Verlustwinkel zu

$$\delta = \frac{x}{A}.$$

Nimmt man an, daß der die Verformung kennzeichnende Ausschlag 100 Einheiten, etwa 100 mm entspricht, so genügt eine Ablesung der Aufspaltung auf $^1/_{10}$ mm, um hieraus einen noch meßbaren Verlustwinkel von

$$\delta = 0{,}001$$

zu bestimmen. Dies entspricht einem Wert von 0,003 des logarithmischen Dekrements der Dämpfung.

Wenn man eine vollständige Hysteresisschleife aufnimmt, so kann natürlich auch hier das Stück x ohne weiteres entnommen werden. Es ist jedoch wesentlich einfacher, die ganze Anordnung auf die Messung dieses Stückes x zu beschränken, wie dies gezeigt wurde. Dadurch wird die Einrichtung einfacher und weniger störanfällig. Schon in den zur Aufnahme einer ganzen Schleife nötigen Hebeln, Umlenkungen usw. treten so große Phasenverschiebungen auf, daß merkliche Fehler in der Bestimmung des Verlustwinkels auftreten. Immerhin zeigt auch die beschriebene Anordnung, daß für praktische Messungen die benötigte Optik unbequem ist. Es wurde daher eine zweite Anordnung auf elektrischer Grundlage entwickelt, die allen Anforderungen an Einfachheit gerecht wird. Vor allen Dingen zeigt diese elektrische Einrichtung eine große Anpassungsfähigkeit an die verschiedenen Belastungsfälle.

2. Elektrische Phasenmeßeinrichtung.

Diese Meßeinrichtung sei am Beispiel der Dauerprüfmaschine nach Abb. 51 näher erläutert[1]. In Abb. 55 ist die eigentliche Phasenmeßeinrichtung schematisch herausgezeichnet. Man erkennt zunächst links den Zeiger, dessen Schwingungen phasen- und amplitudengerecht mit dem im Probestab wirksamen Drehmoment sind. Rechts ist die Schwung-

[1] DRP.

scheibe gezeichnet, die den Exzenter trägt, mit dessen Hilfe dem Probestab eine wechselnde Verformung aufgezwungen wird. Gleichphasig mit der Drehung dieser Schwungscheibe nimmt also die Verformung zu und ab. Diese auf der Antriebswelle der Maschine sitzende Schwungscheibe weist eine Bohrung auf, in der eine Glimmlampe befestigt ist. Die Glimmlampe ist zur Hälfte durch eine Blende mit scharfer Kante abgedeckt, so daß bei brennender Glimmlampe und stillstehender Maschine durch die Kante der Blende eine bestimmte Stellung gegeben ist. Mit Hilfe zweier Schleifringe und entsprechender Bürsten wird der Glimmlampe die Spannung einer Anodenbatterie von etwa 100 Volt zugeführt. Im Stromkreis der Glimmlampe liegt eine Unterbrechervorrichtung, die von dem Kraftzeiger gesteuert wird. Die Unterbrechervorrichtung besteht aus einem leichten um eine Achse schwingbaren Hebel, der am unteren Ende eine Stahlkugel trägt, gegen die ein gehärtetes Stahlplättchen am Zeiger aufschlägt. Mit Hilfe einer Feder wird der Hebel gegen einen feststehenden Kontakt gedrückt, der mit einem zweiten am Hebel befestigten Kontakt in Berührung kommt. In der Ruhelage der Maschine, also bei der Kraft Null, wird der stehende Kontakt mit Hilfe einer Stellschraube so eingestellt, daß die Kontakte sich gerade berühren und die Glimmlampe brennt. Wird die Schwungscheibe von Hand etwa in dem eingezeichneten Sinne ein wenig gedreht, so bewegt sich der Kraftzeiger infolge des im Prüfstab wirksamen Drehmoments im gleichen Sinn und nimmt hierbei den Hebel mit. Der Kontakt wird also unterbrochen und die Glimmlampe erlischt. Diese Unterbrechung dauert so lange, bis der Kraftzeiger bei weiterer Drehung der Schwungscheibe seinen Höchstausschlag erreicht hat, anschließend zurückkehrt und durch die Null-Lage schlägt. In diesem Augenblick wird der Kontakt geschlossen, die Glimmlampe zündet und brennt während der anschließenden Halbschwingung. Kehrt der Zeiger zurück, so schlägt er beim Erreichen der Nullstellung auf den Hebel, wodurch der Kontakt wieder unterbrochen wird. Die Glimmlampe zündet und erlischt also gerade in den Augenblicken, in denen der Zeiger durch die Null-Lage geht und das Drehmoment im Prüfstab Null ist. Bei laufender Maschine erfolgt diese Unterbrechung sehr schnell, die Glimmlampe gibt also den Eindruck eines Leuchtbandes, das die Hälfte des Umfanges der Schwungscheibe bedeckt. Die Grenzlinie zwischen Hell und Dunkel, die an

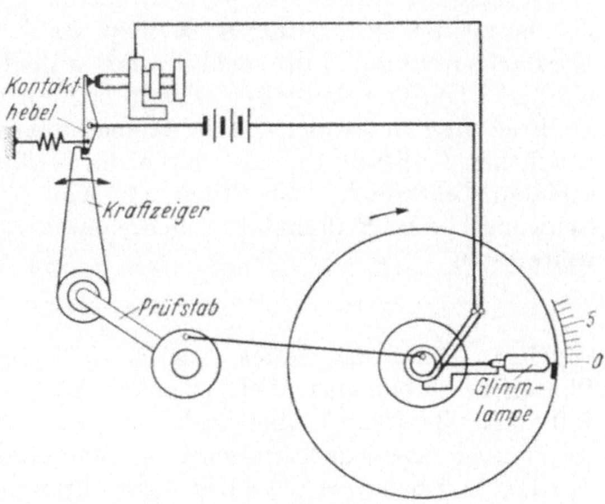

Abb. 55. Elektrische Messung des Verlustwinkels.

der scharfen Kante der Blende abgelesen wird, gibt also die jeweilige Lage der Schwungscheibe, und damit auch die jeweilige Größe der Verformung an, wenn das Drehmoment durch Null geht. Durch die Kontaktgebung wird der Glimmlampe bei jeder Umdrehung sozusagen mitgeteilt, wenn das Drehmoment durch Null schlägt. An dem Erlöschen der Glimmlampe kann dann die jeweilige Stellung der Schwungscheibe in diesem Augenblick erkannt werden. Mit Hilfe einer Meßlupe wird diese Stellung ermittelt.

Wenn der Probestab sich rein elastisch verhält, so sind Verdrehung und Drehmoment in Phase. Die Grenzlinie erscheint also gerade dann, wenn die Schwungscheibe in ihrer Nullstellung steht, der Exzenter also keine Verformung aufbringt. Tritt nun etwa bei steigender Exzenterverstellung ein innerer Energieverbrauch auf, so hat die Schwungscheibe und damit die Verformung noch nicht die Null-Lage erreicht, wenn der Kraftzeiger durch Null schlägt, das aufgebrachte Drehmoment also Null ist. Die Trennlinie der Blende beginnt somit entgegengesetzt zur Drehrichtung zu wandern. Das Ausmaß dieser Verschiebung aus der anfänglichen Nullstellung wird durch die Meßlupe abgelesen. Diese Verschiebung entspricht dem Stück x in Abb. 53. Beträgt der Radius der Schwungscheibe R, dann läßt sich die jeweilige Phasenverschiebung ohne weiteres zu

$$\delta = \frac{x}{R}$$

angeben. Wird das Stück x z. B. zu 3 mm ermittelt, dann ist der Phasenverschiebungswinkel bei einem Radius der Schwungscheibe von 100 mm 0,03 oder in Winkelgraden ausgedrückt 1,7°. Hieraus ergibt sich sofort auch das logarithmische Dekrement der Dämpfung zu $\pi \cdot 0{,}03 =$ rd. 0,1. Ebenso ist die verbrauchte Energie zu berechnen.

Damit ist also die Ermittlung der Dämpfung während eines Dauerversuches durch eine einfache Ablesung möglich geworden. Ohne jede Auswertung kann sofort die jeweilige Dämpfung abgelesen werden. Irgendwelche mechanischen Organe sind weitgehend vermieden, insbesondere wird nur im entlasteten Zustand der Maschine gemessen. Die Glimmlampe verbürgt infolge ihrer Trägheitslosigkeit eine phasengerechte Anzeige.

Die Genauigkeit und Empfindlichkeit derartiger Einrichtungen soll kurz noch besprochen werden. Die Unterbrechung macht keine wesentlichen Schwierigkeiten, da es sich um die Steuerung von sehr kleinen Strömen in der Größenordnung von 1 Milliampere handelt. Durch einen Kondensator und Widerstand kann der kaum sichtbare Abreißfunken noch verkleinert werden. Von besonderer Wichtigkeit ist hierbei für eine einwandfreie Unterbrechung der Hub des Kraftmeßgeräts. Aus anderen noch zu beschreibenden Gründen darf dieser Hub nur sehr klein sein. Er beträgt bei der beschriebenen Maschine etwa 0,5 mm. Durch die Hebelanordnung wird der Abreißweg vergrößert. Hierbei ist zu berücksichtigen, daß dieser Hebel möglichst leicht und steif ausgebildet werden muß, damit seine Eigenschwingungen möglichst hoch liegen.

Voraussetzung für eine genaue Anzeige ist natürlich, daß der Kraftzeiger selbst phasengerecht schwingt. Die Abstimmung der Meßwelle mit dem Spannkopf muß daher möglichst hoch gewählt werden. Ferner muß die Dämpfung dieses Systems sehr klein gehalten werden. Daraus ergibt sich ein verhältnismäßig kleiner Ausschlag des Meßgeräts für die Kraft. Unter den gewählten Bedingungen dürfte eine Phasenverschiebung zwischen den Bewegungen des Meßzeigers und dem tatsächlich vorhandenen Drehmoment nach den Regeln der Schwingungstechnik zu 0,001 zu berechnen sein. Wenn sich diese Phasenverschiebung nicht ändert, so spielt sie keine wichtige Rolle, da ja dann ein stets gleichbleibender Fehler vorhanden ist, so daß die Zunahme der Dämpfung als solche richtig erhalten wird.

Unter Berücksichtigung dieser Fehlerquellen kann man heute die Empfindlichkeit der Phasenmeßeinrichtung auf etwa 0,001 veranschlagen, entsprechend einem Ablesewert von 0,1 mm bei einem Radius der Schwungscheibe von 100 mm. Voraussetzung hierfür ist allerdings, daß die Kugellager der Maschine einwandfrei laufen. Störungen in dieser Hinsicht machen sich in Schwankungen um den Sollwert bemerkbar, doch kann dieser noch genügend deutlich erfaßt werden.

Die Wichtigkeit der Dämpfungsmessung für die theoretische und praktische Werkstofforschung, über die später noch eingehend zu berichten sein wird, macht es erforderlich, entsprechenden Meßgeräten in Zukunft besondere Aufmerksamkeit zu schenken.

IV. Die Änderungen der Dämpfung.

Die Dämpfung eines Werkstoffes ist keine gleichbleibende Kennzahl, sie zeigt sich in einer außerordentlich mannigfaltigen Weise von den verschiedensten Einflüssen abhängig. Im Hinblick auf spätere Ausführungen sei hier kurz der Stand der heutigen Kenntnisse vom Verhalten der Dämpfung zusammengefaßt.

Wenn man einen Werkstoff einer Dauerwechselbelastung unterwirft, so stellt man fest, daß trotz gleichbleibender Versuchsbedingungen eine langdauernde Änderung der Dämpfung zu beobachten ist. Nach Messungen von Esau und Kortum[1] wird schließlich ein stabiler Endwert der Dämpfung erreicht, wenn die Wechselbelastung unterhalb der Dauerfestigkeit liegt. Liegt die Belastung dagegen oberhalb der Dauerfestigkeit, so wird ein derartiger stabiler Endwert der Dämpfung nicht erreicht, die Dämpfung steigt bis zum Bruche an. Nach Beobachtungen des Verfassers kann die Dämpfung auch periodischen Schwankungen unterworfen sein, so daß die Dämpfung in einem langsamen Wechsel um einen mittleren Wert schwankt [2].

Auch Thum[3], stellt fest, daß die Dämpfungsfähigkeit sich zumeist mit der Zeit aufbraucht. Ebenso wird durch Arbeiten des Wöhler-Insti-

[1] Esau, A. und Kortum: Meßtechn. 10 (1934) S. 21; Z. VDI 77 (1933) S. 1133.

[2] Nach einer mündlichen Mitteilung von Herrn L'Hermite wurde eine entsprechende Beobachtung auch im Laboratoire du Batiment et des Travaux Publics Paris gemacht.

[3] Thum, A.: Z. VDI (1931) S. 707.

tutes[1] eine Abhängigkeit der Dämpfung von der absoluten Zahl der Lastwechselzahl festgestellt. Lehr[2] findet, daß die infolge innerer Dämpfung zunächst auf 200° ansteigende Temperatur des Probestückes bei weiter dauernder Beanspruchung auf 80° fiel, daß also die Dämpfung im Laufe des Dauerversuchs abgenommen hat. Nach Memmler und Laute[3] schwankt die Dämpfung bei Zug-Druck-Versuchen sehr stark. Herold[4] findet, daß die Dämpfung bei wechselnder Beanspruchung knapp an oder unter der Schwingungsfestigkeit mit der Lastwechselzahl abnimmt.

Es ist ferner durch zahlreiche Beobachtungen erwiesen, daß die Dämpfung im allgemeinen mit steigender Festigkeit abnimmt. Die größten Werte weisen C-Stähle und die geglühten Stähle auf, während auf höhere Festigkeit vergütete Stähle in der Regel nur eine sehr geringe oder gar keine Dämpfung haben.

Sehr eingehend wurde die Abhängigkeit der Dämpfung im Laufe eines Dauerversuchs von Ludwik[5] untersucht, und zwar meist durch Beobachtung der Übertemperatur, die der Stab annimmt. Nach seinen Untersuchungen steigt die Dämpfung im allgemeinen mit der Lastwechselzahl zunächst stark an, um nach Erreichen eines Höchstwertes wieder abzufallen. Die Versuche ergaben, daß der Grenzwert der Dämpfung bei 10 Millionen Lastwechsel noch nicht erreicht und daß selbst nach 100 Millionen Lastwechsel noch ein Abfall der Dämpfung zu beobachten ist. Bei Drehschwingungen wurde von Ludwik und Scheu[6] auch durch Ausmessung der Hysteresisschleife die gleiche Beobachtung gemacht.

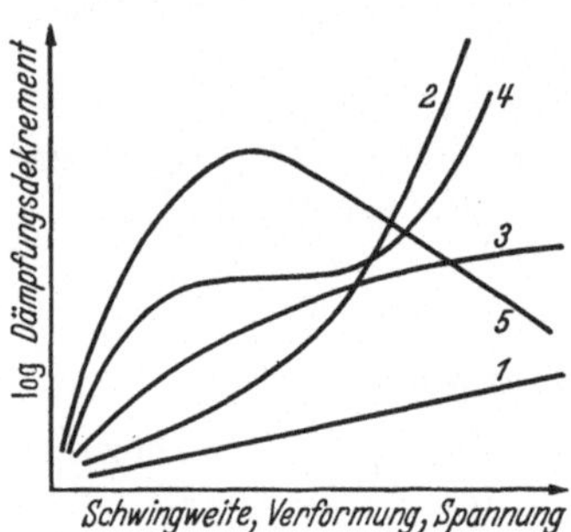

Abb. 56. Stabile Enddämpfung (Hempel).

Nach einem Bericht von Hempel[7] müssen zur Beurteilung eines Werkstoffes in bezug auf das Verhalten seiner Dämpfungsänderungen folgende Bestimmungen gemacht werden.

a) Amplitudenabhängigkeit, ermittelt z. B. aus Ausschwingversuchen, gekennzeichnet durch die stabile Dämpfungskurve. Je nach Werkstoff bzw. Gefügezustand oder Wärmebehandlung werden Dämpfungskurven erhalten, wie sie in Abb. 56 wiedergegeben sind. Hierbei erfolgt für Belastungen unterhalb der Dauerfestigkeit das Erreichen des stabilen Endwertes der Dämpfung nach ganz verschiedenen Beanspruchungszeiten oder Lastwechselzahlen. Die Dämpfung kann mit wachsender Verformung allmählich zunehmen, sie kann mit steigender Verfor-

[1] Appenrodt, A.: Mitt. Wöhler-Instituts Heft 24, NEM-Verlag 1935.
[2] Lehr, E.: Z. Metallkde 20 (1928) S. 78.
[3] Memmler, A. und A. Laute: Forsch.-Arb. Ing.-Wes. Nr. 329, VDI-Verlag 1930.
[4] Herold, W.: Arch. Eisenhüttenwes. 2 (1928/29) S. 23.
[5] Ludwik, P.: Metallwirtsch. 10 (1931) S. 705.
[6] Ludwik, P. und R. Scheu: Z. VDI 76 (1932) S. 683.
[7] Hempel, M.: Arch. Eisenhüttenwes. 8 (1934/35) S. 417.

mung auch beschleunigt zunehmen. Die Dämpfung kann aber nach Erreichen eines Höchstwertes wieder abfallen, oder aber sie kann nach zunächst steilem Anstieg wesentlich langsamer weitersteigen, um schließlich wieder in einen schneller steigenden Ast umzuschwenken.

b) Zeitabhängigkeit. In Abb. 57 sind die bisher beobachteten vier verschiedenen Arten bis zum Stabilwerden der Dämpfung zusammengestellt. Die Dämpfung kann also bei gleichbleibenden Versuchsbedingungen entweder allmählich ansteigend oder abfallend einen Grenzwert annehmen. Oder sie kann zunächst abfallen, um dann ansteigend allmählich in einen Grenzwert einzubiegen. Sie kann aber auch zunächst stark ansteigend, nach Überschreitung eines Höchstwertes wieder abfallen, um dann schließlich einen Grenzwert anzunehmen. Als weitere Möglichkeit wäre ergänzend hier zu bemerken, daß die Dämpfung auch um einen mittleren Wert periodische Schwankungen ausführen kann.

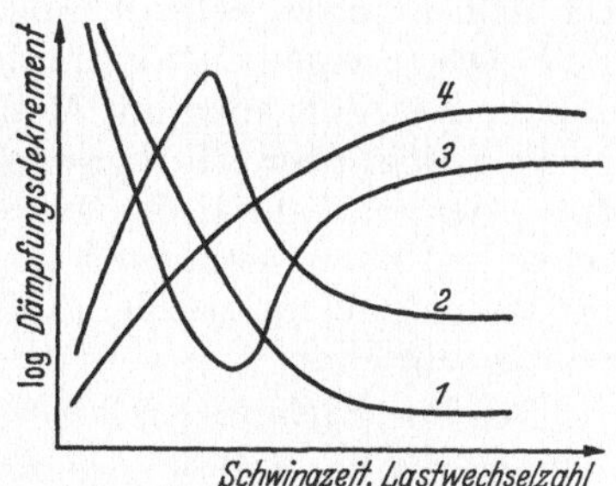

Abb. 57. Zeitlicher Dämpfungsverlauf (Hempel).

Es ist verständlich, daß der Praktiker einer Werkstoffeigenschaft mit solch vielfältiger Veränderlichkeit kein besonderes Vertrauen entgegenbringt. Andererseits liegt für die Forschung gerade in dieser Veränderlichkeit ein besonderer Anreiz, den Vorgängen in wechselbelasteten Werkstoffen durch Verfolgung der Dämpfung nachzugehen. Es wird sich noch häufig Gelegenheit bieten, auf das Verhalten der Dämpfung einzugehen.

H. Modellbetrachtungen.

Die in belasteten Werkstoffen als Folge von inneren Vorgängen sich zeigenden, äußerlich meßbaren Eigenschaften sind von einer verwirrenden Mannigfaltigkeit. Trotz sehr vieler Einzelbeobachtungen physikalischer und technischer Richtung ist eine befriedigende Einordnung aller Erscheinungen noch nicht gelungen. Gerade in der Werkstofflehre, wo selbst die Bedeutung grundlegender Kennwerte noch umstritten ist, sind die rein beobachtenden Arbeiten weitaus in der Mehrzahl. Meist wird eine Verbindung zwischen zwei gerade im Vordergrund des Interesses stehenden Eigenschaften gesucht, wobei mehr oder weniger eindeutige Beziehungen aufgedeckt werden, die für den vorliegenden Fall und die besonderen Versuchsbedingungen gültig sind.

Manchmal ist es selbst nicht möglich, die Beeinflussung der Versuchsergebnisse durch andere, unbekannte Faktoren zu würdigen, so daß Streuungen unerwünschter Größe auftreten können. Es haben daher in letzter Zeit Überlegungen der Wahrscheinlichkeitsrechnung in die Werkstoffprüfung Eingang gefunden, wobei durch Großzahlversuche den verschiedenen Zusammenhängen nachgespürt wird[1]. Trotz den Erfolgen

[1] Daeves, K.: Praktische Großzahlforschung, Berlin 1933.

dieses Untersuchungsverfahrens wäre es sicherlich verfehlt, die analysierende Werkstoffmechanik zu vernachlässigen.

In verschiedenen Zweigen der Physik hat sich bei der Bearbeitung schwieriger Fragen die Aufstellung eines Modells sehr fruchtbar erwiesen. Auch in der Werkstofflehre hat man versucht, an Hand von Modellen die verschiedenen Vorgänge im belasteten Werkstoff nachzuahmen, wobei jedoch meist sehr schnell die Erklärungsmöglichkeiten erschöpft sind. Die geringe Leistungsfähigkeit derartiger Modelle hat dazu geführt, daß die Beschäftigung mit Modellbetrachtungen als wenig fruchtbar angesehen, oder aber selbst ganz abgelehnt wird. Man vergißt aber hierbei, daß jeder mathematische Ansatz gewisse modellmäßig zu veranschaulichenden Voraussetzungen in sich enthält. Gerade die modellmäßige Veranschaulichung würde häufig zeigen, ob ein mathematischer Ansatz richtig sein kann.

Die Beschäftigung mit derartigen Modellen ist daher nicht nutzlos, denn es werden auf diese Weise gewisse Vorstellungen bejaht oder verneint, neue Fragestellungen aufgeworfen, Versuchsbedingungen einer Prüfung unterzogen und Forschungen in neuer Richtung angeregt. Vor allen Dingen aber werden die in der Werkstofftheorie so notwendigen Querverbindungen zwischen verschiedenen Einzelerscheinungen geknüpft, deren Zusammenfassung unter größere Gesichtspunkte möglich wird. Nicht verlangen kann man jedoch von solchen Modellen, daß nun aus wenigen, das Modell kennzeichnenden Zahlenwerten das Gesamtverhalten eines belasteten Werkstoffes quantitativ berechnet werden soll.

Zunächst sei auf einige bekannte Modelle hingewiesen. Bei dem Modell von C. F. Jenkin[1] wird jedes Kristallkorn durch eine Masse dargestellt, die gegen eine andere Masse abgestützt ist, außerdem ist ein Reibungswiderstand vorgesehen, der bei einer gegenseitigen Verschiebung der Massen wirksam wird. Ein bemerkenswertes Modell wurde von L. Prandtl[2] entworfen, um die Vorgänge der Hysteresis zu deuten. Eine Zusammenstellung verschiedener Schaltungen von Feder- und Reibungselementen wird von H. Fromm[3] gegeben. Weitere Modelle wurden von S. Lees[4], von G. I. Taylor[5] u. a.[6] entworfen, doch würde es zu weit führen, im einzelnen auf die Besonderheiten der verschiedenen Modelle einzugehen.

---

[1] Jenkin, C. F.: Engineer 134 (1922) S. 612; vgl. Stahl u. Eisen 44 (1924) S. 18.

[2] Prandtl, L.: Z. ang. Math. Mech. 8 (1928) S. 85.

[3] Fromm, H.: Hdb. d. phys. u. techn. Mechanik Bd. IV, 1. Hälfte. Leipzig: J. A. Barth (1931) S. 523.

[4] Lees, S.: Phil. Magazine 44 (1922) S. 511, Bd. 1.

[5] Taylor, G. I.: Proc. Roy. Soc., Lond.: A 145 (1934) S. 362.

[6] Heyn, E.: Festschrift Kais.-Wilh.-Ges. (1921) S. 121; H. Hencky: Z. angew. Math. Mech. 4 (1924) S. 223. — Ferner: Schlechtweg: Physik. Z. 34 (1933) S. 404; J. M. Burgers: Verhandl. Kon. Akad. Amsterdam I Nr. 3 (1935); P. Duweg: The Phys. Review 47 (1935) S. 494; F. Zwicky: Mech. Engng. 28 (1933) S. 427; Poynting u. J. J. Thomson: Properties of Matter London 1902; Trouton u. A. O. Rankine: Philos. Mag. VI, 8 (1904) S. 555; H. J. Poole: Trans. Faraday Soc. 21 (1925/26) S. 114.

I. Werkstoffmodell.

Von Späth[1] wurde neuerdings ein Modell angegeben, das trotz seiner Einfachheit eine ganze Anzahl von Erscheinungen aus einer Grundvorstellung heraus zu deuten vermag. Der Gedankengang, der zu diesem Modell führte, kann etwa folgendermaßen dargelegt werden.

Wird ein Werkstoff zwischen einer oberen und unteren Lastgrenze abwechselnd belastet und entlastet, so schließt das Verformungs-Belastungs-Schaubild im allgemeinen eine Fläche ein, deren Größe unmittelbar ein Maß für die in jedem Kreislauf verbrauchte Arbeit ist. Wenn man ein solches Schaubild ohne Kenntnis seiner Herkunft zu beurteilen hätte, so würde man etwa folgern, daß es sich um ein allerdings sehr schlechtes Leistungsschaubild einer Arbeitsmaschine handelt. Bei einer solchen Maschine wird bekanntlich durch eine Steuerung in jedem Hub eine bestimmte Arbeit geleistet, die etwa durch Indizieren zu ermitteln ist. Nun darf aber bei solchen Maschinen der Steuervorgang keineswegs in Abhängigkeit von dem Hub erfolgen, um ein möglichst volles Schaubild zu erzielen, sondern es muß zwischen Hub und Steuerung eine Phasenverschiebung eingeschaltet werden. Diese Überlegung führt dazu, das Belastungs-Verformungs-Schaubild eines periodisch belasteten Werkstoffes ebenfalls als Leistungsschaubild einer Arbeit leistenden Vorrichtung aufzufassen, bei der durch innere Vorgänge gewisse Steuerwirkungen ausgelöst werden, deren Phase nach späteren Ausführungen um 90° gegenüber der Verformung versetzt ist.

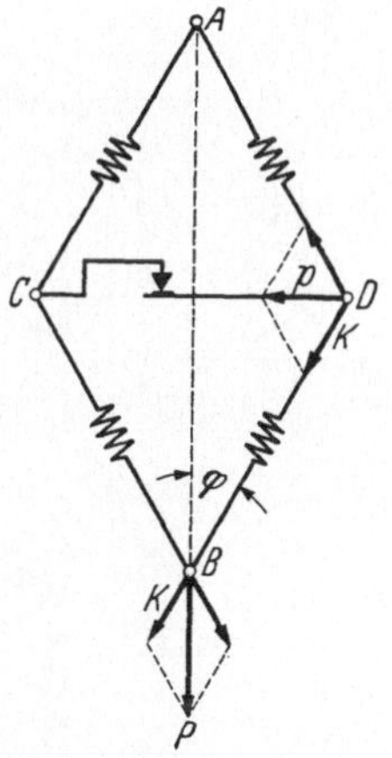

Abb. 58. Modell zur Nachahmung von Werkstoffeigenschaften.

Eine solche Einrichtung kann verhältnismäßig einfach nachgeahmt werden. Es muß hierbei eine solche Anordnung von Federn und Widerständen getroffen werden, daß wenigstens ein Teil der Verformung nicht gleichphasig mit der belastenden Kraft, sondern um einen bestimmten Winkel phasenverschoben, erfolgt. In Abb. 58 ist eine solche Einrichtung dargestellt. A und B seien zwei Punkte, zwischen denen Kraftwirkungen bestehen, die durch gespannte Federn nachgeahmt werden. Diese Kraftwirkungen verlaufen jedoch nicht auf dem kürzesten Wege zwischen den Punkten A und B, sondern machen den Umweg über die Punkte C und D. Diese Knickstellen sind durch einen Widerstand auseinandergehalten.

Bei der periodischen Verformung einer Feder sind belastende Kraft und erzeugte Verformung in Phase, so daß also beide Vektoren gleichzeitig durch Null gehen und gleichzeitig ihren Höchstwert erreichen. Die Geschwindigkeit der Verformung einer Feder ist entsprechend gerade dann am größten, wenn die Kraft 0 ist. Anders liegen dagegen die Verhältnisse an einem Widerstand. Wird auf die beiden Punkte C und D eine

[1] Späth, W.: Modell zur Veranschaulichung der Vorgänge in belasteten Werkstoffen. Arch. Eisenhüttenwes. 8 (1934/35) S. 405.

periodische Kraft ausgeübt, so ist die Verformungsgeschwindigkeit am größten, wenn die Kraft am größten ist, denn die beiden Punkte nähern sich z. B. unter Überwindung des zwischen ihnen liegenden Widerstandes dann mit der größten Geschwindigkeit, wenn die Kraft ihren Höchstwert erreicht. Der Ausschlag selbst, also die Änderung des Abstandes *CD*, ist gegenüber der Geschwindigkeit um 90° phasenverschoben, damit herrscht auch zwischen wirksamer Kraft und Ausschlag eine Phasenverschiebung von 90°. Da aber durch eine Veränderung des Abstandes *CD* auch eine Änderung der Länge *AB* bewirkt wird, zeigt die periodische Veränderung der Strecke *AB* neben einer mit der wirksamen Kraft gleichphasigen Komponente, eine solche die gegen diese Kraft um 90° verschoben ist.

Abb. 59. Werkstoffmodell.

Wenn diese Kraft z. B. ihren Höchstwert erreicht, so besitzt die Verformung nicht in diesem gleichen Augenblick ihren Höchstwert, sondern erst später. Wenn andererseits die Kraft durch 0 geht, so ist die Verformung nicht 0, sondern sie hinkt mit einem bestimmten Betrag zurück.

Abb. 59 zeigt ein nach diesen Gesichtspunkten hergestelltes Modell. Man erkennt die Federanordnung, die aus vier Einzelfedern besteht. Der Widerstand zwischen den beiden Knickpunkten *C* und *D* ist durch einen mit Öl gefüllten Zylinder verwirklicht, in dem sich ein Stempel bewegen kann. Das Modell ist in einem Rahmen aufgehängt, wobei ein in *A* befestigter Draht über zwei Rollenlager geführt wird, und an einer Meßfeder endigt. Die Dehnungen dieser Meßfeder werden in vergrößertem Maßstab auf einen Schreibhebel mit Gegenlenker übertragen. Am unteren Ende des Modells ist ein weiterer Draht befestigt, der nach Umlenkung über eine Rolle mit Hilfe einer Schraubspindel angespannt werden kann. Diese Spindel wird durch Betätigung der auf dem Bilde links sichtbaren

Kurbel gedreht. Auf der Schraubspindel gleiten zwei Muttern, die eine Schreibtafel tragen. Wird die Kurbel der Schraubspindel gedreht, so wird das Modell gedehnt. Gleichzeitig bewegt sich die Schreibtafel verhältnisgleich mit der Verformung des Modells nach links. Die im Modell wirksame Kraft wird auf den Schreibhebel der Meßfeder übertragen. Mit dieser einfachen Vorrichtung können eine Anzahl von Werkstoffeigenschaften nachgeahmt werden, insbesondere gelingt es, diese miteinander in Beziehung zu bringen.

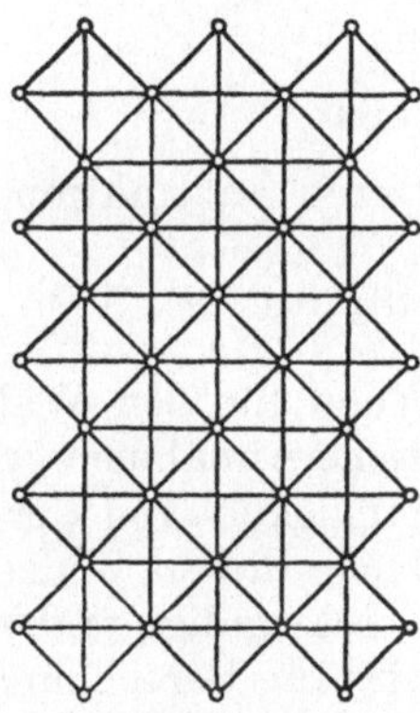

Abb. 60. Zusammenfügung einzelner Modelle.

Es sei gleich hier erwähnt, daß außer dem Querwiderstand zwischen CD ein weiterer Widerstand in Längsrichtung vorteilhaft angeordnet wird, und daß ferner in den Punkten C und D weitere Federn vorgesehen werden können, die also einer Verringerung des Abstandes CD entgegenwirken. Durch diese Ergänzungen wird das Modell symmetrisch, so daß etwa gemäß Abb. 60 eine netzartige Verbindung vieler solcher Modelle möglich wird. Hierbei sollen also die Seitenlinien der entstehenden Parallelogramme die Federwirkung, die in diese Rauten eingezeichneten Kreuze dagegen den Quer- und Längswiderstand andeuten.

II. Nachwirkungserscheinungen.

1. Berechnung.

Zunächst sei an Hand der einfachen Ausführung gemäß Abb. 58 eine Berechnung der Nachwirkung angestellt, im Anschluß hieran sollen einige Versuche beschrieben werden.

Unter der Wirkung eines angehängten Gewichtes werden die Federstränge gespannt, so daß sich der Abstand AB sofort nach Aufbringen des Gewichts um ein bestimmtes Stück vergrößert. Gleichzeitig hiermit tritt aber eine Querkraft auf, die die beiden Knickstellen C und D zu nähern versucht. Ist diese Querkraft groß genug, den zwischen C und D wirksamen Widerstand zu überwinden, so nähern sich allmählich die beiden Punkte C und D. Dieser Vorgang hat eine weitere Verlängerung des Abstandes AB zur Folge. Diese zusätzliche Verformung wird zuerst schnell, dann immer langsamer vor sich gehen, da mit zunehmender Annäherung der beiden Knickstellen die Querkraft trotz gleichbleibender äußerer Belastung des Modells kleiner wird. Wenn die beiden Federstränge sich parallel gestellt haben, oder wenn die Querkraft schließlich nicht mehr ausreicht, den Querwiderstand zwischen den beiden Punkten C und D zu überwinden, so hört das Nachfließen auf.

Es sei a_0 der halbe Abstand der Knickstellen CD unmittelbar nach dem Aufbringen der Last, l_0 die halbe Länge des Abstandes AB und schließlich sei L_0 die Länge einer Einzelfeder. Dann gilt

$$a_0^2 = L_0^2 - l_0^2 .$$

Von diesen Anfangswerten ausgehend erfolge in der oben beschriebenen

Weise der Fließvorgang, und es möge sich in einem bestimmten Augenblick der Anfangsabstand a_0 auf a verringert haben. Die Länge L_0 der Einzelfedern sei zunächst als unveränderlich angenommen. Dann erfährt die Länge l_0 einen Zuwachs von Δ, und die jeweilige Länge von l ist:

$$l = l_0 + \Delta$$

somit

$$a^2 = L_0^2 - (l_0 + \Delta)^2 .$$

Durch Subtraktion ergibt sich für den Längenzuwachs:

$$\Delta = l_0 \left[\sqrt{1 + \frac{a_0^2 - a^2}{l_0^2}} - 1 \right] . \tag{18}$$

Wenn für den Widerstandsbeiwert des Querwiderstandes R physikalische Annahmen gemacht werden, so läßt sich die Nachlängung in Abhängigkeit von der Zeit berechnen. Die einfachste Annahme besteht darin, diesen Widerstand als unabhängig von dem Abstand a und der Geschwindigkeit der Verformung vorauszusetzen. Durch diese Annahme wird die Berechnung einfach, ohne daß das Grundsätzliche der Erscheinung verfälscht wird. Bedeutet P die an das Modell angehängte Last, so tritt in den Einzelfedern eine elastische Gegenkraft K auf, die sich aus dem Parallelogramm der Kräfte berechnet zu:

$$K = \frac{P}{2} \frac{L}{l} = \frac{P}{2} \frac{1}{\cos\varphi} . \tag{19}$$

Andererseits ergibt sich die zwischen den beiden Knickstellen wirkende Querkraft zu:

$$p = 2\, K \frac{a}{L} ,$$

somit

$$p = P \frac{a}{l} = P \, tg\, \varphi . \tag{20}$$

Die jeweilige Geschwindigkeit, mit der die beiden Knickstellen sich nähern, ist der Abnahme des Abstandes a mit der Zeit verhältnisgleich, also:

$$v = - \frac{da}{dt}$$

und

$$p = Rv = - R \frac{da}{dt} ,$$

somit

$$- R \frac{da}{dt} = P \frac{a}{l} .$$

Um die Integration in geschlossener Form durchführen zu können, sei angenommen, daß in erster Annäherung die Veränderung des Quotienten a/l im wesentlichen durch eine Veränderung von a bedingt ist [1], so daß die Länge l bei dieser angenäherten Berechnung der Zeitabhängig-

[1] Eine eingehendere Berechnung der Abhängigkeit der Querverschiebung von Last und Zeit wurde von H. Schlechtweg gegeben. Arch. Eisenhüttenwes. 8 (1934/35) S. 405.

keit des Abstandes a als gleichbleibend angenommen wird. Also

$$\int_{a_0}^{a} \frac{da}{dt} = -\int_{0}^{t} P \frac{dt}{l R}.$$

Zwischen den Grenzen t = 0 und $t = t$ bzw. $a = a_0$ und $a = a$ integriert, ergibt:

$$\ln a - \ln a_0 = -\frac{P}{l R} t,$$

also

$$a = a_0 e^{-\frac{P}{l R} t}. \tag{21}$$

Mit diesem Wert für a ergibt Gl. (18)

$$\varDelta = l_0 \left[\sqrt{1 + \frac{a_0^2}{l_0^2}\left(1 - e^{-\frac{P}{l R} t}\right)} - 1 \right]. \tag{22}$$

Diese Gleichung stellt also den zeitlichen Verlauf der Nachlängung, wenigstens in den wesentlichsten Zügen dar. Sie strebt einem Grenzwert zu, dessen Größe sich ermittelt zu

$$\varDelta_{\max} = l_0 \left[\sqrt{1 + \frac{a_0^2}{l_0^2}} - 1 \right]$$

oder auch $\varDelta_{\max} = \sqrt{l_0^2 + a_0^2} = L_0 - l$.

2. Versuche.

Bei der Ausführung von Nachwirkungsversuchen an dem in Abb. 59 dargestellten Modell zeigte sich, daß bei der behelfsmäßigen Ausführung des Bremszylinders eine unveränderliche Bremswirkung nur schwer zu erzielen ist. Unvermeidliche Eckungen des Kolbens im Zylinder bringen das Nachfließen zum Stillstand, so daß genaue Zeitkurven nicht zu erhalten sind. Es wird daher nur der geometrische Zusammenhang der einzelnen Bestimmungsstücke untersucht, der sich ergibt, wenn man von einem Anfangswert ausgehend, den Abstand der Knickstellen schrittweise verkleinert. In Abhängigkeit von diesem Knickabstand a, bzw. von dem jeweiligen Knickwinkel φ werden die einzelnen Bestimmungsstücke am Modell ausgemessen und in Schaubildern dargestellt (Abb. 61). Hierbei wird von einem anfänglichen Knickwinkel von 45° ausgegangen. Die sich bei 45° zeigenden Werte der einzelnen Bestimmungsstücke werden jeweils zu 1 angenommen.

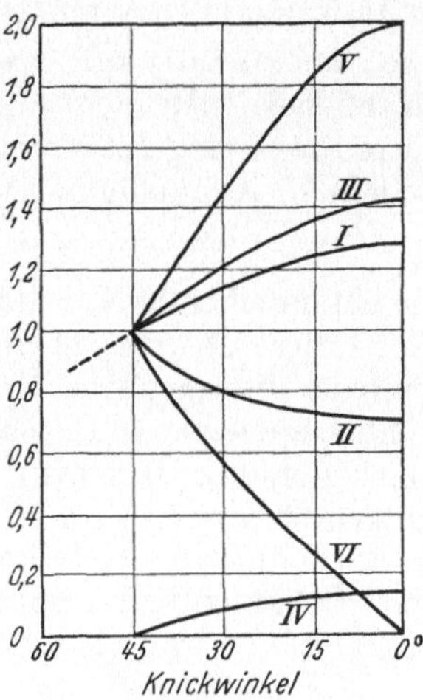

Abb. 61. Nachwirkungserscheinungen.
I = Nachlängung des Modells.
II = Belastungsabnahme der Einzelfedern.
III = Nachlängung bei gleichbleibender Federlänge.
IV = Elastische Nachkürzung des Modells.
V = Federkonstante des Modells.
VI = Querkraft.

In dieser Weise wird zunächst die Kurve I erhalten, die den Zusammenhang der Modellänge, also der Länge AB mit dem jeweiligen Knickwinkel darstellt. Diese Kurve setzt mit dem zu 1 angenommenen Anfangswert ein und erreicht allmählich ansteigend einen Höchstwert, wenn die Federstränge sich parallel gestellt haben.

Man erkennt ferner, daß die Beanspruchung der Einzelfedern, trotz gleichbleibender äußerer Belastung sich im Laufe eines Versuches ändern muß. Die elastische Dehnung der Einzelfedern gibt unmittelbar ein Maß für die in ihnen wirksame Belastung. Diese Dehnung und damit die beanspruchende Kraft nehmen mit kleiner werdendem Knickwinkel ab, um schließlich einem Tiefstwert zuzustreben. Für die Belastung K der Einzelfedern unter einem an das Modell gehängten Gewicht P gilt Gl. (19).

Kurve II zeigt die entsprechende Kurve, die am Modell einzeln ausgemessen wurde. Hierbei ist wiederum von einem Anfangswinkel von 45° ausgegangen worden. Trotz gleichbleibender äußerer Last beträgt die innere Beanspruchung der Einzelfedern gegen Ende des Versuches nur noch etwa 70% des Anfangswertes.

Hieraus folgt sofort eine weitere Eigenschaft. Durch die Abnahme der inneren Federspannung und der hierdurch bedingten Verkürzung der Einzelfedern tritt neben der eigentlichen Verlängerung des Modells infolge allmählicher Parallelstellung der Federn, gleichzeitig eine elastische Nachkürzung auf. Es sei zunächst angenommen, daß die Länge der Einzelfedern sich nicht ändere, daß also an ihrer Stelle im Modell etwa starre Stäbe eingesetzt werden. In diesem Fall ergibt sich die Länge des Modells in Abhängigkeit vom Knickwinkel zu

$$l' = L \cos \varphi .$$

Die entsprechende Kurve ist in Abb. 61 mit III bezeichnet. Der Unterschied dieser Kurve III und der tatsächlich gemessenen Kurve I geben demnach die elastische Nachkürzung des Modells an, die durch die allmählich einsetzende Entlastung der Einzelfedern bei sich verringerndem Knickwinkel bewirkt wird. Diese elastische Nachkürzung ist in Kurve IV für sich herausgezeichnet.

Aber auch die Federkonstante des Modells, also die zur Erzeugung einer Längung von 1 nötige Belastungskraft ist gewissen Änderungen unterworfen. Der „Elastizitätsmodul" des Modells muß sich im Laufe eines Nachwirkungsversuches ändern. Bedeutet c die Federkonstante einer Einzelfeder, so verlängert sich eine solche unter dem an das Modell angehängten Gewicht P um

$$\lambda = \frac{P}{2c} \frac{1}{\cos \varphi} .$$

Die Verlängerung des ganzen Modells beträgt also

$$\Delta = \frac{2\lambda}{\cos \varphi} = \frac{P}{c} \frac{1}{\cos^2 \varphi} . \tag{23}$$

Somit ergibt sich als Federkonstante des Modells

$$C = \frac{P}{\Delta} = c \cos^2 \varphi . \tag{24}$$

Bei einem anfänglichen Knickwinkel von 45° steigt demnach die Federkonstante C des Modells auf das Doppelte des Anfangswertes, wenn die

Federstränge sich parallel gestellt haben. Die Zunahme dieser Federkonstanten ist durch Kurve V dargestellt. Das Modell wird also mit fortschreitender Nachwirkung härter.

Die Querkraft, die die beiden Knickstellen C und D zu nähern versucht, zeigt ebenfalls eine starke Abhängigkeit vom Knickwinkel. Sie nimmt im Laufe des Versuches, also mit kleiner werdendem Knickwinkel immer mehr ab, und zwar gilt für diese Querkraft Gl. (20). Sie ist in Abb. 61 durch die Kurve VI dargestellt.

Die Zeitabhängigkeit der verschiedenen Größen folgt im wesentlichen ebenfalls den Kurven der Abb. 61, mit dem Unterschied, daß die Abszissenachse mit Fortschreiten des Versuches gedehnt werden muß, da die Änderungsgeschwindigkeit des Knickwinkels immer kleiner wird. Theoretisch wird daher der letzte Teil der Kurven erst in unendlich langer Zeit durchlaufen, praktisch kommt der Fließvorgang am Modell zum Stehen, wenn die Querkraft nicht mehr ausreicht, die Reibung in der Flüssigkeitsbremse zu überwinden.

Die Nachlängung des Modells unter der Einwirkung einer gleichbleibenden äußeren Belastung kommt daher aus folgenden drei Gründen allmählich zum Stillstand:

1. Im Laufe des Dauerstandversuches nimmt der Knickwinkel ab. Die Nachlängungsgeschwindigkeit muß daher aus geometrischen Gründen immer langsamer werden, selbst wenn die Fließgeschwindigkeit in der Querrichtung die gleiche bleibt.

2. Mit abnehmendem Knickwinkel nimmt aber auch die Querkraft selbst, und damit auch die Geschwindigkeit der Querverschiebung ab, so daß auch aus diesem Grunde die äußere Nachlängung immer langsamer zunehmen muß.

3. Gleichzeitig mit der Verringerung des Knickabstandes geht eine Entlastung der Federelemente einher, trotz gleichbleibender, äußerer Belastung. Als Folge hiervon tritt eine elastische Nachkürzung der Federn und damit des ganzen Modells ein. Das Modell verringert also im Laufe des Dauerstandversuchs seine anfängliche, elastische Dehnung, wodurch eine Verringerung der Fließgeschwindigkeit vorgetäuscht wird. Oder mit anderen Worten, durch das Hereindrehen der Federn in die Belastungsrichtung wird die Federkonstante des Modells, also der „E-Modul" größer, das Modell „verfestigt" sich also.

Diese Ableitungen gelten zunächst nur für rein elastische Beanspruchung der Federn. Wird dagegen die äußere Belastung so hoch gewählt, daß die Einzelfedern überbeansprucht werden und ihrerseits eine bildsame Dehnung zeigen, so sind zwei Fälle zu unterscheiden. Entweder hört diese bildsame Dehnung im Laufe des Dauerstandversuchs infolge der Entlastung der Federn allmählich auf, oder aber die Belastung ist so groß, daß sich trotz dieser Entlastung der Fließvorgang auch nach Parallelstellung der Federn fortsetzt.

Wird das Modell entlastet, so zeigt sich eine bleibende Dehnung. Um die allmähliche Abnahme dieser Dehnung nach der Entlastung bis auf einen schließlich endgültig bleibenden Dehnungsrest nachzuahmen, können die bereits erwähnten Federn, dienen, die in den Knickstellen

C und D angebracht werden. Diese Federn versuchen den Knickwinkel wieder zu vergrößern, bis schließlich diese Nachkürzung des Modells aufhört.

Man erkennt also, daß das Modell in großen Zügen die Eigenschaften der Nachwirkung wiedergeben kann. Die hierbei gewonnenen Vorstellungen über den Mechanismus der Nachwirkung werden bei der Deutung mancher statischer und dynamischer Eigenschaften der Werkstoffe sehr nützlich sein.

III. Einfluß der Versuchsdurchführung.

Bei der Berechnung der Nachwirkung wurde angenommen, daß die Länge L_0 der Einzelfedern gleichbleibt, daß also das Nachfließen ausschließlich durch eine Veränderung des Knickabstandes a hervorgerufen wird. Der Belastungsversuch am Modell zeigt, daß die Nachkürzung desselben infolge allmählicher Entlastung der Federn beim Hereindrehen in die Belastungsrichtung einen merklichen Betrag ausmacht. Diese Erscheinung wirkt sich bei praktischen Versuchen in verschiedenartiger Weise aus, worüber kurz berichtet werde.

Wird auf das Modell etwa eine periodische Kraft vom Scheitelwert P zur Einwirkung gebracht, so entspricht dieser äußeren Kraft eine bestimmte, dynamische Beanspruchung der Einzelfedern.

Nimmt im Laufe des Versuches der Knickwinkel ab, so erfährt die Schwingungsbeanspruchung der Federn trotz gleichbleibender äußerer Wechselkraft eine entsprechende Verminderung. Der Scheitelwert der äußeren Kraft kann also im Laufe eines Versuchs gehoben werden, ohne daß mit dieser Erhöhung eine entsprechende Zunahme der anfänglichen Federbelastung verbunden ist. Das Modell hat sich also gegenüber der dynamischen Belastung verfestigt, es ist „trainiert“ worden. In dem Beispiel der Abb. 61 kann infolge dieser Trainierung die äußere Kraft um etwa 30% gesteigert werden.

Gleichzeitig mit dieser Trainierung muß sich eine Nachwirkung zeigen, die elastische Verformung allein geht jedoch infolge der Verfestigung des Modells auf kleinere Werte zurück.

Ein wesentlich hiervon verschiedenes Verhalten zeigt das Modell, wenn nicht die Belastung, sondern die Verformung gleichgehalten wird. Zunächst sei der statische Fall untersucht, wobei also dem Modell eine bestimmte gleichbleibende Verformung aufgezwungen wird. Nimmt nun der Knickwinkel im Laufe der Zeit ab, so versucht sich das Modell zu längen. Da jedoch dieses starr eingespannt ist, so muß sich diese bleibende Längung in die elastische Dehnung hinein ausbilden, d. h. also die bleibende Dehnung tritt an Stelle einer gleich großen elastischen Dehnung. Die anfängliche Gesamtdehnung erscheint nunmehr aufgeteilt in einen elastischen und in einen bildsamen Anteil. Dies ist also der Fall der Relaxation. Infolge der Verringerung des Knickwinkels erfolgt aber gleichzeitig eine Verfestigung, d. h. zur Aufrechterhaltung einer bestimmten Verformung ist die nötige, elastische Kraft größer geworden. Die Veränderung der Spannung des einer bestimmten gleichbleibenden Verformung unterworfenen Modells ist also durch zwei Einflüsse bedingt.

Durch die Nachwirkung, die sich bei ruhender Belastung allmählich ausbildet, geht in entsprechendem Ausmaß die Belastung zurück, es genügt also eine kleinere Kraft, um die anfängliche Verformung aufrechtzuerhalten. Andererseits ist hiermit eine Verfestigung des Modells verbunden, woraus eine Zunahme der Kraft sich ergibt. Die der jeweiligen restlichen, elastischen Verformung entsprechende Gegenkraft wird also im Laufe der Zeit größer.

Wird das Modell nun zwangsläufig periodisch verformt, etwa mit Hilfe eines Kurbeltriebes, so tritt auch hierbei eine Verkleinerung des Knickwinkels auf. Durch die auftretende Relaxation wird zunächst die periodische Last entsprechend kleiner. Sorgt man jedoch dafür, daß die auftretende bleibende Dehnung sich ausgleichen kann, so ist bei gleichbleibendem Hub der Verfestigungseinfluß vorwiegend, die zur Erzeugung eines bestimmten Hubes nötige Kraft nimmt also zu.

IV. Einmalige Belastung.

Wird an dem Modell ein Zugversuch mit allmählich ansteigender Belastung, ähnlich den üblichen Zerreißversuchen, ausgeführt, so treten mehrere Erscheinungen auf, die sich zu einem Gesamtvorgang zusammensetzen. Im Interesse einer scharfen Auseinanderhaltung der verschiedenen Einflüsse, sei auch hier auf die wichtigsten Einzelerscheinungen eingegangen.

Von Wichtigkeit ist zunächst die Betrachtung der Belastungs-Dehnungs-Schaubilder unter der Annahme, daß durch den Zugversuch keine Veränderung des Knickabstandes eintritt. Die Querreibung sei also so groß, daß ihre Überwindung durch die auftretenden Querkräfte nicht gelingt. Trotzdem wird der Knickwinkel mit wachsender Dehnung der Einzelfedern eine Änderung erfahren, da das Verhältnis a/L sich ändert. Es sei von einem anfänglichen Knickwinkel von 45° ausgegangen und es sei, um dies besonders zu betonen, eine unveränderliche Federkonstante der Einzelfedern angenommen, die also innerhalb der aufgebrachten Belastung sich rein elastisch verhalten sollen. Trotz dieser unveränderlichen Federkonstanten der Einzelfedern kann die außen meßbare Schaulinie nicht geradlinig ansteigen, denn infolge der Streckung der Einzelfedern und der damit verbundenen Verringerung des Knickwinkels nimmt die Gesamtfederkonstante des Modells zu.

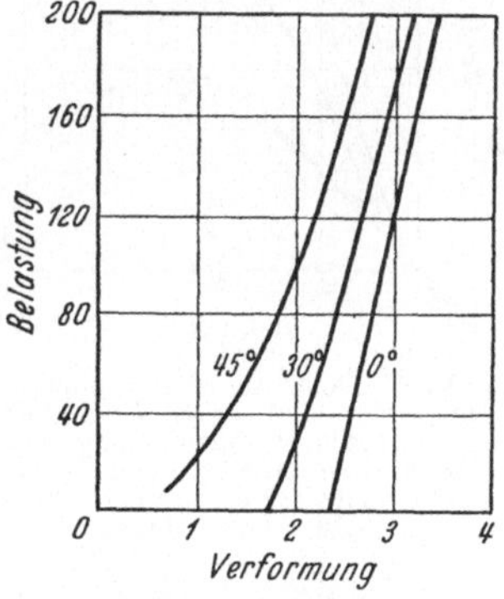

Abb. 62. Belastungs-Verformungs-Schaubilder für Anfangswerte des Knickwinkels von 45°, 30° und 0°.

Die versuchsmäßige Aufnahme einer Belastungs-Dehnungslinie für einen anfänglichen Knickwinkel von 45° zeigt Abb. 62. Die Belastung nimmt hiernach besonders im Anfang des Versuchs schneller zu wie die Dehnung. Mit weiter gesteigerter Dehnung wird die Krümmung immer kleiner. Bei einem zweiten Versuch wird ein anfänglicher Knickwinkel von 30° eingestellt. Es ist auch hier eine, wenn auch geringe Krümmung vorhanden. Bei einem dritten Versuch wird nun der Knickwinkel zu 0° eingestellt, die beiden Federstränge stehen also schon bei Beginn des Versuchs parallel. Es ergibt sich hierbei ein vollkommen geradliniger Verlauf und man erkennt, daß die Neigung der Kurven für 45° und 30° sich der Neigung dieser Geraden allmählich anschmiegen.

Wird nun in den drei Fällen die Belastung wieder verringert, so wird rückwärts genau die gleiche Kurve durchlaufen. Auf- und absteigender Ast decken sich vollständig. Es entsteht also keine Hysteresisschleife, trotzdem das Belastungsbild nicht geradlinig verläuft.

Es ergibt sich demnach, daß trotz der Annahme eines rein elastischen Verhaltens der Einzelfedern, das Schaubild nur für den speziellen Fall des Knickwinkels 0° geradlinig verläuft, im übrigen jedoch eine schnellere Zunahme der Belastung zeigt. Diese Erscheinung ist um so kräftiger ausgeprägt, je geringer die Federkonstante der Einzelfedern ist. Derartige Kurven werden sehr deutlich an Stoffen wie Leder oder Gummi beobachtet. Auch an Metallen scheint sich trotz der hohen Elastizitätskonstanten diese Erscheinung wenigstens andeutungsweise zu zeigen. Deutlicher wird der Effekt, wenn die wahren Zerreißkurven unter Berücksichtigung des jeweiligen Querschnitts aufgetragen werden.

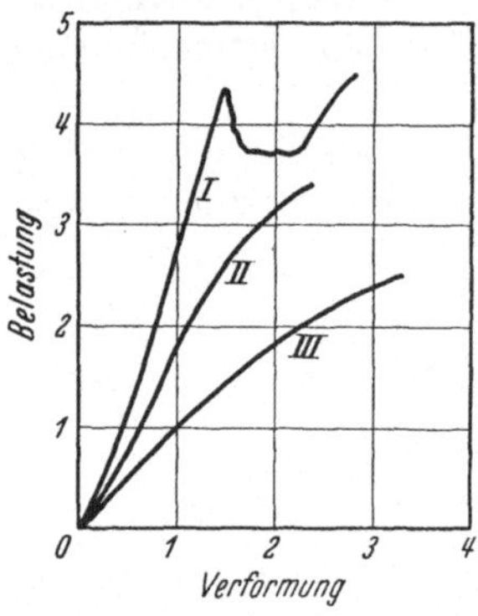

Abb. 63. Belastungs-Verformungs-Schaubilder des Modells. *I* bei plötzlich einsetzender Querverschiebung; *II* bei allmählich einsetzender Querverschiebung; *III* bei stark einsetzender Querverschiebung.

Nimmt man nun an, daß die Querreibung nach Überschreiten eines bestimmten Werts der Querkraft überwunden wird, so erhält man am Modell Kurven gemäß Abbildung 63. Zunächst steigt die Belastung ungefähr geradlinig an, wobei eine mehr oder weniger stark ausgeprägte, zur Abszissenachse konvexe Krümmung sich zeigt. Wenn nun die äußere Belastung einen kritischen Wert überschreitet, so tritt eine plötzliche Rutschung in der Querrichtung ein, unter gleichzeitiger Hereindrehung der Einzelfedern in die Belastungsrichtung, womit eine plötzliche Längung des Modells verbunden ist. Durch die Versuchsanordnung bedingt, ist diese Längung mit einer plötzlichen Abnahme der Belastung verknüpft. Man erhält also Kurven, die ungefähr mit den Schaubildern von Werkstoffen mit ausgeprägter oberer und unterer Streckgrenze übereinstimmen, (Kurve I).

Je nach der Größe der Querverschiebung lassen sich modellmäßig verschiedene Kurven erzielen. Die Kurve II zeigt einen Versuch, bei dem die Querverschiebung ganz langsam und allmählich einsetzt. In diesem Fall überwiegt zunächst noch die Zunahme der Belastungsänderung mit wachsender Belastung, die Kurve ist also zuerst konvex zur Abszissenachse. Allmählich macht sich aber die Querverschiebung deutlicher bemerkbar, so daß schließlich eine Rechtsneigung der Kurve auftritt. Bei Kurve III dagegen wurden schon von sehr geringen Belastungen an verhältnismäßig große Querverschiebungen zugelassen, so daß die Belastung stets langsamer zunimmt als die Verformung.

Es können also modellmäßig Kurven nachgeahmt werden, die ungefähr den in der Prüftechnik bekannten ähnlich sehen.

V. Wiederholte Belastungen.

Bei der ersten Belastung werde die Kurve I, Abb. 64, erhalten. Die Kurve zeigt infolge starker Querverschieblichkeit eine hohe bildsame Verformung schon von sehr geringen Belastungen an. Bei der Entlastung bleibt eine verhältnismäßig große, bleibende Dehnung zurück. Wird nun gemäß Kurve II erneut belastet, so ist schon beim ersten Kreislauf ein großer Teil der Querverschiebung beseitigt, die neue Kurve wird also erst von höheren Belastungen an eine stärkere bildsame Verformung zeigen. Bei der anschließenden Entlastung bleibt eine geringere bleibende Dehnung zurück. Ein dritter Belastungszyklus zeigt eine noch weitergehende Schrumpfung der Hysteresisschleife, bis schließlich in Kurve IV auf- und absteigender Art annähernd geradlinig verlaufen und zusammenfallen. Gleichzeitig hiermit geht eine Aufrichtung der Kurven vor sich, da mit der Verringerung des Knickwinkels eine Erhöhung der Federkonstanten verbunden ist. Der Elastizitätsmodul wird also von Kurve zu Kurve größer.

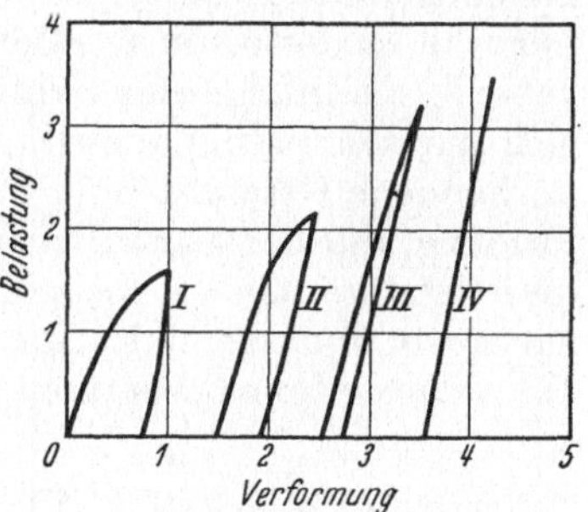

Abb. 64. Belastungs-Verformungs-Schaubilder bei wiederholter Beanspruchung.

Diese modellmäßig gewonnenen Kurven lassen demnach mehrere in der Werkstoffprüftechnik bekannte Effekte erkennen. So ergibt sich ohne weiteres die Nachahmung des Bauschingereffekts, der bekanntlich in einer Erhöhung der Elastizitätsgrenze durch eine vorausgehende Beanspruchung derselben Richtung besteht. Ebenso ist der Abb. 64 eine Abnahme der Hysteresisschleifen und damit eine Abnahme der Dämpfung zu entnehmen. Des weiteren kann in Übereinstimmung mit der Erfahrung eine Vergrößerung des Elastizitätsmoduls durch Vorbelastungen abgeleitet werden[1].

Während am Modell diese Erscheinungen durch entsprechende Einstellung der Querreibung schon in wenigen Belastungszyklen erzwungen werden können, braucht ein Werkstoff im allgemeinen zum Durchlaufen der in Abb. 64 dargestellten Stadien eine Vorbelastung von wesentlich mehr Zyklen. Kupfer z. B. zeigt nach wenigen Belastungen eine beträchtliche Abnahme der Dämpfung, der Endwert wird jedoch erst nach mehreren Hunderttausend Wechseln erreicht. Bei Stahl sind im allgemeinen mehrere Millionen Lastwechsel nötig, während bei Leichtmetallen an-

[1] Nach Beobachtungen von E. H. Schulz und H. Buchholz: Züricher Kongreß (1931) S. 278, werden die Lastkurven von Aluminium und Kupfer durch Wechsellast aufgerichtet. — Aus zahlreichen anderen Untersuchungen, die sich mit der Veränderung des Elastizitätsmoduls beschäftigen sei die Arbeit von W. Kuntze: Z. Metallkde 20 (1928) S. 145 genannt.

scheinend eine noch wesentlich höhere Belastungszahl zur Erreichung eines Endzustandes nötig ist. Hiermit dürfte auch die unterschiedliche Zahl der Lastwechsel zusammenhängen, die bei den verschiedenen Werkstoffen zur Entscheidung über einen Dauerbruch aufgebracht werden muß. Aus Abb. 64 ist ferner zu folgern, daß die durch Übereinkommen festgelegten kritischen Belastungsgrenzen, wie Streckgrenze, Elastizitätsgrenze, Proportionalitätsgrenze, am jungfräulichen Werkstoff durch eine Vorbelastung Veränderungen unterworfen sind. Eine bessere Kennzeichnung muß sich jedoch durch Aufnahme von Zerreißkurven an sehr lange vorbelasteten Werkstoffen ergeben.

Das Modell erfüllt auch alle Anforderungen, die bereits in Abschnitt B, III bei der Beschreibung des Einflusses der Belastungsgeschwindigkeit aufgestellt wurden. Wenn das Modell schnell belastet wird, so tritt keineswegs eine zusätzliche Reibungskraft in dem Sinne auf, daß die zur Verformung nötige Gesamtkraft sich aus der elastischen Kraft und einer Reibungskraft zusammensetzt. Im Gegenteil, je schneller die Belastung erfolgt, bis zu desto höheren Belastungen ist die elastische Verformung maßgebend, da infolge des schnellen Kraftanstieges die Querverschiebung sich nur sehr wenig auswirken kann. Die unter einer bestimmten Last vorhandene Gesamtdehnung setzt sich demnach aus der elastischen Verformung und der zusätzlichen bildsamen Verformung zusammen, wobei diese letztere mit wachsender Belastungsgeschwindigkeit immer weniger zur Ausbildung kommt. Dies entspricht aber genau den in Abschnitt B, III aufgestellten Forderungen.

VI. Die Dämpfung.

1. Berechnung.

Wird das Modell durch eine periodische Kraft dynamisch belastet, so tritt in den Widerständen ein bestimmter Arbeitsverlust auf. Bei jedem Zyklus wird daher ein bestimmter Teil der zur Verformung aufgebrachten Energie verbraucht.

Zunächst seien die Verluste im Querwiderstand berechnet. Durch die periodischen Verformungen der Strecke AB bedingt, treten gleichzeitig auch periodische Änderungen des Abstandes CD auf, deren Größe als klein im Vergleich zum jeweiligen Knickabstand a angenommen sei. Die Querkraft p berechnet sich aus Gl. (20). Die Geschwindigkeit der Querverformung ist somit

$$v = \frac{p}{R} = \frac{P}{R} \operatorname{tg} \varphi \,. \tag{25}$$

In diesen Gleichungen bedeuten nunmehr v, p, P jeweils die Höchstwerte periodischer Vorgänge mit der Frequenz ω. Wird der entsprechende Höchstwert der schwingenden Querverformung mit s bezeichnet, dann gilt bekanntlich

$$s = \frac{v}{\omega}$$

wobei s gegenüber v um 90° phasenverschoben ist. Nach Einsetzen der

Werte ergibt sich

$$s = \frac{P}{R\,\omega}\,tg\,\varphi\,. \tag{26}$$

Man erkennt, daß diese Querschwingung mit der Amplitude s die einleitend aufgestellte Phasenbedingung erfüllt. Erzeugende Kraft und Geschwindigkeit dieser Querschwingungen sind in Phase, zwischen Kraft und Verformung besteht also eine Phasenverschiebung von 90°. Zwischen der auf das Modell außen aufgebrachten dynamischen Kraft und der durch die Querschwingungen bedingten periodischen Längenänderungen des Abstandes AB besteht also die gleiche Phasenverschiebung von 90°. Die Gesamtschwingung des Modells ist demnach um einen bestimmten Winkel gegen die erregende Kraft phasenverschoben.

Die je volle Querschwingung verbrauchte Arbeit berechnet sich zu

$$Q = \pi\,p\,s\sin\delta\,, \tag{27}$$

wobei δ die Phasenverschiebung zwischen Kraft und Ausschlag ist. Diese Phasenverschiebung ist hier 90°, so daß durch Einsetzen der Werte für p und s erhalten wird

$$Q = \pi\,\frac{P^2}{R\,\omega}\,tg^2\,\varphi\,. \tag{28}$$

Als Dämpfungsmaß wird im Schrifttum häufig nicht die verbrauchte Arbeit, sondern das logarithmische Dekrement der Dämpfung angegeben. Dieses Dekrement errechnet sich bekanntlich als halber Quotient aus der je volle Schwingung verbrauchten Arbeit zur elastisch aufgespeicherten Energie. Diese wattlose Energie ist

$$E = \tfrac{1}{2}\,C\,A^2\,,$$

worin A die Schwingungsamplitude des Modells und C die Federkonstante desselben bedeutet. Unter gewissen Vorbehalten kann gesetzt werden

$$P = C\,A\,,$$

so daß sich das logarithmische Dekrement der Querdämpfung ergibt zu

$$\vartheta = \pi\,\frac{C}{R\,\omega}\,tg^2\,\varphi\,. \tag{29}$$

Da aber die Federkonstante sich gemäß Gl. (24) ebenfalls ändert, wird nach Einsetzen dieses Wertes erhalten

$$\vartheta = \pi\,\frac{c}{R\omega}\sin^2\varphi\,, \tag{30}$$

wo c die Federkonstante einer Einzelfeder bedeutet.

Die Querdämpfung erweist sich also von verschiedenen Einflüssen abhängig. Zunächst nimmt sie mit kleiner werdendem Knickwinkel sehr stark ab. Sie ist außerdem umgekehrt verhältnisgleich mit der Frequenz ω. Je größer andererseits der Widerstand R ist, desto kleiner ist die Dämpfung, da ja in diesem Fall die periodischen Längenänderungen immer kleiner werden.

Neben dieser Querdämpfung muß noch eine zweite Dämpfungsursache angenommen werden, die den Längsschwingungen der Einzelfedern zuzuordnen[1] ist. Diese zweite Dämpfung kann im Modell etwa durch Reibungswiderstände verwirklicht werden, die in die vier Federstränge eingeschaltet werden. Die Wirkung dieser vier Einzelwiderstände läßt sich auch durch einen einzigen Gesamtwiderstand R darstellen, der zwischen den Punkten A und B des Modells angenommen wird, wobei sich ergibt

$$\vartheta_l = \pi \frac{R_l}{c} \omega . \tag{31}$$

2. Vergleich mit Versuchsergebnissen.

Die aus Gl. (30) folgende Verringerung der Dämpfung infolge Verkleinerung des Knickwinkels im Laufe eines statischen oder dynamischen Dauerversuches, wie sie aus dem Modell zu folgern ist, wurde mehrfach beobachtet. So fand F. Streintz[2] eine Abnahme des Dekrements eines Drehschwingungen ausführenden Drahtes bei längerer Versuchsdauer. P. M. Schmidt[3] zeigte, daß das Dekrement auch kleiner wird, wenn die Belastung, ohne zu schwingen, längere Zeit an einem Draht hängt. Spätere Versuche haben Streintz[4] überzeugt, daß in der Tat schon bloße Belastung ausreicht, um das logarithmische Dekrement abnehmen zu lassen. In neuerer Zeit brachten vielfache Dämpfungsmessungen eine weitere Klärung. So zeigen die Versuche von A. Esau, Voigt und H. Kortum[5], daß durch Dauerschwingung eine Anpassung an einen durch die Amplitude der Dauerschwingungen bestimmten Dämpfungszustand erfolgt.

Die Gl. (30) zeigt, daß ein von der Querdämpfung herrührender Bestandteil der Gesamtdämpfung mit wachsender Frequenz abnehmen muß. Die Längsdämpfung steigt mit der Frequenz an. Je nach dem Überwiegen der einen oder anderen Dämpfungsursache kann also ein Abfall, ein Gleichbleiben oder auch ein Ansteigen der Gesamtdämpfung mit wachsender Frequenz durch das Modell erklärt werden. Versuchsergebnisse liegen darüber noch nicht in ausreichendem Maße vor; erst die Mittel der neuzeitlichen Meßtechnik werden eine endgültige Erklärung ermöglichen. Immerhin scheinen die bisherigen Versuche sowohl einen Abfall als auch ein Gleichbleiben der Dämpfung mit wachsender Frequenz ergeben zu haben. So fand J. Klemencic[6], daß die Dämpfung von Glasstäben mit wachsender Frequenz kleiner wird. Weitere Versuche wurden von Eden, Rose und Cunnigham sowie von Hopkinson und Trevor, Mason und Popplewell angestellt; sie schließen auf eine Abnahme der

---

[1] Schon Voigt hat zwei Dämpfungsursachen angenommen, die er der inneren Reibung und der elastischen Nachwirkung zuschreibt. Ann. Phys. 47 (1892) S. 692. Vgl. ferner W. Späth, Z. Ang. Math. u. Mech. 7 (1927) S. 360.

[2] Streintz, F.: Pogg. Ann. 153 (1874) S. 387.

[3] Schmidt, P. M.: Wiedemanns Ann. (1877) S. 241.

[4] Streintz, F.: Wien. Ber. 80 (1879) S. 397.

[5] Esau, A., Voigt u. H. Kortum: Techn. Mech. Thermodyn. 1 (1930) S. 297; ferner Hempel: Forschg. Ing.-Wesen 2 (1931) S. 327 u. 429; R. Götzelt: Forschg. Ing.-Wes. 3 (1932) S. 241.

[6] Schrifttumsnachweis, siehe bei H. Fromm: Nachwirkung und Hysteresis, Hdbch. Phys. u. Techn. Mech. Bd. IV.

Schleifenbreite mit steigender Belastungsfrequenz. Nach den Ausschwingversuchen von Kortum ist die verhältnismäßige Dämpfung von Stahl und Kupfer von der Frequenz zwischen 50 und 100 Hz unabhängig, für Duralumin, Messing und Elektron ergab sich eine Abnahme der Dämpfung mit wachsender Frequenz. E. Becker und O. Föppl[1] fanden bei Verdrehschwingungen an Stahl mit Frequenzen zwischen 0 und 40 Hz keine Abhängigkeit der Arbeitsaufnahme von der Frequenz.

Bei Betrachtungen über die Abhängigkeit der Dämpfung von der Amplitude ist zu beachten, daß die Dämpfung teils durch die je Schwingungs- und Volumeinheit verbrauchte Arbeit, teils durch das logarithmische Dekrement gekennzeichnet wird. Daraus ergeben sich gewisse Unterschiede.

VII. Zusammenwirken von Einzeldämpfungen.

Die Gesamtdämpfung eines Werkstoffes ergibt sich aus der Zusammenwirkung von Querdämpfung und Längsdämpfung. Da beide Teile von der Dauer des Versuches abhängen, ist die einwandfreie Ermittlung ihrer Abhängigkeit von der Verformung nicht leicht. Hinzu kommt, daß Quer- und Längsdämpfung nicht unabhängig voneinander sind; denn die Größe der Querverschiebung übt rückwirkend auch einen Einfluß auf die Längsbewegung aus.

Es kann angenommen werden, daß die Querdämpfung keinen schädigenden Einfluß auf die Festigkeit des Werkstoffs ausübt; im Gegenteil, eine hohe Querdämpfung zeigt an, daß der Werkstoff eine gewisse Sicherheitsreserve besitzt. In der Tat sind Werkstoffe bekannt, die dauernd eine verhältnismäßig große Energie umsetzen, ohne zu Bruch zu gehen. Dagegen muß angenommen werden, daß eine hohe Längsdämpfung ein Anzeichen dafür ist, daß die Längselemente überbeansprucht sind.

Die bisherigen Ausführungen haben gezeigt, daß die Dämpfung von verschiedenen Größen beeinflußt wird, die sich bei der versuchsmäßigen Bestimmung überlagern. Das unterschiedliche Verhalten von Quer- und Längsdämpfung im Zusammenhang mit den inneren Vorgängen während des Versuches läßt von vornherein vermuten, daß derartige Messungen ein sehr mannigfaltiges Bild je nach der Versuchsdurchführung zeigen müssen.

Aus den vorhergehenden Darlegungen ergibt sich vor allen Dingen, daß die versuchsmäßig bestimmte Dämpfung sehr stark davon abhängt, ob der Dauerversuch mit gleichbleibender Verformung oder gleichbleibender Belastung durchgeführt wird.

1. Bei gleichbleibender Verformung.

Für den Schwingungsversuch mit gleichbleibender Verformung sei zunächst ein Werkstoff angenommen, der einen unveränderlichen Wert des Querwiderstandes aufweist. Es wird sich also im Laufe des Dauerversuches, entsprechend der Abnahme des Knickwinkels φ eine Abnahme der Querdämpfung ergeben, etwa gemäß der Kurve I

[1] Becker, E. und O. Föppl: Forsch.-Arb. Ing.-Wes. Nr. 304 (1928).

in Abb. 65. Der Anfangswert der Dämpfung sei mit 1 bezeichnet, so daß also die Ordinate in entsprechender Weise einzuteilen ist. Aus Gl. (29) ist ferner bekannt, daß der Abfall der Querdämpfung mit $tg\,^2\varphi$ erfolgt. Nimmt man nun zur Durchführung eines Rechnungsbeispiels an, daß der

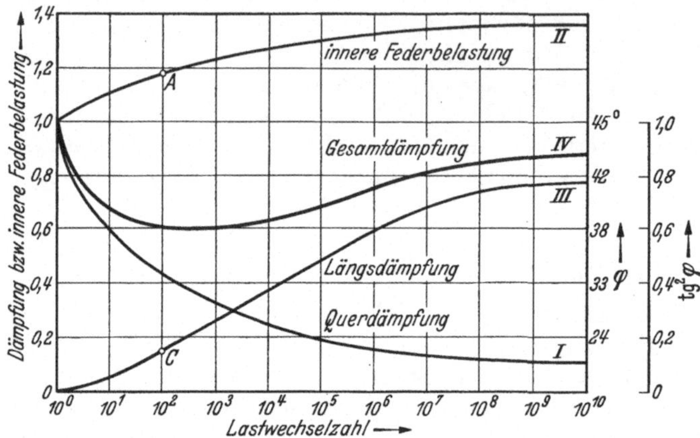

Abb. 65. Zeitlicher Verlauf der Dämpfungsanteile bei gleichbleibender Verformung.

bei Beginn des Dauerversuchs vorhandene Knickwinkel 45° beträgt, so ist bei Beginn $tg\,^2\varphi = 1$. Man kann daher die Ordinate auch nach $tg\,^2\varphi$ einteilen. Aus $tg\,^2\varphi$ kann unmittelbar auch der jeweilige Winkel selbst entnommen werden, wie auf der Ordinatenachse in Abb. 65 angezeichnet.

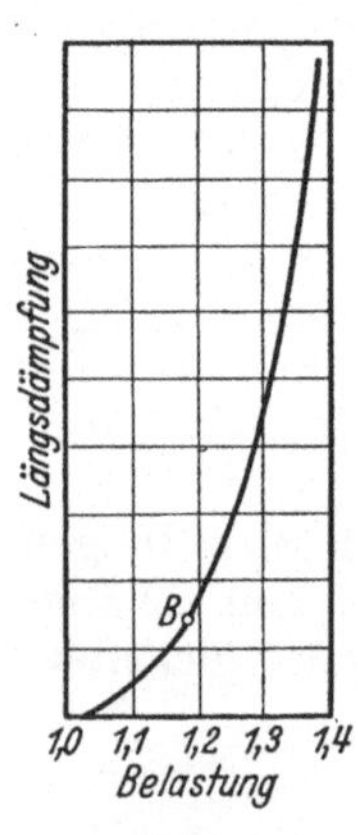

Abb. 66. Zunahme der Längsdämpfung mit der Belastung.

Vom Längswiderstand ist bekannt, daß er bei Überschreiten einer gewissen Belastungsgrenze sehr stark ansteigt. In Abb. 66 ist die entsprechende Dämpfung in Abhängigkeit von der Belastung aufgetragen. Für kleine Belastungsstufen sei diese Dämpfung verschwindend gering, von einer kritischen Belastungsstufe an dagegen wächst sie sehr stark an. Aus Gl. (23) ist bekannt, daß die innere Belastung in Abhängigkeit von dem Knickwinkel bei unveränderter äußerer Verformung ansteigt. Da nun zu jeder Zeit die Größe des Knickwinkels zu ermitteln ist, kann die jeweilige innere Belastung in Abhängigkeit von der Zeit aufgetragen werden, Abb. 65, Kurve II. Je nachdem, wie hoch die äußere Verformung gewählt wird, muß sich ein verschiedener Einfluß der Längsdämpfung ergeben. Entspricht die aufgebrachte Belastung dem Wert 1 gemäß Abb. 66, so ist im Anfang des Dauerversuchs gerade noch kein Einfluß der Längsdämpfung vorhanden. Nach einiger Zeit ist die innere Belastung trotz gleichbleibender äußerer Verformung gestiegen, etwa nach 10^2 Belastungswechseln auf 1,18 (Punkt A der Kurve II in Abb. 65). Entsprechend steigt nun auch die Längsdämpfung, deren Wert aus der

Hilfsfigur dadurch gefunden wird, daß die Dämpfung für die Belastung 1,18 (Punkt B in Abb. 66) entnommen wird. Die Ordinate von B wird nun in Abb. 65 bei 10^2 Wechseln aufgetragen (Punkt C, Kurve III). Im weiteren Verlauf des Versuchs nimmt der Knickwinkel immer mehr ab, die innere Beanspruchung steigt entsprechend an, und zu jedem Wert der inneren Belastung läßt sich aus Abb. 66 die jeweilige Längsdämpfung entnehmen. In dieser Weise wurde Kurve III Punkt für Punkt erhalten.

Die Gesamtdämpfung wird erhalten, indem Querdämpfung und Längsdämpfung zusammengezählt werden. Man gelangt so zu der Kurve IV. Es ergibt sich also unter den angenommenen Bedingungen zunächst ein Abfall der Gesamtdämpfung, bis ein Tiefstwert erreicht ist; hierauf steigt die Kurve wieder an. Man erkennt aber auch, daß der Verlauf der Gesamtdämpfung von der Höhe der eingestellten Verformung abhängt. Für sehr niedrige Verformungen wird trotz innerer Belastungssteigerung die kritische Grenze der Längsdämpfung noch nicht erreicht, so daß in diesem Fall ein stetes Absinken der Gesamtdämpfung sich ergeben muß, die schließlich einen Grenzwert erreicht, wenn die Nachwirkungserscheinungen aufgehört haben. Wenn nun die Verformung höher gewählt wird, so wird schließlich die kritische Grenze erreicht, und es zeigt sich allmählich ein leichtes Ansteigen. Dieses Ansteigen der Gesamtdämpfung erfolgt um so früher, je größer die äußere Verformung ist. Das Tal rückt also immer mehr nach kleineren Lastwechselzahlen. Allmählich füllt es sich bei weiter gesteigerter Verformung immer mehr aus, bis schließlich die Dämpfung im Laufe des Versuchs nur noch eine Zunahme zeigt. Die entsprechenden Kurvenscharen können ohne weiteres gezeichnet werden. In Abb. 67 sind die wichtigsten Kurven, die in ähnlicher Weise wie diejenige der Abb. 65 ermittelt wurden, wiedergegeben.

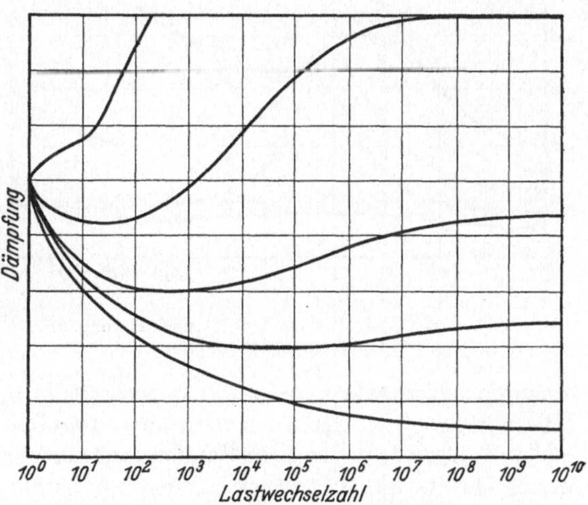

Abb. 67. Zeitlicher Verlauf der Gesamtdämpfung bei verschiedener Verformung.

Eine andere Gruppe von Werkstoffen, die eine starke Abhängigkeit des Querwiderstandes von der Höhe der Belastung zeigen, müssen ein wesentlich anderes Bild des Dämpfungsverlaufs zeigen. Wenn die Querkraft einen bestimmten Betrag überschreitet, so müssen sich starke Erhöhungen der Querdämpfung zeigen, die sich aber bald wieder ausgleichen. Der weitere Verlauf kann sehr verschieden sein, da auch hier eine Erhöhung der Federbelastungen im Laufe des Versuches eintritt. Ist die anfänglich eingestellte Verformung verhältnismäßig klein, so nimmt die

Gesamtdämpfung immer mehr ab und strebt schließlich wieder einem Grenzwert zu. Genügt jedoch die eingestellte Verformung, um im Laufe des Versuches eine starke Überlastung der Federn zu erzeugen, so muß die Gesamtdämpfung wieder ansteigen. Ist die Verformung sehr groß, so daß sehr bald eine hohe Längsdämpfung auftritt, so steigt die Kurve der Gesamtdämpfung im Laufe der Zeit zunächst stark an, hierauf wird der Anstieg flacher und geht schließlich wieder in einen kräftigen Anstieg über.

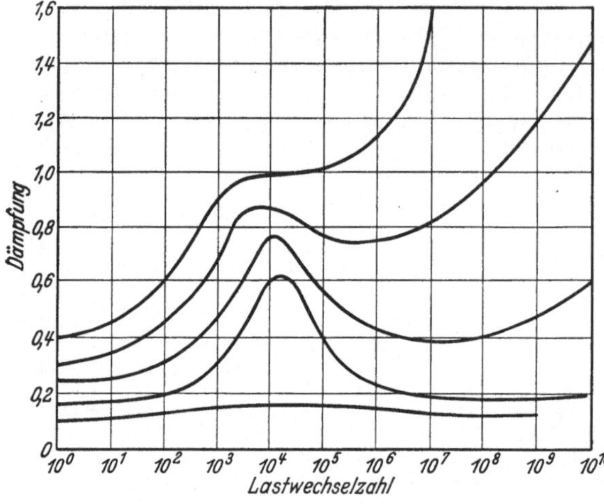

Abb. 68. Zeitlicher Verlauf der Gesamtdämpfung bei verzögerter Querdämpfung.

Da das Eintreten der Querdämpfung eine bestimmte Querkraft voraussetzt, so kann unter Umständen bei kleinen Verformungen die Querdämpfung nicht ausgelöst werden. In diesem Fall ist aber auch keine entscheidende Zunahme der Längsdämpfung zu erwarten. Die Kurve der Gesamtdämpfung wird daher in diesem Fall im wesentlichen ungefähr waagerecht verlaufen, vielleicht auch eine flache Kuppe zeigen, die durch einzelne sehr starke Knickstellen bedingt ist, in denen die Querkraft zur Überwindung des Querwiderstandes ausreicht. Bemerkenswert hierbei ist, daß schon für eine verhältnismäßig geringe Erniedrigung der Verformung bereits ein sehr starkes Zusammensinken der Kuppe zu erwarten ist. In Abb. 68 sind einige Kurven schematisch gezeichnet, wie sie sich aus diesen Überlegungen ergeben.

2. Bei gleichbleibender Belastung.

Wird der Dauerversuch nicht mit unveränderter Verformung, sondern unveränderlicher Belastung durchgeführt, so fällt ein entscheidender Einfluß auf die Dämpfung fort. Die Beanspruchung der Federn wird in diesem Fall gegen Ende des Dauerversuchs nicht größer, sondern im Gegenteil kleiner. Es ist daher hier gegen Ende des Dauerversuchs im allgemeinen keine Erhöhung der Längsdämpfung zu erwarten. Die Querdämpfung dagegen wird ungefähr dasselbe Bild zeigen wie bei der gleichbleibenden Verformung.

Auch hier seien zwei Gruppen von Werkstoffen unterschieden. Die erste Gruppe sei ausgezeichnet durch eine geringe Abhängigkeit der Querreibung von der Belastung. Der Kurvenverlauf ist dann je nach der Höhe der eingestellten Belastung verschieden. Wird eine hohe Belastung aufgebracht, so kann im Anfang eine verhältnismäßig große Längsdämpfung angenommen werden. Im Laufe des Versuches nimmt jedoch infolge der Spannungserniedrigung diese Längsdämpfung ab. Ebenso nimmt auch die Querdämpfung ab. Es zeigt sich daher im wesentlichen im Dauerversuch eine Abnahme der Gesamtdämpfung, die zunächst stärker, dann immer langsamer sich auswirkt. Ist jedoch eine kleinere Belastung vorgesehen, so kann die Längsdämpfung vernachlässigt werden, und die sich zeigende Gesamtdämpfung muß, entsprechend der Abnahme der Querdämpfung, einen flacheren Abstieg zeigen.

Bei Werkstoffen dagegen, bei denen eine Verzögerung in der Querverschiebung anzunehmen ist, muß sich ein Verlauf zeigen, der im ersten Teil des Versuches demjenigen bei unveränderter Verformung ungefähr entspricht, da ja die Querdämpfung vorwiegend unabhängig von der Versuchsdurchführung ist. Die Gesamtdämpfung steigt daher hier zunächst sehr stark an, falls die Querkraft den Querwiderstand zu überwinden vermag. Mit stärkerer Vergleichmäßigung nimmt die Dämpfung wieder ab, sie steigt aber jetzt nicht mehr an, da nun keine Erhöhung der Belastung, sondern im Gegenteil eine Entlastung der Federn eintritt, so daß ein erneutes Auftreten der Längsdämpfung nicht möglich ist. Wird die Belastung dagegen so hoch gewählt, daß bei Beginn des Versuches auch eine nennenswerte Längsdämpfung vorhanden ist, so tritt gleichzeitig mit der Erhöhung der Querdämpfung eine sehr starke Erniedrigung der Längsdämpfung ein. Je nach dem Überwiegen der einen oder anderen kann daher in diesem Fall sich zunächst ein Abfall, dann ein Anstieg und schließlich ein endgültiger Abfall ergeben. Bei einer sehr geringen Belastung dagegen muß die Kuppe der Querdämpfungszunahme verschwinden.

3. Vergleich mit Versuchsergebnissen.

Vergleicht man Abb. 67 und 68 mit den Ergebnissen neuerer Dauerversuche, so ist immerhin eine gewisse Übereinstimmung des grundsätzlichen Verlaufs festzustellen. Es sei z. B. auf die Versuche von Esau und Kortum[1] hingewiesen, die bei Verdrehausschwingversuchen, also bei Versuchen mit gleichbleibender Verformung die Abhängigkeit der Gesamtdämpfung von der aufgebrachten Lastwechselzahl untersuchen. Leider genügen die bisherigen Messungen noch nicht, um einen vollständigen Überblick zu erhalten, da eine Schar solcher Kurven mit jeweils erhöhter Verformung nötig ist. Auch sind eingehende Untersuchungen an den verschiedenen Werkstoffen nötig, um auf diese Weise die jeweils vorliegenden besonderen Verhältnisse zu ermitteln.

Von besonderem Interesse sind ferner die Untersuchungen von Ludwik und Scheu[2]. Ein Vergleich der von ihnen erhaltenen Kurven mit den aus dem Modell abgeleiteten Folgerungen zeigt ebenfalls in den wichtigsten Punkten Übereinstimmung. Besonders sei auf die Abb. 6 der genannten Arbeit verwiesen, in der für eine Belastung von 13 kg/mm^2 nur noch eine schwach angedeutete Kuppe erhalten wird (Abb. 69), während die nur wenig erhöhte Belastung von 13,5 kg/mm^2 eine sehr hohe Kuppe erzeugt. Die aufgebrachte Belastung von 13 kg/mm^2 genügt also

[1] Esau, A. und H. Kortum: Z. DVI Bd. 77 (1933) S. 1133.
[2] Ludwik, P. und R. Scheu: Z. VDI Bd. 76 (1932) S. 683.

nach den entwickelten Anschauungen nicht mehr, den Querwiderstand zu überwinden. Besonders zu erwähnen sind die Bemerkungen von Ludwik und Scheu über Elektron, dessen Dämpfung zwischen 10^4 und 10^5 Schwingungen bei gleichbleibendem Ausschlag nur um 10% abfiel, während bei gleichgehaltener Belastung ein Abfall von 90% auftrat. Dieses Verhalten läßt sich aus den bisherigen Darlegungen ohne weiteres verständlich machen. Bei gleichbleibender Verformung tritt eine innere Belastungserhöhung ein, womit ein Anstieg der Längsdämpfung verbunden ist. Eine Abnahme der Querdämpfung wird also im wesentlichen durch einen Anstieg der Längsdämpfung ausgeglichen. Bei gleichbleibender äußerer Belastung dagegen nimmt die Belastung der Federn und damit auch die Längsdämpfung ab, die Abnahme der Querdämpfung wird daher in diesem Fall eher noch verstärkt. Die weitere Beobachtung von Ludwik und Scheu, wonach bei nichtrostendem Chrom-Nickel-Stahl die Dämpfung bei allmählicher Erhöhung der Last sehr klein bleibt, daß aber beim sofortigen Aufbringen der Last sogleich eine hohe Dämpfung zeigt, ist ebenfalls ohne weiteres verständlich. Wird die äußere Last erst allmählich auf den endgültigen Wert gesteigert, so hat der Werkstoff Zeit, die Knickstellen abzubauen, so daß keine Überbeanspruchung der Federn auftritt; die Längsdämpfung bleibt daher klein. Wird dagegen die gleiche Belastung sofort aufgebracht, so entspricht diese einer überhöhten Beanspruchung, es entsteht eine hohe Längsdämpfung, was zu einer hohen Gesamtdämpfung führt.

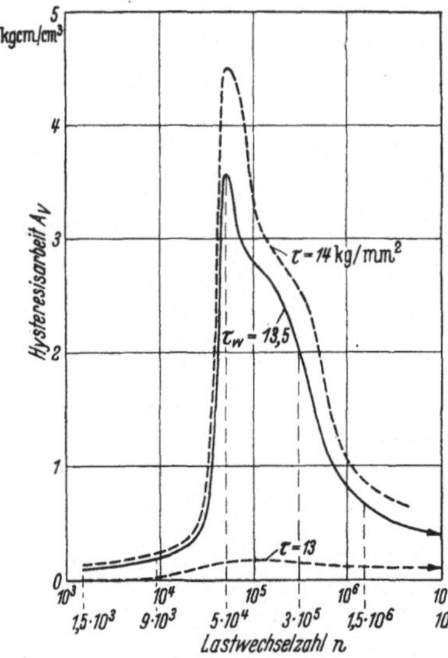

Abb. 69. Zeitlicher Verlauf der Dämpfung (Ludwik u. Scheu).

VIII. Verfestigung.

Eine ebenso bemerkenswerte wie schwer erklärbare Erscheinung ist die Verfestigung. Viele Versuche zur Klärung dieser Vorgänge wurden unternommen[1]. Das Modell eröffnet auch hier einen Weg zur zwanglosen Deutung der verschiedenen Eigenschaften, wobei wiederum zwischen zwei Gruppen von Werkstoffen unterschieden werden muß.

Die erste Gruppe bilden Werkstoffe mit ausgeprägter Streckgrenze. Nimmt man an, daß im Modell die Querkraft bei geringer äußerer Belastung nicht ausreicht, den Querwiderstand zu überwinden, so treten bei Beginn der Belastung keine Querverschiebungen auf. Erreicht die äußere Belastung und damit die Querkraft eine kritische Höhe, so wird sprunghaft eine Querverschiebung ausgelöst. Hierdurch ist eine ent-

[1] Fränkel, H. W.: Die Verfestigung der Metalle durch mechanische Beanspruchung. Berlin: Julius Springer 1920.

sprechende Längung des Abstandes AB gegeben, die je nach den Eigenschaften der Prüfeinrichtung einen Abfall der belastenden Kraft bewirkt.

Diese Querverschiebungen brauchen aber keine Schädigung des Werkstoffes zu bedeuten, da die ihr entsprechende Querdämpfung im Dauerversuch ertragen oder aber allmählich abgebaut wird. Die Auslösung dieser Querverschiebungen führt einen gleichmäßigen Kraftverlauf herbei, verbunden mit einer entsprechenden Entlastung der Federelemente. Bei weiterer Dehnung wächst die Spannung wieder an, sie bleibt jedoch zunächst kleiner als vor der Querverschiebung, da die spannungserhöhende Wirkung der Knickstellen ausgeglichen ist.

Viele Werkstoffe zeigen mit wachsender Belastung eine allmählich vom geradlinigen Verlauf abweichende Verformung, ohne daß auf den heutigen Maschinen eine ausgesprochene Streckgrenze auftritt. Auch Werkstoffe mit ausgeprägter Streckgrenze nähern sich diesem Verhalten, wenn durch die Versuchsbedingungen keine gleichförmige Belastung gewährleistet ist, oder auch wenn durch Erhöhung der Temperatur ein Ausgleich erleichtert wird. Schon verhältnismäßig kleine Querkräfte können daher den Querwiderstand überwinden. Wird also die Belastung gesteigert, so erfolgen schon von geringen Belastungen an Querverschiebungen, die ein überproportionales Ansteigen der Längenänderung bedingen. Geht nun die Belastung auf Null zurück, so zeigt sich eine „plastische Dehnung". Bei einer erneuten Belastung erfolgt die Abweichung vom geradlinigen Verlauf erst bei entsprechend höheren Werten, und zwar aus zwei Gründen. Da beim ersten Versuch schon eine gewisse Vergleichmäßigung herbeigeführt wurde, treten zusätzliche Dehnungen infolge Querverschiebungen nicht mehr im ursprünglichen Ausmaße ein. Ein weiterer Grund ist darin zu suchen, daß beim zweiten Versuch einer äußeren Belastung eine geringere innere Beanspruchung entspricht. Kennzeichnet man daher einen Werkstoff in der üblichen Weise durch Angabe von kritischen Spannungswerten, bei denen bleibende Dehnungen von bestimmter Größe vorhanden sind, so kann durch die Vorbelastung eine Erhöhung dieser vereinbarten Belastungsgrenzen um ein Vielfaches eintreten. Diese Erhöhung der Festigkeitswerte bedeutet jedoch nicht eine Verfestigung im eigentlichen Sinn. Die zur Erzeugung einer bestimmten bleibenden Dehnung nötige Kraft wird durch eine Vorbeanspruchung also nicht deshalb größer, weil der Widerstand auf Gleitflächen vergrößert wird, oder die Gleitungen „blockiert" werden, sondern weil durch die Vorbelastung eine günstigere Spannungsverteilung im Innern des Werkstoffs hervorgerufen wird. In der Tat findet keineswegs eine Erhöhung der ausschlaggebenden Dauerfestigkeit im Ausmaß der Erhöhung der willkürlich gewählten statischen Festigkeitswerte statt, wohl aber eine solche im Ausmaß des Abbaus der Spannungsspitzen durch inneren Spannungsausgleich.

IX. Zusammenfassung.

Auf diese Modellbetrachtungen wurde etwas näher eingegangen, weil auch ziemlich verwickelt erscheinende Werkstoffeigenschaften aus verhältnismäßig einfachen Annahmen heraus abgeleitet werden können.

Natürlich handelt es sich hierbei nur um erste Versuche, den grundsätzlichen Zusammenhängen nachzuspüren. Immerhin hat sich das Modell insofern als nicht ganz nutzlos erwiesen, als es an Hand dieser Modellbetrachtungen gelang, zunächst sehr verschiedenartig anmutende Einzelerscheinungen in einen größeren Zusammenhang zu bringen, wobei immerhin eine verhältnismäßig enge Übereinstimmung mit dem durch Versuche gefundenen Verlauf der verschiedenen Werkstoffeigenschaften bestätigt wird.

Diese Betrachtungen abschließend, sei eine Zusammenstellung der verschiedenen an Werkstoffen zu beobachtenden Eigenschaften gegeben, die ohne weiteres an Hand des Modells verständlich gemacht werden können.

I. Statische Belastungsversuche.

a) Kurven die konkav, geradlinig oder konvex zur Abszissenachse verlaufen (Eisen, Stahl, Kupfer, Leichtmetalle, Gummi, Leder).
b) Kurven mit ausgeprägter oberer und unterer Streckgrenze.

II. Einfluß der Vorbelastung.

a) Vergrößerung des Elastizitätsmoduls.
b) Erhöhung der Elastizitätsgrenze (Bauschingereffekt).
c) Abnahme der plastischen Dehnung.
d) Verfestigung.

III. Dauerstandversuche.

a) Beobachtung der Nachlängung im Laufe der Zeit.
b) Vergrößerung des E-Moduls.
c) Elastische Nachkürzung.
d) Abnahme der Dämpfung.
e) Abtragung der unteren Streckgrenze.

IV. Entlastung.

a) Entfestigung nach der Entlastung.
b) Erniedrigung des E-Moduls.
c) Erniedrigung der E-Grenze.
d) Zunahme der Dämpfung.
e) Verlauf der Zusammenziehung nach Entlastung.

V. Dauerwechselversuche.

a) Verhältnisse bei konstanter Belastung.
b) Verhältnisse bei konstanter Verformung.
c) Erhöhung der E-Grenze durch Dauerbelastung.
d) Erhöhung des E-Moduls durch Dauerbelastung.
e) Nachwirkung durch den Dauerversuch.
f) Veränderung der inneren Dämpfung.
g) Veränderung der Hysteresisschleifen im Dauerversuch.
h) Nachweis der Hochtrainierung.
i) Beobachtung der Veränderung der inneren Belastung.
k) Rückschlüsse auf die Durchführung von Dauerversuchen.
l) Zusammenhang zwischen statischen und dynamischen Messungen.

I. Dämpfung und Festigkeitswerte der Werkstoffe.

I. Allgemeines.

Über die Bedeutung der Dämpfung als Werkstoffkennwert gehen die Ansichten heute noch weit auseinander. Ganz abgesehen davon, daß eine eindeutige Zuordnung der Dämpfung zur praktischen Bewährung eines Werkstoffes noch nicht klargestellt ist, erhebt man insbesondere den Einwand, daß die Dämpfung keine feststehende Kennzahl ist und sich von vielen Einflüssen abhängig erweist. In dieser Hinsicht macht jedoch die Dämpfung gegenüber manchen anderen Werkstoffkennwerten keine Ausnahme. Ein Vorwurf gegen die Dämpfung ist allerdings berechtigt. Mit den üblichen Kennwerten für die Dämpfung, etwa mit dem logarithmischen Dekrement der Dämpfung, wie es sich z. B. aus Ausschwingversuchen ergibt, oder auch mit der Angabe des inneren Arbeitsverbrauchs, bzw. mit der Angabe des Verhältnisses dieses Arbeitsverbrauchs zur elastischen Energie, kann heute der Konstrukteur nicht viel anfangen, da diese Kennwerte in keinem übersichtlichen Zusammenhang mit den sonstigen Festigkeitswerten zu stehen scheinen.

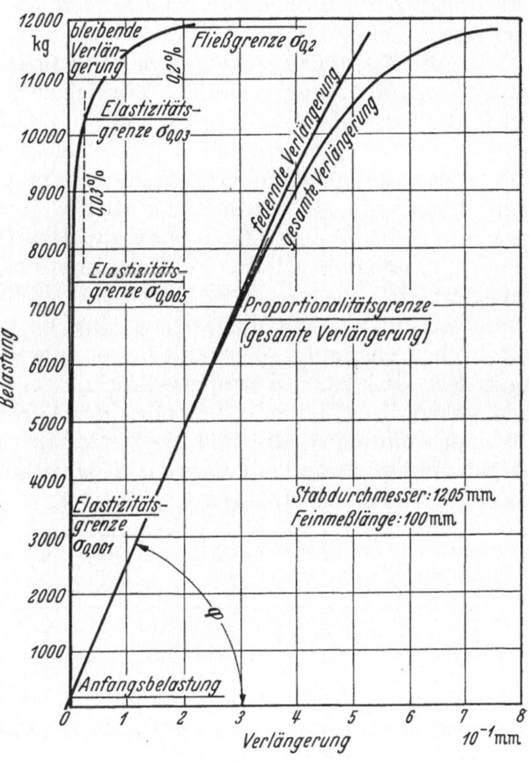

Abb. 70. Belastungs-Verformungs-Schaubild eines Stahlstabes (Goerens und Mailänder).

Wenn man jedoch die im Abschnitt G II angegebene Definition zugrunde legt, so ergibt sich ein völlig anderes Bild. Dort wird gezeigt, daß die Dämpfung durch den Verlustwinkel, d. h. durch das Verhältnis von bildsamer Verformung zur elastischen Verformung sehr einfach festgelegt werden kann. Bei der dort beschriebenen Dämpfungsmeßeinrichtung wird entsprechend jeweils der Verformungsrest beim Kraftdurchgang durch Null gemessen und zur elastischen Verformung in Beziehung gesetzt.

Auch bei der heute üblichen Bestimmung der Festigkeitswerte aus dem statischen Zerreißversuch wird der bleibende Verformungsrest nach der Entlastung gemessen; er wird jedoch nicht zur elastischen Dehnung, sondern zur Prüflänge L in Beziehung gesetzt. Für diese elastische Dehnung eines Prüfstückes mit dem Elastizitätsmodul E ergibt sich unter der Spannung P der Wert

$$e = \frac{P}{q}\frac{L}{E} = \sigma \frac{L}{E}\,.$$

Wird die bei dieser Spannung sich zeigende bleibende Dehnung p genannt, dann läßt sich ähnlich wie beim Dämpfungsversuch auch beim statischen Versuch ein entsprechendes Verhältnis

$$\frac{p}{e} = tg\,\delta$$

entnehmen. Wir kommen also zu dem Ergebnis, daß der Verlustwinkel als Maß der Dämpfung für jede Belastung grundsätzlich auch aus dem statischen Zerreiß-Schaubild zu ermitteln ist. Dies sei an einem Beispiel gezeigt.

In Abb. 70 ist das Zerreiß-Schaubild eines Stahlstabes mit einer Meßlänge von 100 mm dargestellt[1]. Die sich zeigende gesamte Verlängerung ist in die federnde Verlängerung und in die bleibende Verlängerung aufgeteilt, und in Abhängigkeit von der Belastung aufgetragen.

In der untenstehenden Tabelle sind nun die verschiedenen Festigkeitswerte, wie sie heute die statische Werkstoffprüfung zur Kennzeichnung der Werkstoffe aus einem derartigen Feinmeßversuch entnimmt, zusammengestellt. Für diese kritischen Spannungswerte sind die zugehörigen bildsamen und elastischen Dehnungen bestimmt worden. Ermittelt man nunmehr jeweils das Verhältnis der bildsamen zur elastischen Dehnung, so erhält man ohne weiteres den Verlustwinkel als tg δ. Für die kleinen Werte, etwa für die verschiedenen Elastizitätsgrenzen, geben diese Zahlen unmittelbar den Verlustwinkel im Bogenmaß an. In einer weiteren Spalte sind die Winkel in Winkelgraden ausgerechnet. Durch Multiplikation mit π wird das logarithmische Dekrement erhalten, das in der nächsten Spalte angegeben ist.

	Belastung kg	Beanspruchung kg/mm²	Verlustwinkel tg δ	Verlustwinkel Grad	log Dekr. $\vartheta = \pi\,\mathrm{tg}\,\delta$	Nr.
Elastizitätsgrenze:						
0,001%	3 400	30	0,0073	0,42	0,023	1
0,005	7 400	65	0,016	0,91	0,05	2
0,03	10 200	89	0,066	3,75	0,21	3
Dehngrenze 0,2% . .	11 800	104	0,36	20,5	1,14	4
Proport.-Grenze . . .	6 700	59	0,013	0,71	0,039	5

In der Abb. 71 ist der Gesamtverlauf des Verlustwinkels in Abhängigkeit von der Spannung aufgetragen, wie er sich aus Abb. 70 ergibt. Die linke Ordinate gibt tg δ an, während die rechte Ordinate in Einheiten des logarithmischen Dekrements eingeteilt ist. Diese aus einer statischen Feinmessung gewonnene Kurve entspricht also einer Dämpfungskurve, wie sie üblicherweise bei dynamischen Versuchen aufgenommen wird. Sie zeigt das von dynamischen Messungen her bekannte Bild. Nach einem zunächst sehr langsamen Anstieg nimmt die Dämpfung nach Überschreitung einer bestimmten Spannung wesentlich schneller zu. In diese Dämpfungskurve sind ferner die aus dem statischen Feinmeßversuch entnommenen, verschiedenen Festigkeitswerte eingetragen und durch die Punkte 1 bis 5 bezeichnet. Damit ist also aus einem statischen Feinmeß-

[1] Entnommen aus Wien-Harms: Handbuch der Experimentalphysik. (Goerens-Mailänder) Bd. V S. 220. Leipzig 1930, Akad. Verlagsges.

versuch der Verlauf der Dämpfung in Abhängigkeit von der Spannung ermittelt worden.

Umgekehrt kann aus einer Dämpfungskurve das zugehörige Belastungs-Verformungs-Schaubild gezeichnet werden, gleichgültig auf welche Weise die Dämpfung gemessen wurde. Es sei z. B. angenommen, daß die Kurve der Dämpfung gemäß Abbildung 71 etwa aus einem Ausschwingversuch gewonnen worden sei. Ist A die jeweilige Schwingungsamplitude, dann ist die bleibende Dehnung p in Abhängigkeit vom Dekrement ϑ:

$$p = \frac{\vartheta}{\pi} A. \tag{32}$$

Man kann also aus der auf beliebige Weise ermittelten Dämpfung ohne weiteres die bleibende Verformung angeben. Diese so berechnete, bleibende Verformung hat man für die jeweiligen Belastungen lediglich den elastischen Verformungen **hinzuzuzählen**, um das eigentliche Belastungs-Verformungs-Schaubild zu erhalten.

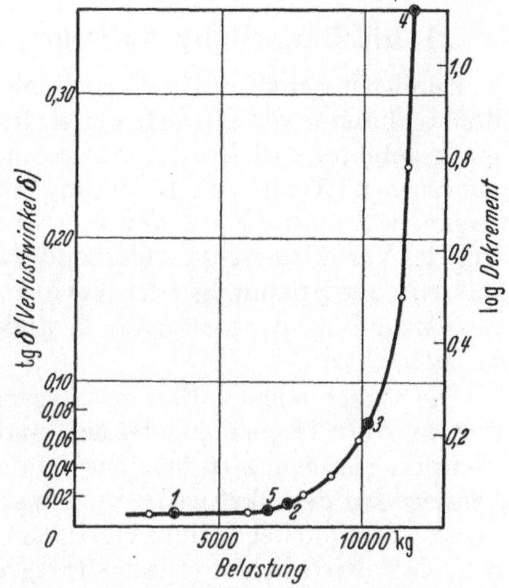

Abb. 71. Entnahme von Dämpfungswerten aus der statischen Zerreißkurve nach Abb. 70.

Damit ist ein enger Zusammenhang zwischen der klassischen, statischen Belastungsprobe und der neuen, dynamischen Forschungsrichtung der Werkstoffprüfung geknüpft; die heute übliche Feinmessung des statischen Belastungsversuchs ist in enge Verbindung mit der Dämpfungsmessung des dynamischen Versuchs gebracht. Die Erfahrungen und Fortschritte des einen Gebiets können nun unmittelbar auch auf das andere Gebiet übertragen werden, woraus sich eine sehr fruchtbare Wechselbeziehung ergibt. Damit ist aber der erste Schritt getan, die Scheidewand zwischen der statischen und dynamischen Forschungsrichtung abzutragen. Im folgenden werden einige Überlegungen ausgewählt, die sich unmittelbar aus dieser Wechselbeziehung ergeben.

Der enge Zusammenhang zwischen dynamischen Dämpfungsmessungen und statischen Feinmeßversuchen geht auch daraus hervor, daß grundsätzlich mit ein und derselben Meßeinrichtung beide Versuche durchzuführen sind. So ist die im Abschnitt G II beschriebene Phasenmeßeinrichtung im Stande, auch bleibende Verformungen im statischen Versuch anzuzeigen. Man stellt zu diesem Zweck z. B. an der Dauerprüfmaschine nach Abb. 51 einen großen Exzenterhub ein, und dreht nun von Hand die Schwungscheibe, bis die jeweils gewünschte Verformung bzw. Belastung aufgebracht ist. Beim Zurückdrehen der Schwungscheibe ist sofort die bleibende Verformung abzulesen. Man kann also etwa das Verhalten eines Werkstoffes in Abhängigkeit von der allmählich gesteigerten Belastung, oder von der Dauer der Belastung, ebenso die Beeinflussung durch eine Vorbelastung ermitteln. Es würde hier zu weit führen, auf Einzelheiten einzugehen, die späteren Arbeiten vorbehalten bleiben mögen. Es sei nur erwähnt, daß die Möglichkeit, statische Feinmessungen bequem und schnell durchzuführen, die laufende Prüfung wichtiger Einzelteile erwägenswert erscheinen läßt.

II. Die Darstellung statischer und dynamischer Messungen.

Zunächst seien einige Vergleiche gezogen über die Darstellung der Meßergebnisse, wie sie sich bei statischen und dynamischen Messungen herausgebildet hat. Bei der statischen Messung werden üblicherweise die gemessenen Werte von Belastung und Verformung unmittelbar aufgetragen, während die dynamische Dämpfungsmessung auf eine Darstellung des Verhältnisses von bleibender zu elastischer Dehnung in Abhängigkeit von der Spannung oder Verformung hinausläuft. Es ist nun interessant, die Lage der statischen Festigkeitswerte auf der Dämpfungskurve zu beobachten.

Die verschiedenen Elastizitätsgrenzen, die durch die drei Punkte 1, 2, 3 in Abb. 71 gekennzeichnet sind, liegen ziemlich wahllos auf der Dämpfungskurve verteilt. Die 0,001%-Grenze liegt weit unterhalb des Anstiegs auf dem fast waagerecht verlaufenden Kurventeil. Die 0,03%-Grenze dagegen liegt schon merklich im kräftigen Anstieg. Daraus ergibt sich, daß diese beiden Elastizitätsgrenzen in ganz verschiedenen Belastungsbereichen liegen, die durch einschneidende Vorgänge im Werkstoff getrennt sind. Die 0,005%-Grenze dagegen liegt annähernd im beginnenden Anstieg.

Während die Proportionalitätsgrenze in der statischen Feinmessung Abb. 70 kaum deutlich in Erscheinung tritt, fällt in Abb. 71 (Punkt 5) diese Grenzbelastung mit aller wünschenswerten Deutlichkeit in die Augen. Sie liegt gerade im beginnenden kräftigen Anstieg der Dämpfungskurve.

Ganz außerhalb jeder übersichtlichen Beziehung zur Dämpfungskurve liegt dagegen die Streckgrenze (Punkt 4). Das Dämpfungsdekrement erreicht hier den hohen Wert von mehr als 1, die Streckgrenze liegt weit oben im ansteigenden Ast.

Es muß besonders darauf hingewiesen werden, daß die Lage der verschiedenen Festigkeitswerte auf der Dämpfungskurve sehr starken Veränderungen unterworfen sein kann. Je nach dem untersuchten Werkstoff müssen sich ganz verschiedene Verteilungen ergeben. Nimmt man z. B. den Fall an, daß ein Werkstoff neben der elastischen Verformung eine gleichmäßig mit der Belastung ansteigende bleibende Verformung zeigt, und zwar bis zur verhältnismäßig hohen Belastungswerten, so steigt das statische Belastungsschaubild zunächst geradlinig an. In diesem Bereich liegen die verschiedenen E-Grenzen und selbst die Streckgrenze. Trägt man die entsprechende Dämpfungskurve auf, so liegen die genannten statischen Festigkeitswerte sämtlich auf dem waagerechten Ast, und damit unterhalb der Proportionalitätsgrenze, die natürlich auch in diesem Fall in der Knickstelle der Dämpfungskurve liegt.

Hätte man von vornherein auch beim statischen Versuch das Verhältnis von bleibender zu elastischer Dehnung aufgetragen, so hätte man aus dem statischen Versuch mit aller Deutlichkeit die grundlegenden Änderungen im Werkstoff in der sich deutlich ausprägenden Knickzone erkannt.

Die Behauptung ist vielleicht nicht ganz abwegig, daß die statische Festigkeitsprüfung bei der Festlegung kritischer Spannungswerte ganz andere Wege gegangen wäre, wenn die Ergebnisse der statischen Feinmessung nicht in der üblichen Form nach Abb. 70, sondern in der Form der Abb. 71 von vornherein aufgetragen worden wären.

III. Dynamisch ermittelte, statische Festigkeitswerte.

Bisher hat man die statischen Festigkeitswerte, also diejenigen kritischen Belastungen, bei denen die bleibende Verformung einen gewissen Bruchteil der Prüflänge ausmacht, ausschließlich im statischen Feinmeßversuch ermittelt. Man kann nun aber ohne weiteres auch umgekehrt diese statischen Festigkeitswerte auf dynamischem Weg bestimmen. Diese kritischen Werte werden im dynamischen Versuch dort gefunden, wo die Dämpfung einen vorgeschriebenen Betrag annimmt, oder aber wo der Verformungsrest jeweils beim Durchgang der schwingenden Last durch Null bestimmte Bruchteile der Prüflänge annimmt. Auf diese Weise läßt sich also etwa eine ,,dynamische Elastizitätsgrenze'', eine ,,dynamische Proportionalitätsgrenze'' oder auch eine ,,dynamische Streckgrenze'' ermitteln. Zur Auffindung dieser Werte steigert man die Belastung eines Probestücks in einer Dauerprüfmaschine mit entsprechender Meßvorrichtung so lange, bis der abgelesene Verformungsrest bzw. die Dämpfung einen bestimmten Betrag erreicht.

Soll z. B. die ,,dynamische Streckgrenze'' ermittelt werden, so wird die Wechsellast so lange gesteigert, bis der bildsame Dehnungsrest 0,2% der Prüflänge beträgt. Mit der oben beschriebenen Dämpfungsmeßeinrichtung ist diese Aufgabe ohne weiteres zu lösen. Aus Abb. 70 läßt sich entnehmen, daß das Verhältnis von bleibender zu elastischer Dehnung bei Erreichen der Streckgrenze 0,36 beträgt. Die Hysteresisschleife ist also sehr breit und die je Schwingung verbrauchte Arbeit nimmt einen sehr hohen Betrag an. Bei einer 50maligen Wiederholung des Belastungsvorgangs je Sekunde reicht die verbrauchte, innere Energie erfahrungsgemäß aus, um den Probestab bis zur Rotglut zu erhitzen.

Bei der Festlegung der statischen Streckgrenze als 0,2%-Grenze waren Gründe der bequemen Messung bildsamer Verformungen von merklicher Größe maßgebend. Wenn man aber bedenkt, daß eine bis zur Streckgrenze periodisch belastete, technische Konstruktion, vorausgesetzt natürlich, daß sich die Höhe der Streckgrenze durch die Belastung selbst nicht ändert, bis zur Rotglut erhitzt würde, so kann ohne Widerspruch gefolgert werden, daß die Streckgrenze zur Beurteilung eines Werkstoffes vom dynamischen Standpunkt aus nicht geeignet erscheint.

Allgemein muß festgestellt werden, daß die willkürliche Festlegung von statischen Festigkeitswerten bei bildsamen Verformungsresten bestimmter, durch Übereinkommen festgesetzter Größe vom dynamischen

Standpunkt aus unbefriedigend ist. Würden im dynamischen Versuch in entsprechender Weise, wahllos auf der Dämpfungskurve verteilt, kritische Belastungswerte dort angenommen werden, wo die Dämpfung willkürlich gewählte Werte annimmt, und darauf läuft die Festlegung der statischen Kennwerte hinaus, so würden gegen eine solche Festlegung mit Recht erhebliche Bedenken geltend gemacht werden.

IV. Vergleich der Empfindlichkeit.

Wie steht es nun mit der Empfindlichkeit dynamischer Dämpfungsmessungen im Vergleich zu statischen Feinmessungen. Bei einem 100 mm langen Prüfstab muß zur Bestimmung der 0,001 %-Grenze eine bleibende Verformung von 0,001 mm noch mit Sicherheit ermittelt werden. Damit dürfte die äußerste Grenze der Empfindlichkeit von Spiegelmessungen erreicht sein, ganz abgesehen davon, daß im täglichen Prüfbetrieb derart genaue Messungen schwer durchzuführen sind. Die dieser E-Grenze entsprechende Dämpfung ergibt sich für den Stahlstab nach der Tabelle S. 128, als Dämpfungsdekrement gemessen, zu 0,023. Dies ist aber immerhin ein beträchtlicher Wert, wenn man überlegt, daß z. B. mit Ausschwingverfahren Dämpfungswerte, die um eine Zehnerpotenz niedriger sind, noch gemessen werden können. Bei den Resonanzkurvenverfahren werden sogar Dämpfungswerte von der Größenordnung 10^{-4} angegeben, die demnach 100mal kleiner sind, als der eben genannte Dämpfungswert für die E-Grenze. Wenn auch die Störanfälligkeit, insbesondere die Schwierigkeit der Ausmerzung zusätzlicher Dämpfungen bei der Messung derart kleiner Werte immer größer wird, so ergibt sich doch eine beträchtliche Verfeinerung der Elastizitätsmessungen durch Ermittlung der Dämpfung.

Wenn z. B. in einem Ausschwingversuch ein Dämpfungsdekrement von 0,001 bei einer bestimmten Schwingungsamplitude ermittelt wird, so errechnet sich die bleibende Dehnung nach Gl. (32) zu 0,033%. Beträgt die periodische Verformung des Prüfstücks 0,1 mm, so ergibt sich unter den angenommenen Bedingungen eine bleibende Dehnung von $3{,}3 \cdot 10^{-5}$ mm. Wird der Belastungszyklus in der üblichen Weise aufgetragen, wobei jedoch die Schwingungsamplitude von 0,1 mm durch eine Strecke von 3,3 m dargestellt werde, dann beträgt in diesem Schaubild die bleibende Verformung 1 mm. Um diesen geringen Betrag weitet sich also die sehr lange Schleife gegenüber der geraden Linie auf, und diese kleine Aufweitung wird durch Dämpfungsmessungen noch erfaßt. Es wäre hoffnungslos, mit statischen Feinmessungen derart geringen Abweichungen vom rein elastischen Verhalten nachgehen zu wollen. Die Dämpfungsmessung zeigt also auch hier ihre große Überlegenheit. Sie wird Gebiete erschließen, die den bisherigen statischen Feinmessungen völlig unzugänglich blieben.

V. Werkstoffe mit verschiedenen Festigkeitswerten.

In Abb. 72a sind die Belastungs-Verformungs-Schaubilder zweier Werkstoffe mit gleichem Elastizitätsmodul, jedoch mit verschieden hohen Festigkeitswerten aufgetragen. Der eine Werkstoff erreicht schon bei der Belastung P_1 den angenommenen Verformungsrest p, während der zweite Werkstoff den gleichen Verformungsrest p erst bei einer höheren Spannung P_2 erreicht. In beiden Fällen ist also der Verformungsrest gleich groß, die jeweilige elastische Verformung ist jedoch für den Werkstoff mit dem höheren Festigkeitswert entsprechend höher.

In Abb. 72b sind nun die zugehörigen Dämpfungskurven als Verhältnis der bleibenden zur elastischen Dehnung aufgetragen. Der Werkstoff mit der höheren Festigkeit zeigt demnach an der kritischen Spannung eine geringere Dämpfung als der schlechtere Werkstoff.

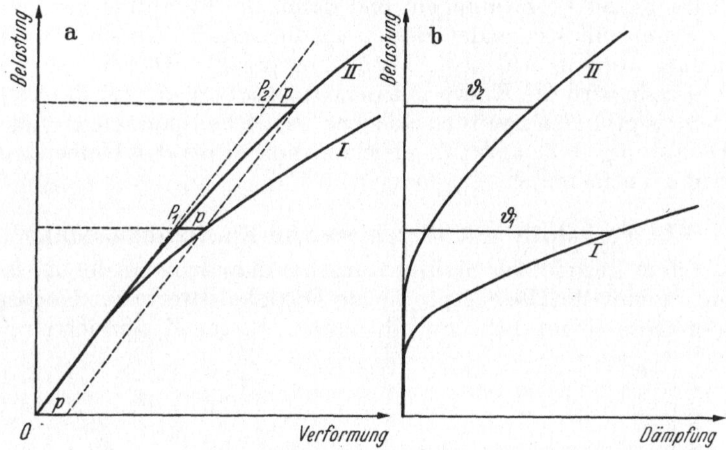

Abb. 72. Belastungs-Verformungs-Schaubilder (*a*) und Dämpfung (*b*) von Werkstoffen verschiedener Festigkeitswerte.

Die einem bestimmten, statischen Festigkeitswert zugehörige Dämpfung ist also um so kleiner, je höher der Festigkeitswert liegt. Werkstoffe mit hohen statischen Kennwerten besitzen daher an den verschiedenen kritischen Spannungswerten geringere Dämpfungen als solche mit niedrigen Festigkeitswerten, eine Feststellung, die durch Messungen vielfach bestätigt ist[1]. Dieser Zusammenhang zwischen Dämpfung und statischen Kennwerten läßt sich demnach zwanglos aus der Begriffsbestimmung dieser Größen ableiten.

Wenn man kritische Festigkeitswerte dort annehmen will, wo eine bleibende Verformung bestimmter Größe auftritt, so wäre es sinngemäßer, ein bestimmtes Verhältnis dieser bildsamen Verformung zur elastischen Verformung, also im Grunde genommen eine bestimmte Dämpfung anzunehmen. Auch von Siebel[2] wurde kürzlich ausgeführt, daß vom Standpunkt des Konstrukteurs es am richtigsten sein würde, die bleibenden Dehnungen auf die federnden Dehnungen zu beziehen, und diejenige Spannung als Streckgrenze zu bestimmen, bei der die bleiben-

[1] Vgl. Voigt, E. und K. H. Christensen: Mitt. KWI. 14 (1932) S. 151.

[2] Siebel, E.: Bedeutung der Ergebnisse der Werkstoffprüfung für den Konstrukteur. Stahl u. Eisen Bd. 57 (1937) S. 196.

den Formänderungen die Größe der federnden Formänderungen, oder einen bestimmten Bruchteil derselben erreichen.

Es muß allerdings bemerkt werden, daß weder die Festlegung einer bestimmten Verformung, noch die Festlegung eines bestimmten Verhältnisses dieser bleibenden Verformung zur federnden Verformung, also im wesentlichen die Festlegung einer Dämpfung, den verwickelten Erscheinungen gerecht werden kann, wie dies weiter unten ausführlich gezeigt werden wird. Auch kann eine solche Festlegung der kritischen Spannung unbestimmt werden, nämlich dann, wenn die bleibende Verformung linear mit der elastischen Verformung ansteigt, so daß also das Verhältnis beider Verformungen, und damit die Dämpfung, ein waagerechtes Stück mit steigender Belastung durchläuft. Ja sie kann sogar mehrdeutig werden, wie aus Abb. 56 hervorgeht. Durch eine waagerechte Gerade wird die Kurve mit dem Höchstwert in zwei Punkten geschnitten, es gibt also zwei verschiedene, kritische Spannungen mit gleicher Dämpfung, d. h. also mit gleichem Verhältnis der bleibenden zur elastischen Verformung.

VI. Werkstoffe mit verschiedenem Elastizitätsmodul.

Nach dem Beispiel der Stahlprüfung hat man auch bei der statischen Prüfung anderer Metalle entsprechende Festigkeitswerte zur Kennzeichnung der Güte eingeführt. So gibt man z. B. zur Kennzeichnung von

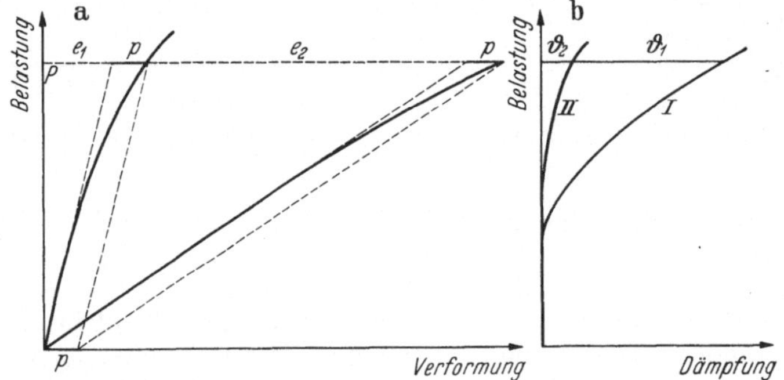

Abb. 73. Schaubilder (*a*) und Dämpfung (*b*) von Werkstoffen verschiedener *E*-Module.

Leichtmetallen ebenfalls eine Streckgrenze als 0,2%-Grenze an, trotzdem der Elastizitätsmodul von Leichtmetall wesentlich geringer ist als derjenige von Stahl.

In Abb. 73a sind die Belastungsschaubilder zweier Werkstoffe mit sehr verschiedenem E-Modul gezeichnet, die bei der gleichen Belastung P dieselbe bleibende Dehnung p, etwa entsprechend der 0,2%-Grenze erreichen mögen. Es handle sich hierbei etwa, um ein Beispiel zu nennen, um einen weichen Stahl mit sehr niedriger Streckgrenze und eine hochwertige Leichtmetallegierung. In Abb. 73b sind wiederum die zugehörigen Dämpfungswerte aufgetragen. Man sieht, daß die Dämpfung des Werkstoffes mit kleinem E-Modul wesentlich kleiner ist. Die Dämpfungen an der Streckgrenze verhalten sich umgekehrt wie die E-Module.

Gefühlsmäßig könnte man zunächst folgern, daß dem Werkstoff mit der großen elastischen Dehnung eine entsprechend größere bleibende Dehnung zuzumuten ist, um eine gleichmäßige Schädigung des Werkstoffes in beiden Fällen zu erreichen. Würde man also die kritischen Spannungswerte in beiden Fällen dort annehmen, wo die Dämpfungswerte einen gleich großen, bestimmten Betrag annehmen, so würde die entsprechende ,,Streckgrenze" für Leichtmetall wesentlich höher liegen als die 0,2%-Grenze. Um es aber zu wiederholen, handelt es sich hier nur um vergleichende Erwägungen, die sich aufdrängen, wenn Kennwerte der Stahluntersuchung ohne weiteres auch für andere Metalle mit wesentlich niedrigerem E-Modul als kennzeichnende Gütewerte angenommen werden. Weder die willkürliche Festlegung bestimmter bleibender Dehnungen, noch die Festlegung bestimmter Dämpfungswerte kann den Werkstoffen völlig gerecht werden.

VII. Festigkeitswerte für verschiedene Belastungsfälle.

Die Dämpfung ist für jeden beliebigen Belastungsfall, also außer für Zug-Druck, auch für Biegung und Verdrehung angebbar. In allen Fällen läßt sich der auftretende Verformungsrest in Vergleich zur elastischen Verformung setzen. Ebenso kann auch die verbrauchte Arbeit für alle Belastungsfälle ermittelt werden.

Anders liegen dagegen die Verhältnisse bei der Festlegung der statischen Kennwerte. Wenn z. B. bei der Verdrehung eines Probestabes eine ausgeprägte Streckgrenze fehlt, so versagt die beim Zugversuch übliche Bezugnahme des Verformungsrestes auf die Prüflänge. Der bleibende Verdrehungswinkel, etwa gemessen im Bogenmaß, kann nicht mit der Prüflänge verglichen werden. Es kann aber dieser bleibende Verdrehungswinkel ohne weiteres ins Verhältnis zur elastischen Verdrehung gesetzt werden. Dasselbe gilt für den Biegeversuch, auch hier kann die bleibende Durchbiegung nicht mit der Prüflänge in Vergleich gesetzt werden. Die gleichen Schwierigkeiten sind natürlich auch bei der Festlegung anderer Kennwerte, insbesondere der E-Grenze, vorhanden.

Hieraus geht hervor, daß das Verhältnis von bleibender zu elastischer Verformung, also die Angabe der Dämpfung, eine allgemeine Bedeutung besitzt, während die übliche Festlegung der statischen Kennwerte im Zugversuch für andere Belastungsfälle nicht anwendbar ist.

VIII. Dämpfung und verbrauchte Leistung.

Neben der eigentlichen Dämpfung, gekennzeichnet durch das Verhältnis der bildsamen Verformung zur elastischen Verformung (Verlustwinkel) bzw. dem π-fachen dieses Wertes (logarithmisches Dekrement der Dämpfung) wird im Schrifttum häufig auch die verbrauchte Arbeit bzw. Leistung als Maß der Dämpfung verwandt. Es ist jedoch zu beachten, daß zwischen diesen Kennwerten grundsätzliche Unterschiede vorhanden sind, worauf kurz eingegangen sei.

Betrachtet man die Abb. 72, so zeigt sich, daß die eigentliche Dämpfung für den Werkstoff mit den höheren Festigkeitswerten kleiner ist.

Die verbrauchte Arbeit, gegeben durch den Flächeninhalt der Hysteresisschleife, ist jedoch für Werkstoffe mit höheren Festigkeitswerten, wie ohne weiteres aus Abb. 72 hervorgeht, größer.

Bei Werkstoffen mit verschiedenem E-Modul dagegen ist bei gleicher Spannung und gleichem Verformungsrest die verbrauchte Arbeit gleich groß. Die Dämpfung jedoch ist, wie bereits gezeigt wurde, für den Werkstoff mit der größeren elastischen Dehnung kleiner.

Ganz allgemein muß hier festgestellt werden, daß gemäß Gl. 13 u. 14 die verbrauchte Arbeit nicht nur von der eigentlichen Dämpfung, also dem Verhältnis von bleibender zu federnder Dehnung, sondern auch von der Größe der jeweiligen Verformung oder Belastung abhängt. Selbst wenn bei wachsender Schwinggröße die eigentliche Dämpfung gleich groß bleibt, muß die verbrauchte Arbeit quadratisch ansteigen. In den bekannten Kurven der verbrauchten Arbeit muß daher stets mit wachsender Schwinggröße ein ungefähr parabelförmiger Verlauf zur Ausbildung kommen. Die wirklich interessierenden Änderungen der eigentlichen Dämpfung können in diesem meist überwiegenden parabolischen Anstieg nur undeutlich erkannt werden. Nur durch die Bestimmung der eigentlichen Dämpfung sind daher die Vorgänge in belasteten Werkstoffen genau zu erfassen, die Ermittlung der Arbeitsaufnahme dagegen bleibt aus diesen Gründen ein unzureichender Notbehelf.

Wird die verbrauchte Arbeit pro Sekunde angegeben, so ist der Inhalt der Hysteresisschleife mit der sekundlichen Anzahl der Belastungswechsel zu multiplizieren, mit steigender Belastungsfrequenz nimmt daher die verbrauchte sekundliche Arbeit, also die Leistung zu. Die Dämpfung dagegen ist von der Frequenz in erster Annäherung unabhängig, solange sich der Verformungsrest nicht selbst mit der Frequenz ändert.

Diese Unterschiede sind zu beachten, wenn verschiedene Kennwerte für die Hysteresiserscheinung Verwendung finden.

K. Die physikalische Bedeutung der Werkstoffkennwerte.

I. Eine Grundüberlegung.

Wenn man das Verhalten eines Werkstoffes unter der Einwirkung von äußeren Kräften untersucht und kritische Spannungswerte im statischen Belastungsversuch ermittelt, bei denen bleibende Dehnungsreste bestimmter Größe sich zeigen, so glaubt man damit Kennwerte festgelegt zu haben, die für das weitere Verhalten des betreffenden Werkstoffes gültig sind. Wenn man also z. B. die E-Grenze eines Werkstoffes bestimmt als diejenige kritische Belastung, bei welcher eine bleibende Dehnung von 0,001% der Prüflänge vorhanden ist, so nimmt man an, daß diese E-Grenze ein kennzeichnender Wert für die weitere Lebensgeschichte des Werkstoffes ist, daß also bei einer späteren Wiederholung des Belastungsversuches ein ähnlicher Festigkeitswert aufgefunden werden muß. Gefühlsmäßig mißt man also den Festigkeitswerten eine ähnliche Bedeutung zu, wie sie andere physikalische Kennwerte, etwa der Schmelzpunkt, der Siedepunkt u. a. besitzen. Man nimmt also an, daß durch die Ermittlung der statischen Festigkeitswerte wenigstens ungefähre Anhaltspunkte, auch für das weitere Verhalten der Werkstoffe, unter den ihnen später vom Konstrukteur in seinen technischen Gebilden zugemuteten Belastungen gewonnen werden, etwa genau so wie das Verhalten eines Stoffes gegenüber der Wärme durch die Bestimmung der oben genannten Kennwerte gegeben ist. Letzten Endes ist dies Sinn und Zweck der Festigkeitsprüfung oder sollte es wenigstens sein.

Eine einfache Überlegung wird aber zeigen, daß geradezu naturnotwendig gewisse Veränderungen dieser Festigkeitswerte unter der Wirkung von weiteren Belastungen auftreten müssen, damit überhaupt ein technisches Gestalten aus den zur Verfügung stehenden, unvollkommenen Werkstoffen möglich ist. Dies soll zunächst kurz dargelegt werden.

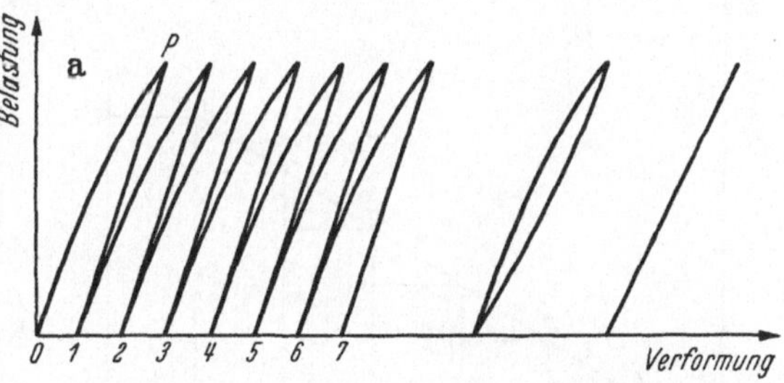

Abb. 74a. Wiederholte Belastungsversuche.

Angenommen, ein Probestück werde in einem statischen Belastungsversuch von Null beginnend bis zu einem Höchstwert P auf Zug belastet. Diese Höchstbelastung entspreche etwa, um ein bestimmtes Beispiel anzunehmen, der 0,001%-E-Grenze, sie liege mit Sicherheit ferner unterhalb der Dauerfestigkeit. Nach der Definition der E-Grenze muß sich nach der Entlastung eine bleibende Verlängerung von 0,001% der Prüflänge, bei einer Prüflänge von 100 mm also von 0,001 mm zeigen. In Abb. 74a ist dieser Vorgang stark übertrieben gezeichnet. Nach der Entlastung ist demnach der Prüfkörper um das Stück 0—1 länger geworden. Zur Kennzeichnung der Güte des Werkstoffes wird also die E-Grenze von der Höhe P, festgestellt, und dem Konstrukteur als kritischer Festigkeitswert zur Beurteilung der Geeignetheit des betreffenden Werkstoffes für die jeweilig vorliegende Aufgabe mitgeteilt. Dieser möge nun zu seiner eigenen Beruhigung am gleichen Probestab einen Kontrollversuch ausführen; wenn sich nichts geändert hat, muß er bei einem zweiten Belastungszyklus, den der Werkstoff bei dieser Nachprüfung durchmacht, eine gleich große Dehnung 1—2 bei der gleichen Belastung P finden. Er baue nun das Probestück in eine Konstruktion, etwa in eine Brücke ein, in der dieses in der gleichen Weise wie in der Prüfeinrichtung zügig bis zur E-Grenze belastet und entlastet werde. Wenn sich die Eigenschaften des Werkstoffes nicht ändern, so muß für jede Belastung und nachfolgende Entlastung, gemäß der Definition der E-Grenze, jeweils eine weitere Längung 2—3, 3—4 usw. sich zeigen. Nach 1000 Belastungswechseln müßte sich demnach der Prüfstab bei unveränderlicher E-Grenze um mehr als 1 mm verlängert haben.

Wenn man diesen Vorgang in Abhängigkeit von der Zeit gemäß Abb. 74b darstellt, so ergibt sich also während des ersten Belastungswechsels eine bleibende Dehnung von 1—A. Der zweite in der gleichen Zeitspanne durchgeführte Belastungswechsel gibt eine zusätzliche bleibende Dehnung von $2'—B$. In dieser Weise sind eine Anzahl von Belastungswechseln in ihrem zeitlichen Ablauf aneinandergefügt, wobei jeder Wechsel eine ungefähr gleichbleibende zusätzliche Längung liefert. Streng genommen müssen diese Zusatzdehnungen allmählich zunehmen, da die Definition der E-Grenze sich auf die Prüflänge bei Beginn eines Belastungsversuches bezieht. Diese wird aber allmählich größer durch die jeweils vorangegangenen Lastwechsel.

Fügt man nun die für jeden Belastungsversuch gleichbleibende Zeitdauer zu einer Zeitachse (Abszisse) und die einzelnen bleibenden Verlängerungen zu einer Nachlängungsachse (Ordinate) zusammen, so ergibt sich die in Abb. 74b gezeichnete gerade Linie für die Abhängigkeit der Verlängerung des Stabes mit der Zeit. Mit anderen Worten, die Nachwirkungskurve eines Werkstoffes mit gleichbleibender E-Grenze muß eine gerade Linie sein. Andererseits muß die Dämpfung als Verhältnis der bildsamen zur elastischen Dehnung für alle Belastungswechsel gleich groß sein.

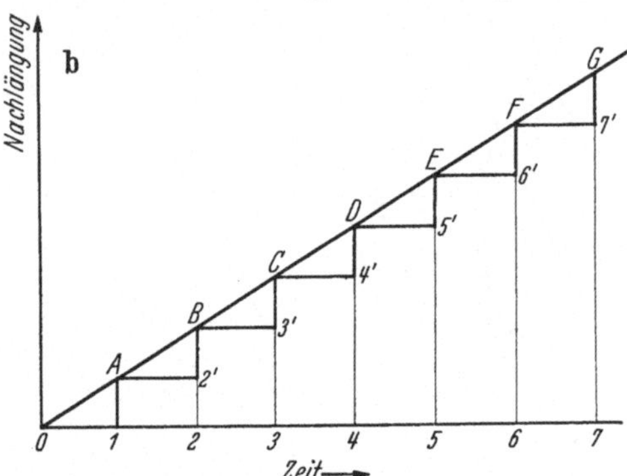

Abb. 74b. Nachlängung bei unveränderlicher E-Grenze.

Wenn also die im erstmaligen Belastungsversuch gefundene E-Grenze für das weitere Verhalten des Werkstoffes maßgebend wäre, so müßte das Prüfstück im Laufe weiterer Belastungen eine stetige Längung erfahren, und die Dämpfung müßte für jeden Belastungswechsel gleich groß sein. Ein bis zur E-Grenze zügig belasteter Werkstoff müßte sich also so lange dehnen, bis ein Bruch eintritt.

Offensichtlich zeigt das tatsächliche Verhalten eines bis zur E-Grenze zügig belasteten Werkstoffes ein anderes Bild. Da die Erfahrung zeigt, daß ein bis zur E-Grenze beanspruchter Werkstoff im allgemeinen nicht bricht, und auch seine Länge nicht beliebig lange weiter wächst, so muß daraus geschlossen werden, daß mit fortschreitender Belastungsdauer der Dehnungsrest immer kleiner wird, bis nach einer bestimmten Anzahl von Lastwechseln der bleibende Dehnungsrest nach jeder einzelnen Belastung allmählich Null wird. Die Belastungsschleife muß sich also durch die häufige Wiederholung der Belastung schließen, Anfang und Ende der Schleifen fallen schließlich zusammen.

Die durch die anfängliche, nicht in sich geschlossene Schleife gegebene Dämpfung muß also im Laufe der Belastung allmählich abnehmen, bis schließlich sich eine geschlossene Schleife ausbildet. Diese Schleife kann sich unter Umständen zu einer geraden Linie zusammenziehen, so daß die Enddämpfung sich Null nähert (Abb. 74a). Die Gesamtdämpfung muß also bei zügiger Belastung einen durch die Nachwirkung verursachten Bestandteil enthalten, der allmählich verschwindet. Hierbei kann allerdings aus anderen Gründen im Laufe des Versuches ein weiterer Bestandteil der Dämpfung anwachsen, worauf noch zurückzukommen ist.

Da der nach jeder Belastung sich zeigende Verformungsrest im Laufe eines Dauerversuches kleiner werden muß, so muß die Belastung gehoben werden, um wieder den anfänglichen Verformungsrest zu erhalten. Oder mit anderen Worten, die E-Grenze muß sich naturnotwendig im Laufe des Versuches heben.

Aus diesen Überlegungen ergibt sich also ohne jeden Versuch die Folgerung, daß ein unterhalb der Dauerfestigkeit zügig beanspruchter Werkstoff alle unterhalb dieser Grenzbelastung liegenden statischen Kennwerte erhöhen muß, daß ferner der jeweilige Verformungsrest allmählich abnehmen, und damit die Dämpfung einem Grenzwert zustreben muß. Die anfangs aufgestellte Behauptung, daß die statischen Kennwerte eines Werkstoffes sich im Laufe der Belastung verändern müssen, damit überhaupt ein technisches Gestalten möglich ist, ist damit bewiesen. Gleichzeitig hat sich aber auch ergeben, daß diese Veränderlichkeit nicht auf die statischen Kennwerte beschränkt bleibt, sondern daß sich auch insbesondere die Dämpfung naturnotwendig ändern muß. Wenn sich also die ,,Dämpfungsfähigkeit zumeist mit der Zeit aufbraucht'', so bedeutet dies, daß die anfängliche, bleibende Verformung allmählich verschwindet, der Werkstoff demnach sich völlig elastisch verhält. Die statischen Kennwerte, insbesondere die E-Grenze sind nach höheren Werten gerückt.

II. Die Veränderlichkeit von Dämpfung und Festigkeitswerten.

Wir erkennen also, daß in einem dauerbeanspruchten Werkstoff gewisse Veränderungen nicht nur der statischen Kennwerte, sondern auch der Dämpfung sich abspielen müssen. Man hat häufig der Dämpfung den Vorwurf gemacht, daß sie infolge ihrer Veränderlichkeit sich nicht als Werkstoffkennwert eignet. Dieser Vorwurf kann aber mit gleicher Berechtigung auch gegen die statischen Kennwerte erhoben werden. Eine Änderung der Dämpfung bedeutet nach den gewonnenen Anschauungen nichts anderes, als daß sich der bleibende Verformungsrest ändert; damit muß sich aber zwangsläufig auch die Lage verschiedener statischer Festigkeitswerte ändern. Diese Veränderlichkeit der statischen Festigkeitswerte ist vielleicht nicht so in die Augen springend, weil man sich meist mit der einmaligen Aufnahme von statischen Schaubildern begnügt. Bei der Messung der Dämpfung dagegen ist von vornherein eine vielmalige Wiederholung des Belastungsversuchs nötig. Irgendwelche Änderungen der Dämpfung im Laufe eines Versuches treten hier daher ohne weiteres deutlich in Erscheinung.

Wenn man sich jedoch die Mühe macht, die statischen Festigkeitswerte nicht nur einmal, sondern im Laufe einer Vorbelastung häufiger zu untersuchen, tritt sofort die Abhängigkeit der statischen Festigkeitswerte von der Vorbelastung in Erscheinung. Es sei hier nur an den Bauschingereffekt erinnert; im übrigen kann auf Abschnitt B IV verwiesen werden, wo die Abhängigkeit der statischen Festigkeitswerte von der Vorbelastung behandelt ist.

Der erstmalige Belastungsversuch ergebe ein Schaubild nach Abb. 75, bei Entlastung zeige sich eine bildsame Verformung vom Betrage p. Entspricht die Größe dieses Verformungsrestes p z. B. der 0,2%-Grenze, so liegt also in diesem Fall die Streckgrenze anfänglich bei der Belastung P. Durch diesen Verformungsrest p ist auch die Größe der Dämpfung bestimmt, die sich unmittelbar aus dem Verhältnis p/e ergibt, wenn e die elastische Verformung unter der Belastung P bedeutet. Wird nun der Probestab etwa einer Dauerbelastung unterworfen und zeigt sich hierbei eine Abnahme der Dämpfung, so bedeutet dies nichts anders, als daß der Verformungsrest p im Laufe des Dauerversuchs kleiner wird. Die Belastung muß also gesteigert werden, um bei einem nunmehr unternommenen, zweiten statischen Versuch den anfänglichen Verformungsrest p zu erhalten. Die Belastung muß somit in Abb. 75 bis P_1 gesteigert werden, und diese Last P_1 stellt die neue Lage des statischen Kennwertes dar. Wenn also durch die Vorbelastung eine Verringerung der Dämpfung auftritt, so ist damit zwangsläufig eine Hebung der statischen Festigkeitswerte verknüpft.

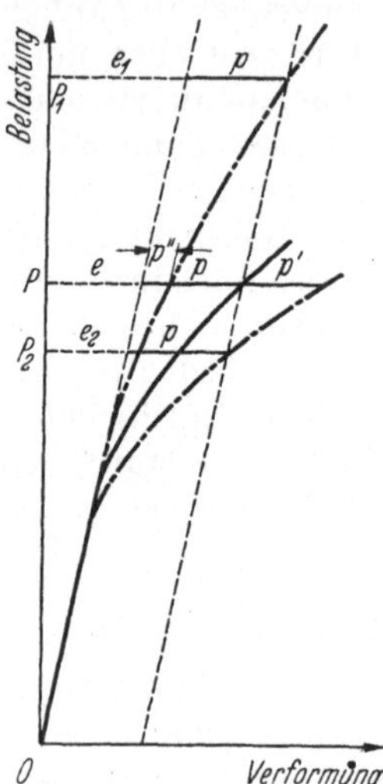

Abb. 75. Zusammenhang von Festigkeitswerten und Dämpfung.

Wird umgekehrt im Laufe eines Dauerversuches die Dämpfung größer, so muß auch der bildsame Verformungsrest größer werden. Nimmt dieser Verformungsrest nach Abb. 75 um p' zu, dann ist also die Dämpfung auf $(p + p')/e$ angewachsen. Bei einem anschließenden, statischen Belastungsversuch wird nun die kritische Last, bei der sich der anfängliche Verformungsrest p zeigt, schon bei der niedrigeren Belastung P_2 gefunden, der statische Festigkeitswert ist abgesunken.

Einer Abnahme der Dämpfung entspricht also eine Erhöhung der statischen Festigkeitswerte, einer Zunahme der Dämpfung dagegen eine Abnahme der statischen Festigkeitswerte.

Wenn im Laufe eines Dauerversuches sich umgekehrt die statischen Kennwerte ändern, so muß sich damit auch die Dämpfung geändert haben. Zeigt z. B. ein Probestab zunächst eine Streckgrenze bei P und steigt diese Grenze etwa infolge Dauerbelastung bis auf den Wert P_1 an, wird also erst bei dieser höher liegenden Belastung der vorgeschriebene Verformungsrest von p gefunden, so nimmt die Dämpfung für die ursprüngliche Belastungshöhe ab. Aber auch für eine Wechselbelastung bis zum erhöhten Wert von P_1 nimmt die Dämpfung ab, denn hier ist die elastische Verformung e_1 größer und die Dämpfung als Quotient p/e_1 kleiner geworden. Sinkt dagegen die Streckgrenze ab, wird also schon für die niedrigere Belastung P_2 der Verformungsrest p gefunden, so nimmt die Dämpfung für die ursprüngliche Belastungshöhe P zu. Aber selbst für die niedrigere Belastung P_2 muß nunmehr die Dämpfung größer geworden sein, gegenüber dem anfänglichen bei der Belastung P

herrschenden Wert, denn die elastische Dehnung e_2 hat gegenüber der anfänglichen elastischen Dehnung e unter der Last P abgenommen. Wenn demnach durch eine Vorbelastung die statischen Festigkeitswerte gehoben werden, so nimmt gleichzeitig die Dämpfung ab. Sie ist selbst für den gehobenen Festigkeitswert kleiner als für die ursprüngliche, niedrigere Belastungsstufe. Dies ist in völliger Übereinstimmung mit einer Beobachtung von Herold[1], der findet, daß „die Dämpfung bei wechselnder Beanspruchung knapp an oder unter der Schwingungsfestigkeit mit der Lastwechselzahl abnimmt und daß man beim Hochtrainieren in Beanspruchungsgebiete kommt, in welchen der Werkstoff nach dem Vorversuch eine sehr bedeutende Dämpfung aufweisen müßte, während tatsächlich die Dämpfung sehr gering oder sogar Null ist". Umgekehrt entspricht einer Senkung der statischen Kennwerte eine Erhöhung der Dämpfung, und zwar ist die Dämpfung selbst für die erniedrigte Belastungsstufe größer als für die höhere anfängliche Belastung.

Dieser enge Zusammenhang von Dämpfung und Festigkeitswerten wird sofort sehr durchsichtig, wenn man, wie dies vorgeschlagen wurde, die statischen Kennwerte auf dynamischem Wege ermittelt. Wird der Prüfkörper dynamisch so hoch belastet, daß der bleibende Verformungsrest beim Durchschlagen der Last durch Null etwa gerade 0,2% der Prüflänge ausmacht, so ist die Dämpfung durch den Quotienten dieses Verformungsrestes und der elastischen Dehnung gegeben. Nimmt nun im Laufe des Versuches der Verformungsrest ab, so nimmt auch die Dämpfung ab. Um den ursprünglichen Verformungsrest wieder zu erhalten, muß die Wechsellast gesteigert werden. Im gleichen Ausmaß ist die Streckgrenze gestiegen, die Dämpfung jedoch ist selbst bei dieser erhöhten Streckgrenze kleiner als diejenige bei der anfänglichen Streckgrenze, da die elastische Dehnung bei gleichbleibender bildsamer Dehnung größer geworden ist.

Ganz allgemein kann gefolgert werden, daß mit den beschriebenen Änderungen der Dämpfung in Abhängigkeit von den verschiedenen Einflüssen, gleichzeitig auch entsprechende Änderungen der statischen Festigkeitswerte verbunden sein müssen. Durch Dämpfungsmessungen ist es gelungen, diesen Erscheinungen nachzugehen, die Umständlichkeit der statischen Feinmessungen hat dagegen eine weitere Klärung von der statischen Seite her erschwert, trotzdem der Bauschingereffekt bereits mit aller Deutlichkeit auf entsprechende Verschiebungen der statischen Festigkeitswerte hinweist.

III. Die Nachwirkung.

Letzten Endes ist jede Nachwirkungskurve, die die Nachlängung eines Werkstoffes in Abhängigkeit von der Zeit unter der Einwirkung einer gleichbleibenden Gewichtsbelastung anzeigt, unmittelbar ein Beweis dafür, daß durch die Belastung die Elastizitätsgrenze allmählich gehoben wird. Ebenso folgt aus einer solchen Nachwirkungskurve ohne weiteres, daß zum mindesten ein bestimmter Bestandteil der Dämpfung

[1] Herold, W.: Arch. Eisenhüttenwes. Bd. 2 (1928/29) S. 23.

abnehmen muß, und zwar so lange, bis die Nachwirkungskurve einen waagerechten Verlauf annimmt.

Über den Zusammenhang der Nachwirkung mit anderen statischen und dynamischen Festigkeitswerten seien daher einige Bemerkungen gemacht, da sich hier Beziehungen von allgemeiner Bedeutung anzudeuten scheinen. Vielleicht eröffnet sich eine Möglichkeit, einen Trennungsstrich zwischen verschiedenen Dämpfungsursachen zu ziehen. Allerdings liegen experimentelle Unterlagen, die wirklich vergleichbar wären, noch nicht vor. Neuere Dämpfungsmessungen, die über den verwickelten Verlauf der Dämpfung Aufschluß geben, werden heute meist im Ausschwingversuch für Verdrehung ausgeführt, wobei nicht die Last, sondern die Verformung gleich groß gehalten wird. Außerdem sind derartige Versuche noch nicht für Schwellversuche durchgeführt worden. Nachwirkungsversuche dagegen werden üblicherweise nur im Dauerstandversuch auf Zug unternommen. Für einen endgültigen Vergleich wären also Schwellversuche mit zügiger Last unter gleichzeitiger Beobachtung der Dämpfung und des jeweiligen Verformungsrestes nötig.

1. Verschiedene Nachwirkungskurven.

In Abb. 76 ist eine Nachwirkungskurve gezeichnet, wie sie z. B. von Dauerstandversuchen her bekannt ist. Hierbei wird also eine bestimmte Last an das Prüfstück gehängt, und die Zunahme der Länge des Probestückes im Laufe der Zeit unter der stets weiter wirkenden Last beobachtet. Die Kurve der Nachlängung steigt zunächst ziemlich schnell an, allmählich verringert sich die Zunahme pro Zeiteinheit, bis schließlich nach langer Zeit, unter Umständen nach Monaten oder Jahren, die Kurve in einen waagerechten Verlauf einbiegt. Die Nachwirkung ist dann zum Stillstand gekommen.

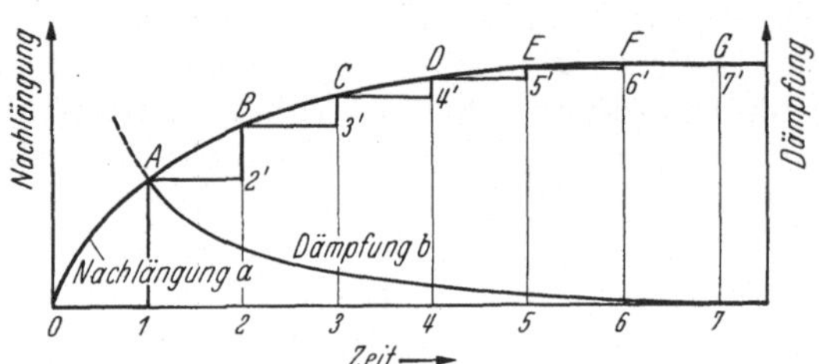

Abb. 76. Nachlängung (*a*) und Dämpfung (*b*), wenn Nachlängung einen Grenzwert annimmt.

Die Zeitachse werde nun in gleich große Abschnitte zerlegt, und in den Zeitpunkten 1, 2, 3 . . . möge der Werkstoff entlastet, und anschließend sofort wieder belastet werden. Der Dauerstandversuch wird also in eine Anzahl von einander folgenden Belastungszyklen aufgeteilt gedacht. Beim ersten Belastungsversuch, der von 0—1 dauert, zeigt sich eine bleibende Dehnung von 1—*A*. Im zweiten Zeitabschnitt tritt eine weitere Längung von 2′—*B* auf, die jedoch kleiner als die vorhergehende ist. In dieser Weise fortfahrend, wird für jeden Zeitabschnitt eine geringere Verlängerung gegenüber dem vorhergehenden Zeitabschnitt gefunden, bis schließlich keine meßbare Zunahme mehr vorhanden ist. Die Kurve der je Zeitabschnitt sich ausbildenden, bleibenden Verlängerung ist ebenfalls in Abb. 76 eingetragen. Sie nimmt zunächst stark, dann allmählich langsamer sinkend bis auf Null ab. Werden die Zeitabschnitte kleiner gewählt, so ist der absolute Betrag der Dehnungsreste entsprechend kleiner, der Verlauf der Kurve bleibt aber im wesentlichen der gleiche.

Daß diese Aufteilung eines Dauerstandversuchs gemäß Abb. 76 in einzelne Belastungswechsel bzw. umgekehrt die Zusammenfügung von Belastungswechseln zu einer Dauerstandkurve nach Abb. 74b wenigstens für Stahl bei erhöhten Temperaturen zulässig ist, ergibt sich aus Versuchen von Hempel und Tillmanns[1]. Aus ihren Meßergebnissen folgern sie, daß die Dehnung in dem untersuchten Bereich von 50 bis 500 Lastwechseln je Minute unabhängig von der Lastwechselgeschwindigkeit ist, bezogen auf die Zeit stimmen beide Kurven in ihrem Dehnungsverlauf fast völlig überein. Die Dehnungskurven des Dauerstandversuchs zeigen im allgemeinen die gleiche Dehngeschwindigkeit wie die Kurven unter wechselnder Last.

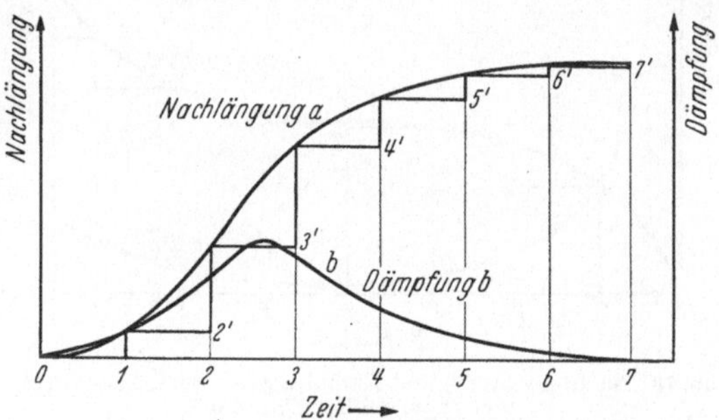

Abb. 77. Nachlängung (*a*) und Dämpfung (*b*), wenn Nachlängung einen Wendepunkt besitzt.

Werden die Zeitabschnitte unendlich klein gewählt, so wird die Steigung in jedem Punkt der Nachwirkungskurve erhalten. Durch Differenzenbildung, bzw. durch Differentiation der Nachwirkungskurve nach der Zeit, wird also die in jedem Zeitelement sich ausbildende bleibende Dehnung erfaßt. Die je Zeitabschnitt sich zeigende Dehnung, dividiert durch die elastische Dehnung, ergibt aber ein Maß für die Dämpfung. Da die elastische Dehnung während des Dauerversuchs gleich groß bleibt, ist also der Verlauf wenigstens eines Teiles der Dämpfung durch die in Abb. 76 gezeichnete Differenzenkurve gegeben. Diese Dämpfung ist der Nachlängung zuzuordnen, sie nimmt allmählich bis auf Null ab.

Da andererseits für jeden Zeitabschnitt die bleibende Dehnung kleiner ist als im vorhergehenden, so muß sich entsprechend die E-Grenze allmählich heben. Denn die Belastung müßte im Laufe eines Dauerstandversuchs ständig erhöht werden, um stets den gleichen Verformungsrest in gleichen Zeitabschnitten zu erhalten. Diese Erhöhung der E-Grenze, und natürlich auch anderer unterhalb der Dauerfestigkeit liegender, statischer Kennwerte, kommt zum Stillstand, wenn die Nachwirkungskurve in den waagerechten Ast einbiegt.

Es sind aber auch andere Formen der Nachwirkungskurven möglich. In Abb. 77 ist z. B. eine Kurve gezeichnet, die zunächst langsam, dann unter Überschreitung eines Wendepunktes schneller zunimmt, um schließ-

---

[1] Hempel, M. und H. Tillmanns: Arch. Eisenhüttenwes. Bd. 10 (1936/37) S. 395.

lich einem Grenzwert zuzustreben[1]. Durch Differenzenbildung wird wiederum eine der Dämpfung entsprechende Kurve *b* erhalten. Die Dämpfung steigt also in diesem Fall zunächst an, um nach Erreichen eines Höchstwertes wieder abzusinken, und schließlich dem Grenzwert Null zuzustreben. Die *E*-Grenze dagegen muß sich in diesem Fall zunächst senken, um nach Durchschreitung eines Tiefstwertes wieder ansteigend, einen Grenzwert anzunehmen.

Die bisherigen Kurven gelten für den Fall, daß die Nachwirkung schließlich zum Stillstand kommt. Wird jedoch die Last von vornherein so hoch gewählt, daß der Prüfstab sich dauernd weiter längt und schließlich bricht, so zeigen sich wesentlich andere Erscheinungen. In Abb. 78 ist die Nachlängungskurve für einen solchen Fall schematisch dargestellt. Die Nachlängung nimmt zunächst stark zu, dann verlangsamt sich der Anstieg, um schließlich wieder beschleunigt bis zum Bruch zuzunehmen. Teilt man diese Kurve wiederum in gleiche Zeitabschnitte ein, so liefert die in jedem Zeitabschnitt ausgeführt gedachte Einzelbelastung zunächst eine allmählich abnehmende, bleibende Dehnung. Nach Erreichung eines Tiefstwertes nimmt diese Dehnung jedoch gemäß Abb. 78b beschleunigt wieder zu, um bis zum Bruch weiter zu steigen. Entsprechend muß also die Dämpfung in diesem Fall abnehmen, um dann nach Erreichen eines Tiefstwertes wieder zuzunehmen. Umgekehrt steigt die *E*-Grenze zunächst an, um nach Erreichen eines Höchstwertes wieder abzufallen.

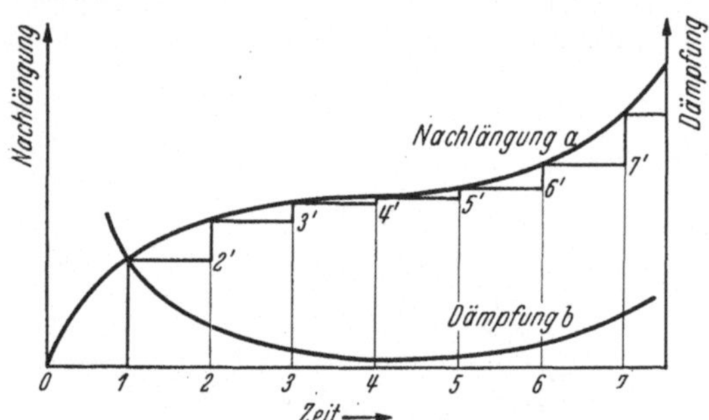

Abb. 78. Nachlängung (*a*) und Dämpfung (*b*), wenn Nachlängung nicht zum Stillstand kommt.

2. Nachwirkung und Dämpfung.

Durch die Betrachtung der Nachwirkung ergeben sich somit Hinweise auf das Verhalten der Dämpfung, womit von einer neuen Seite aus diesen Fragen nachgegangen werden kann. Insbesondere ergeben sich einige weitere Gesichtspunkte zur Deutung der Dämpfung aus mehreren Einzelbestandteilen, wie sich bereits aus den Modellbetrachtungen folgern ließ.

Vergleicht man zunächst die beiden Dämpfungskurven der Abb. 76 und Abb. 77 mit den beiden Dämpfungskurven *1* und *2* der Abb. 57, so erkennt man eine gewisse Übereinstimmung des grundsätzlichen Verlaufs. Die Dämpfung fällt entweder ab, oder aber sie steigt zunächst auf einen Höchstwert an, um dann ebenfalls einem verhältnismäßig niedrigen Grenzwert zuzustreben. Diese beiden Kurven *1* und *2* der Abb. 57, die

---

[1] Entsprechende Nachwirkungskurven an Eisendrähten bei Ritter: Physik. Z. Bd. 22 (1921) S. 53.

durch Versuche festgestellt sind, wären demnach im wesentlichen einer plastischen Dämpfung zuzuschreiben, wobei der Prüfstab gleichzeitig eine allmählich zum Stillstand kommende Nachlängung zeigen muß.

Neben dieser plastischen Dämpfung kann noch eine „elastische" Dämpfung vorhanden sein, die gemäß Abb. 74 durch den Inhalt der sich schließlich ausbildenden, geschlossenen Hysteresisschleife gegeben ist. Mit dieser elastischen Hysteresis ist jedoch keine Nachlängung verbunden. Diese elastische Hysteresis kann im Grenzfall, wenn die Schleife sich schließlich zu einer Geraden zusammenzieht, Null werden. Meist wird sie jedoch infolge der Änderungen der inneren Belastung, vor allem bei Versuchen mit gleichbleibender Verformung, im Laufe der Zeit gewisse Änderungen erfahren, sie kann insbesondere allmählich zunehmen. Bei den durch die beiden Kurven *1* und *2* dargestellten Werkstoffen ist jedoch dieser Einfluß gering, ihre Dämpfungskurven fallen auf einen niedrigen Endwert ab. Der Verlauf dieser Dämpfungskurven ist nach dieser Anschauung also im wesentlichen durch die Art der Ausbildung der Nachlängung gegeben. Im Falle Abb. 57 Kurve *1* nimmt die Nachlängung zunächst stark, dann immer langsamer zu, entsprechend fällt die Dämpfung von einem hohen Anfangswert allmählich langsamer bis auf einen kleinen Grenzwert ab. Die Kurve *2* dagegen muß einem Werkstoff zugeschrieben werden, dessen Nachwirkungskurve etwa durch die Kurve *a* in Abb. 77 gegeben ist. Hier nimmt die Nachwirkung erst langsam, dann schneller, hierauf unter Überschreitung eines Wendepunktes wieder langsamer zu. Entsprechend steigt die Dämpfung zunächst auf einen Höchstwert an, um schließlich auf einen niedrigen Grenzwert abzusinken. Nach dem Modell muß das Verhalten dieser Werkstoffe im wesentlichen einer Querdämpfung zugeschrieben werden, die sich aus der allmählichen Hereindrehung der Einzelelemente in die Belastungsrichtung ergibt. Diese Werkstoffe müssen entsprechend eine verhältnismäßig hohe Trainierfähigkeit zeigen.

Der elastischen Hysteresis, also dem Inhalt einer in sich geschlossenen Schleife muß im wesentlichen die Kurve *4* der Abb. 57 zugeschrieben werden, denn diese Kurve nimmt ansteigend einen Grenzwert an. Aus der plastischen Hysteresis, also aus dem Vorhandensein einer Nachlängung, kann dieser Verlauf nicht gedeutet werden, denn dieser hohe Endwert würde bedeuten, daß die Nachlängung in steigendem Maße sich auswirkt. Dies kann aber nicht der Fall sein, da es sich ja um eine stabile Enddämpfung ohne Bruch des Stabes handelt. Es muß also angenommen werden, daß in diesem Fall die elastische Hysteresis maßgebend für die Gesamtdämpfung ist. Die Zunahme der Dämpfung kann dadurch erklärt werden, daß, wie gezeigt wurde, infolge Trainierung die Belastung der Federelemente ansteigt, da die Versuche mit gleichbleibender Verformung durchgeführt wurden. Der der Kurve *4* in Abb. 57 entsprechende Werkstoff muß demnach durch eine geringe plastische Hysteresis, verbunden mit geringer Nachlängung gekennzeichnet sein. Andererseits besitzt dieser Werkstoff eine verhältnismäßig hohe elastische Dämpfung, die gegen Ende des Versuches auf einen stabilen Endwert ansteigt.

Auch die Kurve *3* der Abb. 57 läßt sich ohne weiteres deuten. Schon aus dem Kurvenbild ist zu entnehmen, daß die Gesamtdämpfung sich aus zwei Einzelkurven zusammensetzt, und zwar aus der abfallenden Kurve *1*, entsprechend der plastischen Hysteresis und der Kurve *4*, die der elastischen Hysteresis zuzuschreiben ist. Aus dem Zusammenwirken dieser beiden Kurven kann ohne weiteres ein ähnlicher Verlauf wie derjenige der Kurve *3* in Abb. 57 erhalten werden. Die Gesamtdämpfung muß also zunächst abfallend einen Tiefstwert erreichen, um anschließend steigend, einem Grenzwert zuzustreben. Bei Beginn des Versuchs zeigt also der betreffende Werkstoff eine kräftige plastische Hysteresis, die mit einer entsprechenden Nachlängung verbunden sein muß. Diese Dämpfung verschwindet jedoch allmählich, wenn die Nachlängung und damit auch die innere Verfestigung einen Endwert annimmt. Infolge dieser Verfestigung und der bei gleichbleibender Verformung steigenden Belastung, muß gegen Ende des Versuchs die elastische Hysteresis ansteigen. Dieser Werkstoff verbindet also die Eigenschaften der beiden Werkstoffe mit den Kurven *1* und *2* aus Abb. 57.

Eine ähnliche Kurve ergab sich bereits aus Modellüberlegungen, Abb. 65. Dort wurde gezeigt, daß die Querdämpfung im Laufe eines Versuchs abnehmen muß. Diese Querdämpfung muß also wenigstens zum Teil der plastischen Hysteresis zugeschrieben werden.

Neuerdings sind einige Messungen von Kahnt[1] ausgeführt worden, der die Zusammenhänge zwischen Dämpfung und Trainierung untersucht. Die Messungen wurden auf Ausschwingmaschinen für Verdrehwechselbelastung ausgeführt. Es sollte insbesondere untersucht werden, ob die Trainierung mit einer Dämpfungsabnahme verbunden ist. Für eine Stahlsorte konnte diese Frage bejaht werden, dagegen zeigten andere Stähle mit sehr deutlicher Trainierbarkeit eine zum Teil erhebliche Dämpfungssteigerung. Diese Feststellungen lassen sich zwanglos in die obigen Ausführungen einfügen.

Damit scheint die Abspaltung wenigstens eines Bestandteiles der Gesamtdämpfung durch Zuhilfenahme von Nachwirkungserscheinungen möglich zu sein. Man mißt zu diesem Zweck die bleibenden Verlängerungen etwa bei zügiger Belastung aus, wobei man zur Erleichterung der Durchführung Mittelwerte aus einer größeren Anzahl von Lastwechseln bilden kann. Die je Hub sich ausbildende bleibende Verlängerung, zusammen mit der entsprechenden elastischen Verformung, gibt einen Kennwert für diese plastische Hysteresis an. Der Vorgang ist also ganz ähnlich, wie bei der Bestimmung der Dämpfung aus Abklingversuchen. In beiden Fällen wird die Abnahme einer Kurve im Laufe eines längeren Zeitraumes ausgemessen.

Die durch die plastische Hysteresis bedingte Dämpfung muß mit steigender Belastungsfrequenz abnehmen. Ist diese Frequenz sehr klein, wird also in einem langen Zeitraum nur ein einziger Belastungswechsel, demnach praktisch ein Dauerstandversuch ausgeführt, so bildet sich in einem einzigen Belastungshub die ganze Nachlängung aus. Je schneller dagegen die Hubwechsel durchgeführt werden, desto weniger Zeit hat der

---

[1] Kahnt, H.: Z. techn. Physik Bd. 18 (1937) S. 230.

Werkstoff zur Nachlängung zur Verfügung, desto geringer ist also die je Hub sich zeigende Nachlängung. Die Dämpfung muß demnach in erster Annäherung mit steigender Frequenz linear abnehmen. Diese Dämpfung ist ein äußeres Anzeichen dafür, daß sich der Werkstoff allmählich einem stabilen Grenzzustand seines inneren Aufbaus nähert. Die zur Überführung des Werkstoffes aus einem „ungeordneten" in einen „geordneten" Zustand nötige Energie wird hierbei im Werkstoff selbst aufgespeichert, sie kann also nicht als verbrauchte Wärme in Erscheinung treten. Daraus folgt, daß die etwa durch Messung der verbrauchten Leistung bestimmte Dämpfungsarbeit nicht mit ihrem vollen Betrag zur Erwärmung des dauerbelasteten Prüfstücks beitragen kann. Erst im Laufe der Zeit wird mit allmählich fortschreitender Vergleichmäßigung des Prüfstücks die aufgewandte Arbeit völlig in Wärmeenergie umgesetzt. So stellt Ono[1] fest, daß erst im Laufe einer längeren Belastung die aufgewandte Energie völlig als Wärmeenergie wieder zum Vorschein kommt.

Aus diesen Überlegungen ergibt sich ferner, daß eine etwaige Frequenzabhängigkeit der Gesamtdämpfung von der Vorgeschichte des Werkstoffs beeinflußt wird, da mit wachsender Vorbelastungszeit das Verhältnis der verschiedenen Dämpfungsanteile mit ihrem verschiedenen Frequenzgang sich ändert.

Wie schon eingangs erwähnt, kann es sich bei diesen Betrachtungen zunächst nur um Analogieschlüsse handeln, da die Erforschung dieser Erscheinungen noch ganz im Anfang steht. Insbesondere bei der Messung der Dämpfung sind eine ganze Anzahl von Gesichtspunkten zu berücksichtigen, so daß mit den Ergebnissen von Dauerstandversuchen vergleichbare Messungen der Dämpfung nicht zur Verfügung stehen. Bei der Verwickeltheit der Gesamtfragen können derartige Überlegungen immerhin gewisse Richtlinien aufzeigen, wie die verwirrende Fülle von Einzeltatsachen unter größere Gesichtspunkte einzuordnen ist.

IV. Zur Frage der Existenz einer E-Grenze.

Eine grundlegende Frage der Werkstofftheorie findet aus diesen Überlegungen ebenfalls ihre Beantwortung, die Frage nach der Existenz einer E-Grenze. Wenn man unter E-Grenze eine solche kritische Belastungsgrenze versteht, daß nach der Entlastung auch nicht die geringste bleibende Verformung zurückbleibt, so ist diese Frage dahin zu beantworten, daß im allgemeinen ein Werkstoff eine solche E-Grenze nicht besitzt. Die tägliche Erfahrung zeigt aber, daß die bleibenden Verformungen der technischen Gebilde unter zügiger oder Dauerstandlast nach kürzerer oder längerer Zeit allmählich zum Stillstand kommen, eine etwaige Nachwirkung also einen Endwert annimmt, wenn die Last einen bestimmten Wert nicht überschreitet. Der je Zeiteinheit der Liegezeit bei Dauerstandbelastung, oder je Belastungszyklus bei zügiger Belastung sich zeigende, bleibende Verformungsrest nimmt also immer mehr im Laufe der Zeit ab, um schließlich sich dem Wert Null zu nähern. Wird jedoch diese kritische Grenzbelastung überschritten, so kommt die Nach-

[1] Ono, A.: Z. angew. Math. Mech. Bd. 16 (1936) S. 23.

längung nicht zum Stillstand, der Stab längt sich, bis er bricht. Entsprechend behält der je Zeiteinheit oder Hub sich zeigende Verformungsrest im Laufe des Versuches eine endliche Größe. Diejenige kritische Grenzbelastung, bei der die Nachwirkung gerade noch zum Stillstand kommt, bei der also der je Zeiteinheit oder Hub sich zeigende Verformungsrest auch bei sehr langer Versuchsdauer gerade noch den Wert Null erreicht, ist die gesuchte E-Grenze. Unter dieser Belastung erfüllt der Werkstoff, allerdings nicht sofort, aber immerhin nach längerer oder kürzerer Zeitdauer, die durch die Definition der wahren E-Grenze gestellten Bedingungen. Daß auch unterhalb der technischen E-Grenze gewisse Veränderungen der Eigenschaften dauerbelasteter Werkstoffe auftreten, ist bekannt. So ist nach Czochralski[1] eine merklich Nachlängung auch im unterelastischen Gebiet vorhanden. An wichtigen Konstruktionsteilen von Lokomotiven konnten danach so „weitgehende Deformationen ermittelt werden, die selbst sehr kühne Erwartungen übertroffen haben dürften. In vielen Fällen konnten die Deformationen bereits mit dem Millimetermaßstab nachgewiesen werden".

Gleichzeitig mit der allmählich zum Stillstand kommenden Nachlängung und dem Herabsinken der Differentialkurve dieser Nachlängung auf den Wert Null, müssen sich die durch einen Verformungsrest bestimmter Größe definierten, statischen Kennwerte heben; außerdem muß die Dämpfung einem Grenzwert zustreben, der für den Fall, daß keine andere Dämpfungsursache vorhanden ist, Null beträgt.

Oder umgekehrt, gäbe es keine wahre E-Grenze, so müßte ein Werkstoff bei jeder Belastung im Laufe seiner Lebensgeschichte eine noch meßbare bleibende Verformung aufweisen, die sich nicht dem Wert Null nähern kann. Die Integralkurve dieser je Belastungshub sich zeigenden bleibenden Dehnungen, also der Verlauf der Nachwirkung, kann dann nicht einem Grenzwert zustreben, sondern muß stets weiter wachsen, bis schließlich ein Bruch eintritt. Die durch bleibende Verformungsreste definierten, statischen Kennwerte müßten hierbei gleichbleiben, oder absinken, die Dämpfung müßte ihren anfänglichen Wert beibehalten, oder gegen Ende des Versuchs ansteigen.[2]

Man sieht also, daß diese wahre E-Grenze die wichtigste Kennzahl für den jeweiligen Werkstoff ist, gibt sie doch die kritische Grenzbelastung an, die gerade noch beliebig lang vom Werkstoff ertragen wird, wobei die Nachlängung einen stabilen Endwert annimmt.

Diese Überlegungen gelten aber nur dann, wenn der Werkstoff in jedem Volumelement gleiches Verhalten zeigt. Ist dies nicht der Fall, zeigt z. B. das Prüfstück infolge Kerbwirkung eine örtliche Überbelastung,

---

[1] Czochralsky, J.: Z. Metallkde. Bd. 16 (1924) S. 457.

[2] Würden also die Werkstoffe keine wahre E-Grenze im Laufe der Belastungszeit annehmen, so müßte z. B. eine Brücke bei jeder Überfahrt eines Zuges eine kleine, aber immerhin merkliche, bleibende Durchbiegung erfahren. Diese sich addierenden Durchbiegungen würden in kurzer Zeit zu einem starken Durchhang der Brücke führen. Ganz allgemein gesagt, jede beliebige, technische Konstruktion würde in kürzester Frist ohne die Existenz einer wahren E-Grenze unbrauchbar werden. Darüber hinaus kann gefolgert werden, daß ohne wahre E-Grenze der festen Stoffe die Welt und mit ihr die Menschen in ein „Plasma" versinken müßten.

so wird die E-Grenze des im Kerbvolumen liegenden Werkstoffes schon bei einer kleineren äußeren Belastung überschritten. In diesem verschwindend geringen Kerbvolumen kann also die Nachwirkung nicht mehr zum Stillstand kommen, die statischen Kennwerte müssen sinken, und die Dämpfung muß nunmehr ansteigen, trotzdem das Prüfstück im ganzen während der Belastung allmählich seine wahre E-Grenze annimmt. Da die Vorgänge in dem verschwindend geringen Kerbvolumen im Gesamthaushalt der außen meßbaren, physikalischen Größen, also Nachwirkung, bleibende Dehnung und Dämpfung, im allgemeinen unmeßbar klein bleiben, wird das Überschreiten der E-Grenze in überbelasteten Kerbzonen bei den heute üblichen Versuchen meist übersehen. Für die Haltbarkeit eines Werkstücks ist aber die Haltbarkeit des gefährdetsten Teiles desselben maßgebend.

Hieraus ergeben sich zwei Folgerungen. Die wahre E-Grenze kann grundsätzlich nur durch Dauerversuche festgestellt werden. Sie ist durch diejenige Grenzbelastung gegeben, bei der der Werkstoff gerade nicht mehr bricht. Durch gleichzeitige Beobachtung von Nachwirkung, bleibenden Verformungsresten oder der Dämpfung kann aber, wenigstens bei homogenem Werkstoff, ein Aufschluß über die jeweilige Tendenz im Verhalten des Werkstoffes gewonnen werden. Aus der Richtung dieser Kurven kann geschlossen werden, ob der Werkstoff endgültige Eigenschaften annehmen wird oder nicht. Unter Umständen kann diese Tendenz schon in wesentlich kürzerer Zeit erkannt werden, als zur Durchführung eines Belastungsversuches bis zum endgültigen Bruch nötig wäre. Damit ist also die Möglichkeit von „Kurzzeitversuchen“ zur Bestimmung der E-Grenze gegeben. Hierbei wird allerdings stets die Unsicherheit vorhanden sein, ob in verschwindend geringen Volumteilen bereits die E-Grenze überschritten ist, da die Vorgänge in diesen kleinen Volumteilen durch die aufgenommenen Kurven meist nicht zum Ausdruck kommen können.

Die wahre E-Grenze bildet sich also in einem Werkstoff erst allmählich unter einer Belastung heraus. Durch die Vorbeanspruchung wird der Kraftverlauf im Werkstoff geglättet. Hierbei ist es jedoch nicht gleichgültig, ob die Vorbelastung von Null anfangend allmählich gesteigert wird, oder aber, ob eine bestimmte Last in ihrer vollen Höhe sofort aufgebracht wird. Im ersten Fall hat der Werkstoff Zeit, sich zu vergleichmäßigen, so daß die allmählich aufgebrachte, volle Belastung bereits einen geglätteten Spannungsverlauf vorfindet. Im zweiten Fall dagegen kann durch die anfängliche Spannungserhöhung infolge des unregelmäßigen Kraftverlaufs bereits eine solche Schädigung des Werkstoffs eingetreten sein, daß die auch hier nun einsetzende Spannungserniedrigung infolge Glättung des Kraftlinienverlaufs nicht mehr ausreicht, den Stab vor einem Bruch zu schützen. Genau wie man bei der Dauerfestigkeit verschiedene Fälle unterscheiden muß, ob die Spannung allmählich sich steigernd oder sofort in voller Höhe aufgebracht wird, sind auch in bezug auf die E-Grenze mehrere Werte möglich. Die wahre E-Grenze muß also höher gefunden werden, wenn der Stab durch eine Vorbelastung zunächst Zeit hat, sich zu vergleichmäßigen, ehe die volle Last aufgebracht wird.

Es sei noch erwähnt, daß die wahre E-Grenze und damit auch die stabilen Endwerte von Nachlängung und Dämpfung nur unter der entsprechenden Last vorhanden sind. Wird diese Last weggenommen, so kann grundsätzlich eine Rückbildung eintreten. Die Nachwirkung kann also wenigstens zum Teil wieder verschwinden, womit gleichzeitig eine Senkung der statischen Festigkeitswerte und eine Zunahme der Dämpfung verbunden sein muß.

Diese wahre E-Grenze scheidet demnach, wenn man von besonderen Einwirkungen, insbesondere durch Kerbeinflüsse absieht, zulässige Belastungen, unter denen der Werkstoff schließlich ohne Bruch, zu einem stabilen Endverhalten kommt, von überelastischen Belastungen, unter denen ein Werkstoff unter Abwicklung besonderer Beziehungen der einzelnen meßbaren Größen, schließlich zu Bruch geht. Diese wahre E-Grenze stellt also für den jeweiligen Belastungsfall nichts anderes als die Dauerfestigkeit dar[1].

L. Die Durchführung von Dauerversuchen.

Zur Bestimmung der Dauerfestigkeit wird heute meist das Verfahren von Wöhler angewandt. Mehrere Probestücke werden hierbei bekanntlich jeweils mit schrittweise erniedrigter Belastung geprüft. In einem Schaubild wird die aufgebrachte, dynamische Last in Abhängigkeit von der bis zum Bruch ertragenden Lastwechselzahl eingezeichnet. Diese Wöhlerkurve fällt zunächst stark ab, um allmählich in einen waagerechten Verlauf einzubiegen. Der Abstand dieses waagerechten Kurvenastes von der Abszissenachse gibt bekanntlich die Dauerwechselfestigkeit an.

Es liegt aber nahe, Dauerversuche auch umgekehrt von tiefen zu hohen Belastungen vorwärtsschreitend durchzuführen. Ein einziges Probestück wird hierbei zunächst unter einer Beanspruchung geprüft, die sicher unterhalb der gesuchten Dauerfestigkeit liegt. Hat das Probestück einige Millionen Belastungswechsel ertragen, ohne zu Bruch zu gehen, so wird die Belastung erhöht. In dieser Weise wird fortgefahren, bis schließlich die Probe bricht[2].

Es hat sich bekanntlich herausgestellt, daß die kritische Bruchbelastung je nach dem Werkstoff bei dem letztgenannten Verfahren mehr oder weniger erhöhte Werte im Vergleich mit dem des Wöhlerschen Verfahrens annimmt. Es taucht natürlich sofort die Frage auf, welches Verfahren die „richtige" Dauerfestigkeit liefert. Heute gilt allgemein die Ansicht, daß nur das Wöhlersche Verfahren in Betracht zu ziehen ist, und daß die Ermittlung eines kritischen Belastungswertes durch stufenweise Laststeigerung an einer einzigen Probe nicht zulässig erscheint.

An Hand des Modells wurde gezeigt, daß im Laufe einer Vorbelastung allmählich eine Verringerung des Knickwinkels auftritt, die einerseits zu einer Nachlängung, andererseits zu einer Änderung der Dämpfung führt. Diese Dämpfungsänderungen können, wie an dem Modell abzuleiten ist,

[1] Späth, W.: Z. Metallkde. Bd. 27 (1935) S. 132.
[2] Späth, W.: Metallwirtsch. Bd. 15 (1936) S. 91.

verhältnismäßig verwickelt verlaufen. Gleichzeitig mit dieser Änderung der Dämpfung und der Länge, geht auch eine Änderung der inneren Belastung der Federstränge vor sich. Diese am genannten Modell abgeleiteten Anschauungen können zu einer weiteren Klärung der Bedingungen bei Durchführung von Dauerversuchen beitragen.

I. Prüfung mit absteigender Belastung.

Von vornherein kann gefolgert werden, daß die Art der Durchführung von Dauerversuchen bei Werkstoffen, die keine oder nur eine geringe Trainierung zeigen, keinen merklichen Einfluß auf die Versuchsergebnisse ausüben kann. Bei diesen Werkstoffen herrscht während des ganzen Versuchsverlaufs ein annähernd gleichbleibender, innerer Belastungszustand, gleichgültig, ob mit konstanter Belastung oder Verformung gearbeitet wird. Es herrscht daher in diesem Fall ein innerer Belastungszustand, der während des ganzen Dauerversuchs eindeutig entweder oberhalb oder unterhalb der kritischen Dauerfestigkeit liegt. In diesem Fall wird daher die Entscheidung über einen Bruch verhältnismäßig schnell erfolgen, der Knick in der Wöhlerkurve muß entsprechend schon bei verhältnismäßig niedrigen Belastungszahlen auftreten. Wie die Wöhlerkurven für verschiedene Stähle von Gillett und Mack[1] zeigen, sind die Belastungszahlen zur Entscheidung über einen Dauerbruch bei hochwertigen Stahlsorten, die im allgemeinen keine Trainierbarkeit zeigen, besonders tief. Sie bewegen sich in der Gegend von 0,5 bis 1 Million Belastungswechsel.

Ganz anders liegen dagegen die Verhältnisse an trainierbaren Werkstoffen. Zunächst muß festgestellt werden, daß nach den entwickelten Anschauungen an solchen Werkstoffen nicht nur bei Versuchen mit aufsteigender Belastung, sondern auch bei Versuchen mit absteigender Belastung (Wöhler) jeweils eine Trainierung erfolgt. Es ist daher auch bei dem Wöhlerverfahren der Einfluß der Trainierung nicht ausgeschaltet. Die innere Belastung weist daher auch hier im Anfang des Versuchs einen überhöhten Wert auf, der im Laufe des Versuchs allmählich absinkt, kenntlich an der stark ausgeprägten Änderung der Dämpfung. Der Werkstoff erfährt daher bei Beginn des Versuchs eine beträchtliche Überbelastung, die nach den Versuchen von Moore und Kommers[2] eine Erniedrigung der Dauerfestigkeit zur Folge hat. Diese Überbelastung wird im Laufe des Versuchs, allmählich abgebaut. Das Ergebnis der Dauerversuche an trainierbaren Werkstoffen wird daher von zwei Erscheinungen beeinflußt, und zwar von der erniedrigenden Wirkung der starken Überhöhung der Belastung bei Beginn des Versuchs, und von der erhöhenden Wirkung der Trainierung durch allmählichen Abbau der Spannungsspitzen. Es folgt hieraus, daß die Entscheidung über einen Dauerbruch um so früher fallen muß, je schneller der innere Belastungszustand einen Grenzwert erreicht, kenntlich etwa an dem Auftreten eines endgültigen Wertes der Dämpfung. Werkstoffe dagegen, die ihren in-

[1] Gillett, H. W. und E. L. Mack: Amer. Soc. Test. Mater. Bull. Bd. 24 (1924).

[2] Moore, H. F. und J. B. Kommers: Univ. Illinois Bull. Engng. Exp. Stat. Bd. 124 (1921) S. 112.

neren Gleichgewichtszustand erst nach sehr langer Dauerbelastung erreichen, demnach sehr lange eine Veränderung der Dämpfung zeigen, müssen entsprechend lange belastet werden, um eine Entscheidung über das Auftreten eines Bruches herbeizuführen. Je flacher die Abnahme der inneren Belastung, und damit auch der außen meßbaren Dämpfung verläuft, um so länger dauert die Entscheidung darüber, ob die aufgebrachte Belastung eindeutig über der gesuchten Dauerfestigkeit bleibt, oder ob nach sehr langer Zeit schließlich doch noch infolge Trainierung die innere Beanspruchung unter den kritischen Wert sinkt.

Diese Folgerungen aus dem Modell scheinen durch die bisher bekannt gewordenen Versuchsergebnisse gestützt zu werden. So wird bei weichen Stählen der Endwert der Dämpfung nach etwa 2 bis $5 \cdot 10^6$ Wechseln erreicht. Innerhalb dieser Zeit ist also der innere Belastungszustand gleichförmig geworden, innerhalb dieser Zeit muß daher auch die Entscheidung über das Auftreten eines Bruches fallen. Wie die oben erwähnten Kurven von Gillett und Mack und zahlreicher anderer Forscher zeigen, findet sich der Knick in der Wöhlerkurve bei weichen trainierbaren Stählen bei einer Belastungszahl von 1 bis $10 \cdot 10^6$ in Übereinstimmung mit der Zeit zur Erreichung des endgültigen Dämpfungswertes.

Bei einigen Nichteisenmetallen, wie Duralumin und Monelmetall kann bekanntlich selbst nach Aufbringen von 10^8 bis 10^9 Wechseln noch kein klares Umbiegen der Wöhlerkurve festgestellt werden. Dies ist nach den entwickelten Anschauungen ein Anzeichen dafür, daß diese Stoffe nur sehr langsam einen endgültigen inneren Zustand im Laufe eines Dauerversuches annehmen. Die Dämpfung dieser Stoffe muß daher sehr langsam sich ändern, um erst nach sehr langer Zeit einen endgültigen Wert anzunehmen. Leider konnte im Schrifttum keine entsprechende Messung der Dämpfung gefunden werden.

Aus diesen Betrachtungen ergibt sich, daß bei der Ermittlung der Dauerfestigkeit nach dem Wöhlerverfahren keineswegs klare Versuchsbedingungen zu erwarten sind, so daß beträchtliche Streuungen auftreten können, wie sie sich ja auch tatsächlich zeigen. Das Wöhlerverfahren bedeutet ferner eine große Verschwendung von Zeit und Werkstoff, die gerade bei der an sich schon langwierigen Durchführung von Dauerversuchen stark ins Gewicht fällt. Dies gilt zum mindesten für die Untersuchung von Werkstoffen, die keine Trainierung zeigen, denn hier ist die Art der Durchführung der Dauerversuche nicht von entscheidender Bedeutung.

II. Prüfung mit aufsteigender Belastung.

Wird dagegen auf ein Probestück zunächst eine verhältnismäßig kleine Belastung aufgebracht, so hat der Werkstoff Zeit, ohne Schädigung sich zu vergleichmäßigen, so daß keine Überbeanspruchungen auftreten. Wird nun die äußere Belastung erhöht, so tritt keineswegs eine entsprechende Erhöhung der anfänglichen Belastung auf. Bei weiterer Erhöhung der Dauerbelastung bis in die Nähe des kritischen Bereiches, befindet sich der Werkstoff durch die vorangegangene Vorbehandlung wenigstens angenähert in einem endgültigen Belastungszustand. Der nun einsetzende Bruchvorgang erfolgt daher jetzt unter wesentlich reineren Bedingungen als beim Wöhlerverfahren, da weder eine zeitweilige Überbelastung im Anfang des Versuches, noch eine Erniedrigung der Beanspruchung gegen Ende des Versuchs sich zeigt. Vom theoretischen Standpunkt aus erscheint daher diese Versuchsdurchführung mit aufsteigender Belastung zum mindesten erwägenswert. Der Fall liegt ganz ähnlich wie bei der Berücksichtigung der Oberflächenbeschaffenheit. Zur Beseitigung von Einflüssen der Oberfläche werden heute die Probestäbe poliert. Bei harten Stählen ist dies besonders notwendig, weil diese keine Trainierung zeigen. Bei weichen, trainierbaren Stählen sind nach den entwickelten Anschauungen durch innere Rauhigkeiten im Kraftverlauf bereits Kerbstellen vorhanden, so daß Kerbstellen an der Oberfläche keinen merklichen, zusätzlichen Einfluß ausüben können. Eine einwandfreie Versuchsdurchführung verlangt eine Vorbehandlung zwecks „Polierung der inneren Kerbstellen", die eben durch eine längere Vorbelastung erzwungen werden kann[1]. Versuchstechnisch ist die Prüfung mit aufsteigender Last wesentlich einfacher, da mit einem einzigen Probestück auszukommen ist. Die Zeit, die zur Aufbringung der niedrigen Belastungsstufen verwandt wird, geht hierbei nicht verloren, da diese gleichzeitig zur Vorbehandlung des Werkstoffes für die nächsthöhere Laststufe dient. Natürlich ist zu erwarten, daß die Anzahl der Belastungswechsel, die in den einzelnen Belastungsstufen aufzubringen sind, je nach dem Werkstoff verschieden sein muß. Die gleichzeitige Beobachtung des Verlaufs der Dämpfung wird hier gute Dienste tun, denn die Einstellung eines endgültigen, sich nicht mehr ändernden Wertes der Dämpfung ist ein Anzeichen dafür, daß der Werkstoff seinen Endzustand jeweils erreicht hat.

Aber auch die Praxis dürfte besonderes Interesse an der Versuchsdurchführung mit aufsteigender Belastung besitzen. Genau so, wie heute die hohe Dauerfestigkeit hochwertiger Stahlsorten nur durch besonders saubere Oberflächenbeschaffenheit ausgenutzt werden kann, sollte die Möglichkeit der Festigkeitssteigerung weicher Stähle durch Trainierung nicht übersehen werden. Durch eine entsprechende Vorbehandlung lassen sich Stähle mit geringen Festigkeitszahlen denen hochwertiger Stähle angleichen, deren Güteziffern im allgemeinen nur durch teure, devisenverbrauchende Legierungszusätze zu erzielen sind. Rein gefühlsmäßig beschreitet die Praxis diesen Weg, indem beim Einlaufen der Maschinen nur sehr langsam die endgültige Betriebslast aufgebracht wird. Die Konstruktionsteile haben daher Zeit, sich ohne Schädigung den Beanspruchungen anzupassen, und Überbeanspruchungen allmählich abzubauen. Man könnte aber auch daran denken, die Erhöhung der Dauerfestigkeit von wichtigen Konstruktionsteilen künstlich vor dem Einbau zu erzwingen, wobei gleichzeitig der Vorteil einer besseren Einpassung erreicht wird, da mit der künstlichen Trainierung gleichzeitig auch die Nachlängung beseitigt wird. Besonders wichtig scheint in dieser Be-

[1] Es folgt hieraus ferner, daß weiche Stähle im hochtrainierten Zustand gegenüber Verletzungen der Oberfläche, sich dem Verhalten harter Stähle angleichen müssen. Eine Bestätigung dieser Vermutung konnte im Schrifttum nicht gefunden werden.

ziehung die aus dem Modell abzuleitende Möglichkeit zu sein, eine solche künstliche Trainierung nicht nur durch Dauerwechselbelastung, sondern durch eine einfache, statisch wirkende Belastung zu bewerkstelligen ist.

M. Kurzzeitverfahren.

Schon bald nach der Erkenntnis, daß für die Haltbarkeit eines Werkstoffes seine Dauerfestigkeit maßgebend ist, beschäftigte man sich mit der Frage, ob diese gesuchte Dauerfestigkeit nicht durch „Kurzzeitversuche" wenigstens angenähert in wesentlich kürzerer Zeit bestimmt werden könnte. Die Praxis der täglichen Werkstoffprüfung empfand den hohen Aufwand an Zeit für die Durchführung von Dauerversuchen an mehreren Probestäben als geradezu untragbar. Die Bemühungen, in einem möglichst kurze Zeit benötigenden Versuch die Dauerwechselfestigkeit zu ermitteln, haben zu gewissen Erfolgen geführt, ohne daß heute jedoch die Vielheit der hiermit zusammenhängenden Fragen völlig geklärt ist.

I. Die statische Belastungsprobe als Kurzzeitversuch.

Sehr naheliegend war zunächst der Vergleich der Dauerwechselfestigkeit mit den im statischen Zerreißversuch festgestellten Festigkeitswerten. In eingehenden Untersuchungen wurde daher das Ergebnis von Dauerversuchen mit den verschiedenen statischen Kennwerten verglichen. Im folgenden soll kurz auf die wichtigsten Untersuchungen hingewiesen werden, wobei einer Zusammenstellung von Herold[1] gefolgt sei.

Danach konnte zur E-Grenze keine Beziehung gefunden werden, wie dies nicht weiter verwunderlich ist, da es sich hierbei um eine willkürliche Grenze handelt, über deren Festsetzung keine einheitliche Auffassung besteht.

Eine Beziehung zur Proportionalitätsgrenze besteht ebenfalls nicht. Durch die Untersuchungen von Moore und Kommers, R. R. Moore, Moore und Jasper, MacAdam, Lessels u. a. wurde festgestellt, daß die Schwingungsfestigkeit sowohl bei Stählen als auch anderen Metallen über der Proportionalitätsgrenze liegen kann.

Auch das Verhältnis zur Fließgrenze schwankt im allgemeinen stark. So beträgt z. B. nach Ludwik[2] die Biegeschwingungsfestigkeit von Skleron nur $^1/_3$, bei zähhart vergütetem Cr-Ni-Stahl schon über $^1/_2$, bei geglühtem Gelbtombak das 1,4fache und bei Elektrolytkupfer mehr als das Doppelte der Dehngrenze.

Beziehungen der Schwingungsfestigkeit zur Bruchfestigkeit, welche für Stähle und Nichteisenmetalle gelten sollen, konnten bisher ebenfalls nicht gefunden werden.

Bald setzten auch Bemühungen ein, durch Faustformeln eine Beziehung zwischen der Schwingungsfestigkeit und irgendwelchen Kombinationen von statischen Festigkeitswerten auf Grund der gesammelten Erfahrungen aufzustellen. Es wurden eine ganze Reihe solcher Formeln aufgestellt, auf die hier jedoch nicht eingegangen werde.

---

[1] Fußnote S. 76.

[2] Ludwik, P.: Z. öst. Ing.- u. Arch.-Ver. (1929) S. 403.

Diese Feststellungen sind zunächst sehr entmutigend. Ganz allgemein kann hier bemerkt werden, daß es aussichtslos ist, die Wechselfestigkeit mit irgendwelchen Werkstoffkennwerten des statischen Belastungsversuchs in Verbindung bringen zu wollen, die bei einmaliger Belastung im jungfräulichen Zustand des Werkstoffs erhalten wurden. Abgesehen davon, daß man nicht erwarten kann, daß die durch den Dauerversuch festgestellte Kennziffer mit willkürlich ausgewählten Kennwerten des statischen Versuchs irgend etwas zu tun hat, wird eine durchgreifende Veränderung der inneren Eigenschaften des Werkstoffs durch den Dauerversuch bewirkt. Die vielfach besprochenen, äußerlich meßbaren Vorgänge, wie Änderung der Dämpfung, Nachwirkung, Trainierung stehen in engem Zusammenhang mit entsprechenden Veränderungen der statischen Festigkeitswerte. Irgendwelche Vergleiche müssen daher zum mindesten an Werkstoffproben unternommen werden, die eine entsprechende Vorbelastung erfahren haben.

Sehr früh setzten auch Bemühungen ein, die Dauerfestigkeit durch Ermittlung bestimmter Eigenschaften des dauerbeanspruchten Werkstoffs zu finden. Insofern bedeuten diese eigentlichen Kurzzeitverfahren einen Fortschritt, als bei ihnen während des Versuchs die Proben Dauerbeanspruchungen unterworfen sind. Diese Kurzzeitverfahren bestehen im wesentlichen darin, daß mit allmählich wachsender Belastung etwaige Unstetigkeitsstellen in meßbaren Eigenschaften beobachtet werden; sie gleichen jedoch in ihrer Durchführung dem statischen Belastungsversuch, bei dem ebenfalls mit allmählich steigender Belastung die sich zeigende Verformung ermittelt wird. Da heute die Dauerfestigkeit meist nach dem Wöhlerverfahren ermittelt wird, bei dem sofort die volle Last aufgebracht wird, müssen sich schon aus dieser verschiedenen Art der Versuchsdurchführung, je nach der Trainierbarkeit der Werkstoffe, gewisse Unterschiede zwischen Kurzzeit- und Dauerversuch ergeben.

II. Das dynamische Verformungs-Belastungs-Kurven-Verfahren.

1. Stand der Technik.

Das Wesentliche dieses Verfahrens besteht darin, die dynamische Belastung des Probestückes allmählich zu steigern, bis sich eine Abweichung der Proportionalität der dynamischen Belastung von der entsprechenden Verformung zeigt. Die kritische Belastung, bei welcher sich die Abweichung einstellt, wird der Dauerwechselfestigkeit gleichgesetzt. Es handelt sich demnach um die Aufnahme von Verformungs-Belastungskurven ähnlich wie bei einem statischen Belastungsversuch, nur mit dem Unterschied, daß die jeweilige Belastung nicht ruht, sondern innerhalb der jeweiligen Scheitelwerte schwingt. Durch gleichzeitige Aufbringung einer statischen Vorlast kann das Verfahren weiter ausgebildet werden.

Dieses Verfahren wurde zuerst von Smith[1] für Zug-Druck angegeben. Es wurde dann später insbesondere von Gough[2] weiter ausgebildet, der es bei Torsionsbelastungen, rotierenden und ebenen Biegeeinrichtungen,

[1] Smith, J. H.: J. Iron Steel Inst. Bd. II (1910).
[2] Gough, H. J.: The Fatigue of Metals, London 1924.

sowie bei Zugversuchen anwandte. Eine weitere Bearbeitung dieses Verfahrens erfolgte durch Lehr[1] bei Biegemaschinen mit rotierendem Prüfstab nd durch v. Bohuszewicz und Späth[2] für Torsionsschwingungen. Die Durchführung der Messungen ist besonders einfach bei rotierenden Biegemaschinen, da die Scheitelwerte von Belastung und Verformung durch einfache statische Messungen erhalten werden. Insbesondere von Gough wurden ausgedehnte Versuchsreihen unternommen und 169 Stoffe untersucht, wobei durch Dauerversuche auf der Wöhlermaschine ein Drittel der Versuche nachgeprüft wurde. Gough kommt zu dem Ergebnis, daß für Eisenmetalle die Übereinstimmung sehr gut ist, nicht so gut dagegen für Nichteisenmetalle. Außerdem findet er, daß bei weichen Stählen die Abweichung vom geradlinigen Verlauf scharf definiert ist, während bei harten Stählen diese Abweichung sehr allmählich einsetzt, so daß große Sorgfalt und Genauigkeit zur Bestimmung der kritischen Belastung nötig ist. Lehr dagegen meint, „daß die Dehnungskurve zwar in dem charakteristischen Knick einen sehr scharf festliegenden Wert liefert, daß dieser jedoch in vielen Fällen wesentlich von der Ermüdungsgrenze abweicht". Aber auch bei Lehr zeigt sich, daß sehr häufig die Knickbelastung annähernd mit der Dauerfestigkeit übereinstimmt. Die Annahme ist daher nicht von der Hand zu weisen, daß die beschriebenen Knickstellen sehr eng mit der Dauerwechselfestigkeit zusammenhängen, und daß die festgestellten Abweichungen nicht der Meßmethode als solcher, sondern gewissen Einflüssen entweder bei der Durchführung der Dauerversuche oder aber der Kurzzeitversuche zuzuschreiben sind.

2. Beschreibung von Einzelversuchen.

Ein besonders lehrreiches Beispiel zur Erläuterung der Verhältnisse im Zusammenhang mit dem oben beschriebenen Modell stellt Kupfer dar, an dem von Gough ausgedehnte Versuche angestellt wurden. Eine erste Probe wurde in der rotierenden Maschine von Wöhler eingespannt und einem statischen Versuch unterworfen. Bei ruhendem Stab wurde hierbei die Belastung allmählich gesteigert und die jeweilige Durchbiegung beobachtet. Hierbei ergab sich die Kurve A (Abb. 79). Diese Kurve zeigt, daß schon von sehr geringen Belastungen an sich sehr hohe „plastische" Dehnungen ausbilden, ohne daß eine ausgeprägte Fließgrenze auftritt. Eine zweite, neue Probe wurde nun in die Maschine eingespannt und ein Belastungsdiagramm aufgenommen, während die Probe mit 200 U/min umlief. Die Kurve B stellt das Meßergebnis dar. Diese Kurve steigt zunächst geradlinig an, um bei einer Belastung von $\pm 5{,}5$ tons/inch mit einem plötzlichen Knick abzubiegen. Anschließend wurden Dauerversuche unternommen, die eine Dauerwechselfestigkeit von $\pm 5{,}6$ tons/inch ergaben (entsprechend 8,7 kg/mm). Es zeigt sich also eine sehr befriedigende Übereinstimmung zwischen Kurzzeit- und Dauerversuch. Auch Lehr hat hartgezogenes Kupfer untersucht und

---

[1] Lehr, E.: Die Abkürzungsverfahren zur Ermittlung der Schwingungsfestigkeit von Materialien, Diss. Stuttgart 1925.

[2] Bohuszewicz, O. v. und W. Späth: Arch. Eisenhüttenwes. Bd. 2 (1928/29) S. 249.

findet bei rotierenden Biegeversuchen eine Dauerfestigkeit von 9 kg/mm, wobei der Knick in der Dehnungskurve in Übereinstimmung mit den Versuchen von Gough scharf mit der Dauerfestigkeit übereinstimmt. Zur Vervollständigung sei noch erwähnt, daß Gough an Kupfer Hysteresisschleifen aufgenommen hat, wobei unterhalb der Dauerfestigkeit zunächst eine breite Schleife vorhanden ist, die aber nach wenigen Zyklen sehr stark zusammenschrumpft, um schließlich nach 400000 Wechseln sich zu einer geraden Linie zusammenzuziehen.

Diese Beobachtung kann man aber auch ohne weiteres aus den Dehnungslinien selbst ableiten. In Abb. 79b wurde die Dämpfung dadurch ermittelt, daß die bleibende Dehnung ins Verhältnis zur elastischen Deh-

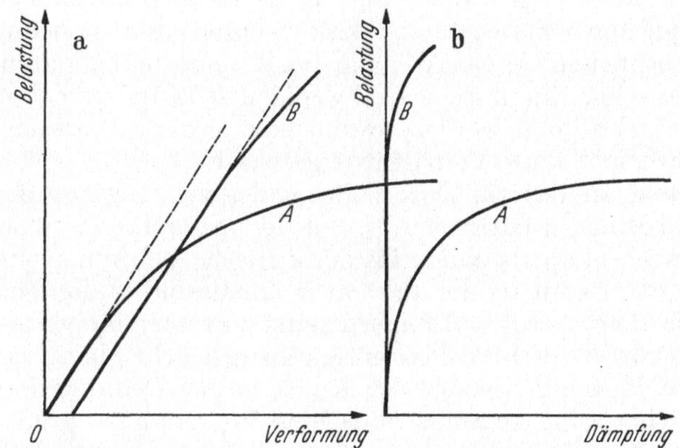

Abb. 79. Belastungskurven von Kupfer nach H. J. Gough in der Umlauf-Dauerbiegemaschine (*a*). *A* bei stillstehender Maschine; *B* bei rotierender Maschine. (*b*) Zugehörige Dämpfungskurven.

nung gesetzt wird. Bei stillstehender Maschine ergibt sich hierbei die Kurve *A*. Diese Kurve setzt schon für geringe Belastungen mit einem verhältnismäßig großen Betrag ein, um dann mit weiter wachsender Spannung sehr stark anzuwachsen. Schon unterhalb der Dauerfestigkeit ist also eine sehr hohe Dämpfung vorhanden, und es wäre unmöglich, dieser Dämpfungskurve eine kritische Belastung zu entnehmen. Bei rotierender Maschine werden schon bei den ersten Belastungen bleibende Dehnungen aus dem Werkstoff „herausgebügelt", die Dämpfung wird sehr klein und setzt mit einem meßbaren Wert erst in der Nähe der durch den Dauerversuch festgestellten Dauerfestigkeit ein[1].

Es liegt also bei Kupfer der Fall vor, daß die Gesamtdämpfung im wesentlichen durch eine plastische Dämpfung gegeben ist. Der Hauptbetrag dieser Dämpfung verschwindet aber bereits nach wenigen Belastungen, so daß schon durch die Aufnahme der Kurven eine genügend lange Vorbelastung auf den Probestab aufgebracht wird. Wenn daher die Dauerfestigkeit überschritten wird, so hat der Stab seinen endgültigen

[1] Es ist daher nicht verwunderlich, daß bei Kupfer die Dauerfestigkeit das Doppelte der in einem einmaligen, statischen Versuch ermittelten Streckgrenze betragen kann.

Zustand annähernd angenommen, und die Dehnungslinie sowohl wie die Dämpfungskurve kennzeichnen durch ihren Einsatz die Dauerfestigkeit. Allerdings wird auch bei Kupfer erst nach 400000 Wechseln der Endzustand erhalten, wobei die Dämpfung ganz auf Null zurückgeht, die Hysteresisschleife also zu einer geraden Linie zusammenschrumpft (vgl. Abb. 74). Auf jeden Fall wird der Einfluß einer etwaigen Trainierung unter diesen Umständen keine merkliche Beeinflussung des Kurzzeitversuchs ergeben können.

3. Kritisches und Verbesserungsvorschläge.

Die auffällige Übereinstimmung der Ergebnisse des Kurzzeitverfahrens mit denjenigen des Dauerversuches an Kupfer und den genannten Stählen kann nun ohne weiteres erklärt werden. Sie ist bedingt durch einen sehr schnellen Abbau der inneren Unregelmäßigkeiten, der im wesentlichen schon durch die ersten wenigen Belastungswechsel hervorgerufen wird. Dadurch werden sowohl beim Kurzzeitversuch als auch beim Dauerversuch klare Verhältnisse geschaffen[1].

Nimmt man an, daß zur Durchführung des dynamischen Belastungsversuches 15 Minuten nötig sind, so hat der Probestab etwa 30—50000 Belastungswechsel überstanden, bis der kritische Belastungspunkt überschritten wird. Damit ist der Probestab annähernd in den endgültigen Zustand überführt worden. Immerhin sind zu einer völligen Anpassung bei Kupfer etwa 400000 Wechsel nötig (Gough siehe oben), so daß eine einwandfreie Messung, bei der der Knick in der Dehnungskurve noch klarer in Erscheinung kommen muß, eine Vorbehandlung durch wechselnde Belastungen in diesem Ausmaß, entsprechend einem Zeitaufwand bei den üblichen Drehzahlen rotierender Biegemaschinen von etwa drei Stunden, nötig macht.

Durch den sehr schnellen Abbau der inneren Knickstellen wird ferner praktisch sofort ein klarer, innerer Belastungszustand geschaffen. Beim Dauerversuch entspricht daher einer außen aufgebrachten Belastung eine annähernd konstant bleibende Beanspruchung der inneren Federelemente. Diese innere Beanspruchung kommt mit großer Annäherung auch derjenigen gleich, die beim Kurzzeitversuch unter derselben äußeren Belastung im Werkstoff vorhanden war.

Werkstoffe mit einem schnell erreichten Endzustand scheinen sich auch durch eine gewisse Unempfindlichkeit gegenüber Einflüssen besonderer Art, wie Oberflächenbeschaffenheit, Korrosionseinflüsse usw. auszuzeichnen. Störende Zufälligkeiten, die eine Erniedrigung der Dauerfestigkeit im Dauerversuch ergeben würden und durch den Kurzzeitversuch nicht zu erfassen sind, können daher bei den genannten Werkstoffen keine Abweichungen verursachen.

Als Vorbedingung für eine einwandfreie Versuchsdurchführung ergibt sich daher, daß einerseits das Probestück vor der Anstellung des Kurzzeitversuches genügend lang vorbehandelt, und daß andererseits der Dauerversuch mit einwandfreier Oberflächenbeschaffenheit der Proben durch-

[1] Späth, W.: Metallwirtsch. Bd. 15 (1936) S. 726 u. 750.

geführt wird. Die erste Forderung kann je nach dem Werkstoff eine Vorbehandlung durch mehrere Millionen Belastungswechsel verlangen.

Man erkennt ferner, daß bei Nichtbeachtung dieser Forderungen Abweichungen in beiden Richtungen möglich sind. Der kritische Punkt in der Dehnungskurve wird bei zu niedrigen Werten festgestellt, wenn die Querverschiebungen sich nur langsam ausbilden und nicht durch eine Vorbehandlung beseitigt wurden. Besonders bei Werkstoffen, die eine Verzögerung der Querverschiebung zeigen, kann unter Umständen die beginnende Querverschiebung mit dem eigentlichen Fließvorgang verwechselt werden. Ferner ist zu berücksichtigen, daß im Laufe eines Dauerversuches bei den Werkstoffen mit langsam sich ausbildender Querverschiebung ein gewisser Abbau der inneren Beanspruchungen erfolgt, so daß also der im Kurzzeitversuch festgestellten äußeren Last im Dauerversuch eine geringere innere Beanspruchung zukommt. Die Dauerfestigkeit wird daher auch aus diesem Grunde unter Umständen durch den Kurzzeitversuch zu niedrig gefunden, wenn keine entsprechende Vorbelastung stattgefunden hat.

Der kritische Punkt in der Dehnungskurve wird dagegen zu hoch gefunden, oder besser gesagt, der im Dauerversuch festgestellte Wert liegt tiefer als dieser kritische Punkt, wenn die Dauerfestigkeit durch besondere Einflüsse, hauptsächlich durch Kerbwirkung von Oberflächenverletzungen zufälliger Art, erniedrigt wird.

Aus diesen Erörterungen folgt, daß Abweichungen des kritischen Punktes in der Dehnungskurve nach tieferen Werten bei weichen, geglühten Stählen, mit hoher Energieaufnahme zu erwarten sind, während Abweichungen nach höheren Werten bei harten Stählen vorausgesagt werden können, die sich durch eine besonders geringe Energieaufnahme auszeichnen. In der oben erwähnten Dissertation von Lehr sind die auf der Dauerbiegemaschine untersuchten Werkstoffe nach diesen Gesichtspunkten unterteilt, und es ist dort tatsächlich zu entnehmen, daß bei Gruppe I der kritische Punkt der Dehnungskurve stets tiefer liegt als die Ermüdungsfestigkeit, wenn er nicht mit dieser übereinstimmt. Bei den harten Stählen der Gruppe II dagegen wird der kritische Punkt beim Vorhandensein einer Abweichung zu hoch gefunden. Die Abweichungen folgen demnach durchweg den abgeleiteten Folgerungen.

Im Zusammenhang mit den bisherigen Erörterungen ergeben sich daher für die Durchführung des Dehnungsverfahrens zwei Folgerungen. Die Vorbehandlungen der für den Kurzzeitversuch bestimmten Probe muß mit möglichst langsamen Lastwechseln erfolgen, damit sich die Querverschiebungen gut ausbilden können. Auch eine rein statische Last kann hierfür genügen. Je schneller dagegen sich bei der Vorbehandlung die Belastungswechsel folgen, desto langsamer wird sich die Angleichung des inneren Kraftverlaufs an den endgültigen Zustand ausbilden.

Bei der Ausführung des eigentlichen Kurzzeitversuchs jedoch werden restliche Querverschiebungen um so weniger störend in Erscheinung treten, je schneller die Belastungswechsel sich folgen. Es ist deshalb vorteilhaft, den Kurzzeitversuch mit möglichst hoher sekundlicher Belastungszahl durchzuführen.

Es sei ferner noch darauf hingewiesen, daß die dynamische Belastungskurve nicht nur vom Werkstoff, sondern auch in hohem Maß von der Meßeinrichtung selbst abhängig ist. Bei rotierenden Dauerbiegemaschinen z. B. wird heute meist die einstellbare Belastung durch verschiebbare Gewichte erzeugt. Diese Belastungsart ist aber zur deutlichen Erfassung von kritischen Belastungen sehr ungünstig, dasselbe gilt auch für die von Wöhler selbst benutzten, verhältnismäßig weichen Belastungsfedern. Die oben beschriebene „harte" Umlauf-Biegemaschine verspricht eine wesentlich schärfere Anzeige von Unstetigkeiten im Verlauf der Durchbiegung.

III. Messung der Temperatur, Energie und Dämpfung.

1. Stand der Technik.

Das zweite wichtige Kurzzeitverfahren benutzt die Tatsache, daß bei steigender dynamischer Belastung durch innere Vorgänge ein Energieverbrauch auftritt, der zu einer Temperaturerhöhung, zu einem höheren Energieverbrauch, oder auch zu einer inneren Dämpfung führt. Diese eng miteinander zusammenhängenden Meßgrößen zeigen im allgemeinen mit steigender Belastung einen mehr oder weniger weit geschwungenen Anstieg mit der Last, um in der Nähe der Dauerfestigkeit beschleunigt zuzunehmen.

Auf Strohmeyer geht das Temperaturmeßverfahren zurück, das bekanntlich die Erhöhung der Temperatur des Probestabes mit wachsender Belastung mißt. Die Dauerfestigkeit wird dort angenommen wo ein besonders steiler Temperatursanstieg einsetzt. Mit diesem Verfahren sind von Gough, Lehr und anderen, Vergleiche mit Dauerversuchen unternommen worden. Dieses Verfahren zeigt eine besonders einfache Versuchsdurchführung, es hat aber den grundsätzlichen Mangel, daß sich ein Temperaturgleichgewicht erst allmählich einstellen kann, so daß die jeweilige Temperatur kein Bild von dem jeweiligen Zustand zu geben vermag.

Die zweite Möglichkeit, die hier einzureihen ist, besteht in der Messung der verbrauchten Leistung. Nach Dalby soll die Dauerfestigkeit dort liegen, wo die Belastungs-Dehnungskurve sich zu einer Schleife ausweitet. Lehr mißt bei der umlaufenden Biegemaschine unmittelbar die verbrauchte Leistung.

Es muß jedoch daran erinnert werden, daß die Temperatur, die Wärmeentwicklung und die verbrauchte Leistung, selbst bei gleichbleibender Dämpfung parabolisch mit wachsender Schwinggröße ansteigen müssen, so daß für genaue Messungen nur die Ermittlung der eigentlichen Dämpfung, also etwa des Dämpfungsdekrements oder des Verlustwinkels in Frage kommt, vgl. I, VIII.

2. Beschreibung von Einzelversuchen.

Alle diese Kennwerte zeigen etwa folgenden Verlauf. Bei niedrigen dynamischen Belastungen ist ein verhältnismäßig geringer Wert der betreffenden Kennziffer vorhanden, wobei es noch nicht feststeht, ob insbesondere die Dämpfung für den Grenzfall unendlich kleiner Belastung mit einem meßbaren Anfangswert einsetzt. Mit steigender Belastung wird die jeweilige Kennziffer größer, um ungefähr in der Gegend der gesuchten Dauerfestigkeit mit einem mehr oder weniger stark geschwungenen Bogen wesentlich stärker anzuwachsen. Die Schwierigkeit besteht darin, diesem gekennzeichneten Verlauf die Dauerfestigkeit zu entnehmen, da in den meisten Fällen kein ausgesprochener Knick vorhanden ist. Lehr behilft sich mit der Anlegung von Tangenten an die betreffenden Kurven, ohne jedoch damit eine allgemein befriedigende Lösung geben zu können. Immerhin kann durch Erfahrung mit großer Annäherung ein kritischer Punkt festgelegt werden, der mit der Dauerfestigkeit mehr oder weniger gut übereinstimmt, insbesondere wenn man die Eigenheiten des betreffenden Werkstoffes bereits kennt. Besonders ausführliche Vergleichsversuche von Temperaturmessungen mit Dauerversuchen wurden von Moore und Jasper durchgeführt. Bei 41 Werkstoffen wurde eine mittlere Abweichung vom Sollwert von 4,4% gefunden, während bei 7 Proben eine genaue Festlegung möglich war. Bei 25 Werkstoffen wurde die Ermüdungsgrenze zu tief, bei den restlichen Werkstoffen dagegen zu hoch gefunden. Zusammenfassend läßt sich also auch hier feststellen, daß die Ergebnisse der Kurzzeitversuche durch Messung der verschiedenen Kennwerte für die innere Energieaufnahme sehr eng mit den Vorgängen an der Dauerfestigkeitsgrenze zusammenhängen müssen, und daß die heute noch vorhandenen Abweichungen durch eingehende Untersuchung der jeweiligen Versuchsbedingungen vielleicht aufgeklärt werden können. Auch hier ergeben sich aus der Betrachtung des genannten Werkstoffmodells gewisse Fingerzeige, wie in Zukunft störende Einflüsse bei der Durchführung des Kurzzeitversuchs zu vermeiden sind.

3. Kritisches und Verbesserungsvorschläge.

Aus dem Modell wurde abgeleitet, daß die Gesamtdämpfung sich aus mehreren Dämpfungsursachen zusammensetzt. Die Querdämpfung kann schon weit unterhalb der Dauerfestigkeit eine beträchtliche Größe zeigen, während die Längsdämpfung erst bei Überschreitung der Dauerfestigkeit sprunghaft zunehmen dürfte. Besonders wichtig ist aber die Berücksichtigung der Erscheinung, daß die Querdämpfung als Folge des inneren Spannungsausgleichs im Laufe einer Belastung sehr stark abnimmt. Diese Abnahme der Querdämpfung hängt sehr eng mit dem bereits beim Dehnungsverfahren erwähnten Abbau der inneren Fehlstellen des Werkstoffes zusammen. Die sich zeigenden Schwierigkeiten sind nun dadurch bedingt, daß die außen meßbare Gesamtdämpfung sich aus diesen beiden Einzeldämpfungen zusammensetzt. Eine große Gesamtdämpfung kann daher ebensogut von einer entsprechend hohen Querdämpfung herrühren, die jedoch einen Ausdruck für die besonders hohe Trainierfähigkeit darstellt, wie auch von einer großen Längsdämpfung, die ein Anzeichen für eine Überlastung des Werkstoffes ist. Aufgabe der Untersuchung ist es, diese beiden Einflüsse zu trennen, wobei genau die gleichen Umstände zu berücksichtigen sind, wie bei der Trennung der

„plastischen“ Querverschiebungen von den eigentlichen, schädlichen plastischen Überbeanspruchungen der Federelemente. Um daher den kritischen Belastungspunkt möglichst scharf zu erhalten, muß die Probe zunächst einer Vorbehandlung unterworfen werden. Die Dauer der Vorbelastung hängt vom Werkstoff ab. Es wurde oben für Kupfer gezeigt, daß der größte Teil der Querverschiebung und damit der entsprechende Dämpfungsanteil bereits in den ersten Belastungswechseln zum Verschwinden gebracht wird. Zur restlosen Beseitigung sind aber immerhin nach den Versuchen von Gough etwa 400000 Belastungswechsel nötig. Für Stähle findet Hempel einen Grenzwert der Dämpfung, der sich erst nach etwa $2—5 \cdot 10^6$ Wechseln einstellt. Es ist daher nicht verwunderlich, daß man an dem weichen Kupfer, ähnlich wie bei harten Stählen, eine ziemlich unvermittelt von 0 ansteigende Leistungskurve erhält, da eben in diesem besonderen Fall die anfängliche Querdämpfung sehr schnell verschwindet, und lediglich noch die maßgebliche Längsdämpfung vorhanden ist, deren plötzlicher Anstieg in vollkommener Übereinstimmung mit der Durchbiegungskurve eine Dauerfestigkeit von 9 kg/mm^2 ergibt. Die Tangentenkonstruktion muß in diesem Fall falsche Werte geben.

Ganz anders liegen die Verhältnisse bei weichen Stählen, z. B. bei Siemens-Martin-Stahl. Hier brauchen die Querverschiebungen wesentlich längere Zeit zu ihrer Ausbildung, so daß bei Erreichen der kritischen Belastungsgröße noch wesentliche Beträge der Querdämpfung vorhanden sind, bzw. überhaupt nicht vollständig verschwinden. Im kritischen Belastungsbereich zeigt sich daher ein weit geschwungener Bogen der Leistungskurve, wobei nur sehr schwer zu entscheiden ist, wo der kritische Punkt angenommen werden soll. Immerhin hat in diesem Fall die Konstruktion von Tangenten insofern einen Sinn, als dadurch gefühlsmäßig die restliche Querdämpfung berücksichtigt wird. Genauer ist jedoch der kritische Punkt dadurch zu erhalten, daß die Probe eine entsprechend lange Vorbehandlung erfährt, so daß die Querdämpfung verschwunden ist, oder wenigstens ihren Endwert angenommen hat. Bei Werkstoffen mit geringem dynamischen Arbeitsvermögen zeigen sich Leistungskurven, die mit kurzem Übergangsbogen sehr steil hoch steigen. Mangelnde Trainierfähigkeit und Abwesenheit von Nachwirkungserscheinungen zeigen in diesen Fällen an, daß infolge Fehlens von Querverschiebungen auch keine Querdämpfung in nennenswertem Ausmaß vorhanden ist. Der Anstieg der Leistungskurve ist daher hier ein Anzeichen dafür, daß der Werkstoff überbeansprucht wird. Die Ansatzstelle der Leistungskurven muß daher ziemlich genau mit der Dauerfestigkeit übereinstimmen. Im Gegensatz zu den weichen Stählen ist hier keine Vorbehandlung nötig, weil eben keine Querdämpfung vorhanden ist, die den kritischen Punkt in nennenswertem Ausmaß verwischen würde.

IV. Zusammenhang von Dehnungs- und Dämpfungsverfahren.

Bei der Besprechung des Dehnungs- bzw. Dämpfungsverfahren wurden sehr enge Berührungsstellen zwischen diesen beiden Kurzzeitverfahren sichtbar. Hierüber sei nunmehr im Zusammenhang berichtet.

An Hand der Abb. 79 wurde gezeigt, daß aus der Durchbiegungskurve eine Dämpfungskurve gewonnen werden kann, wenn man die bleibende zur elastischen Dehnung in Beziehung setzt. Um den hierdurch gegebenen Zusammenhängen nachzugehen, sind in Abb. 80 die Meßergebnisse an geglühtem Werkzeugstahl nach Lehr[1] dargestellt. Man erkennt, daß die Durchbiegungslinie einen ziemlich scharf ausgeprägten Knick aufweist, der mit dem durch Dauerversuche festgestellten Wert der Dauerfestigkeit von 23 kg/mm² sehr gut übereinstimmt. Die gemessene Gesamtdämpfung dagegen setzt schon von etwa 15 kg/mm² an merklich ein, um dann in der Nähe der Dauerfestigkeit ziemlich unvermittelt wesentlich stärker anzusteigen.

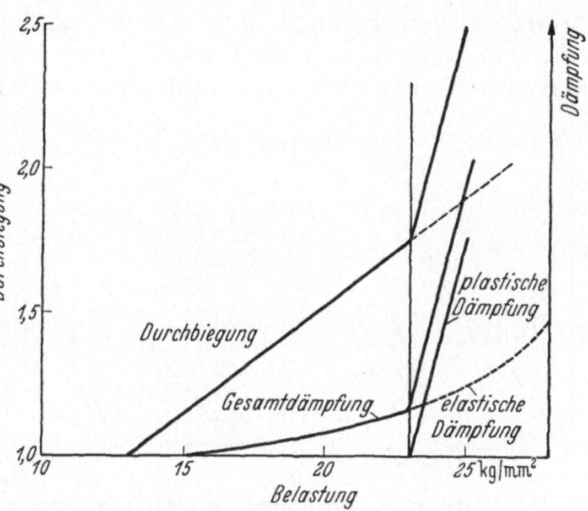

Abb. 80. Zusammenwirkung von elastischer und plastischer Dämpfung bei einem Umlaufbiegeversuch an geglühtem Werkzeugstahl.

Wenn man nun aus der Dehnungslinie in der beschriebenen Weise die entsprechende Dämpfung ermittelt, so erhält man eine Kurve, die zunächst mit der Abszissenachse zusammenfällt, um dann bei 23 kg/mm² plötzlich einsetzend, schnell hochzusteigen. Diese Kurve ist also einer bildsamen Dämpfung zuzuschreiben. Neben dieser Dämpfung ist aber eine hiervon grundverschiedene Dämpfungsursache anzunehmen, die bei etwa 15 kg/mm² sich auszubilden beginnt. Mit wachsender Belastung nimmt diese Dämpfung allmählich zu, sie kann über die kritische Belastungsgrenze von 23 kg/mm² in der in Abb. 80 gezeichneten Weise verlängert gedacht werden. Diese Dämpfung bedeutet keine Schädigung des Werkstoffs, wird sie doch im Dauerversuch ohne weiteres ertragen. Sie ist daher mit elastischer Dämpfung bezeichnet. Hierbei ist allerdings noch zu berücksichtigen, daß diese letztgenannte Kurve in Leistung gemessen ist, während die der Dehnungslinie entnommene Dämpfung den Verlustwinkel angibt, doch braucht hierauf nicht näher eingegangen zu werden, da das Grundsätzliche trotz dieser verschiedenen Kennzeichnung der Dämpfung erhalten bleibt. Die Gesamtdämpfung wird aus der Zusammenzählung dieser beiden Einzeldämpfungen erhalten, ihre Kurve zeigt nach Abb. 80 zunächst einen bei 15 kg/mm² liegenden Einsatz, ist also zunächst durch die elastische Dämpfung gegeben. Bei 23 kg/mm² setzt sehr deutlich auch in der Kurve der Gesamtdämpfung der plötzliche Anstieg ein. Diese Unstetigkeit im Verlauf der Gesamtdämpfung ist in Abb. 80 und auch bei vielen anderen Messungen im Schrifttum gut erkennbar.

[1] Lehr: Fußnote S. 76 Abb. 27.

Aus diesem Verlauf ist also umgekehrt zu entnehmen, daß mindestens zwei ganz verschiedene Dämpfungsursachen vorhanden sein müssen. Die grundsätzliche Schwierigkeit des Dämpfungsverfahrens liegt daher in der Schwierigkeit der Trennung der verschiedenen Dämpfungsursachen. Ist etwa die elastische Dämpfung in einem besonderen Fall Null, so muß die Gesamtdämpfung bei Überschreitung der Dauerfestigkeit plötzlich einsetzen. Der Ansatzpunkt der Dämpfung auf der Abszissenachse ist in diesem Fall der Dauerfestigkeit gleichzusetzen. In dem Beispiel der Abb. 80 ist außer dieser schädlichen Dämpfung eine merkliche, unschädliche Dämpfung vorhanden. Andererseits ist jedoch die schädliche Dämpfung entsprechend dem scharfen Knick in der Dehnungskurve immerhin so groß, daß der Einsatz dieser Dämpfung noch deutlich im Gesamtverlauf sich anzeigen kann. Selbstverständlich ist in diesem Fall

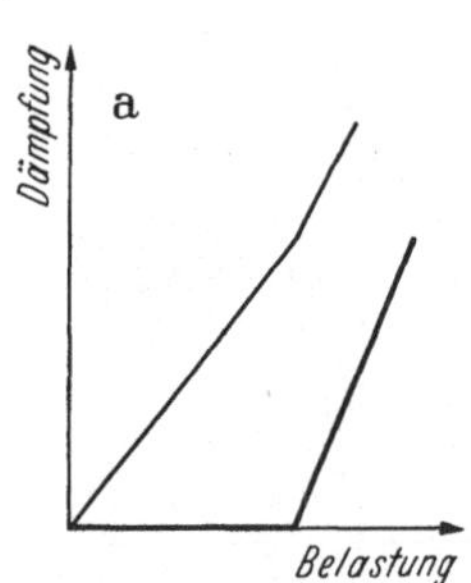

Abb. 81a. Es ist nur schädliche Dämpfung vorhanden. Der Einsatz der Dämpfung gibt die Dauerfestigkeit. Beispiele: Chromnickelstahl gehärtet und vergütet, Kupfer, Aluminium.

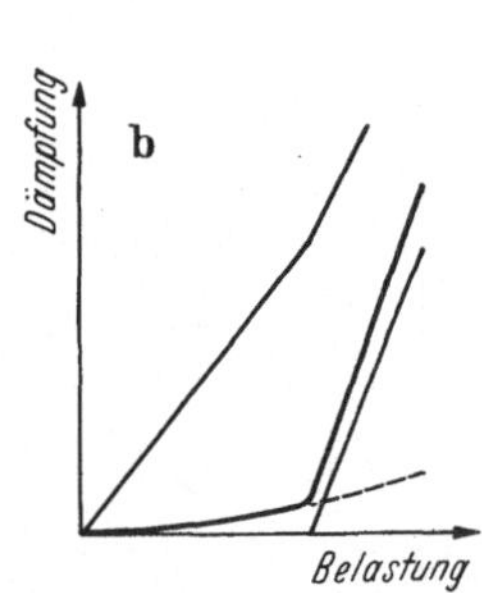

Abb. 81b. Es ist außer der schädlichen Dämpfung eine merkliche unschädliche Dämpfung vorhanden. Der Einsatz der schädlichen Dämpfung ist im Verlauf der Gesamtdämpfung noch gut erkennbar. Beispiele: Chromnickelstahl gehärtet, geglühter Werkzeugstahl.

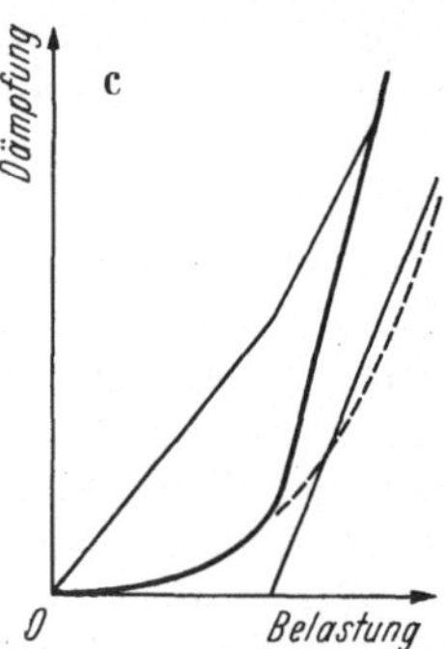

Abb. 81c. Der Einsatz der schädlichen Dämpfung wird immer undeutlicher infolge großer, unschädlicher Dämpfung. Beispiele: SM-Stahl, geglühter Federstahl, Chromnickelstahl im Walzzustand, Messing.

die kritische Belastung nicht bei der Ansatzstelle der Gesamtdämpfung auf der Abszissenachse zu suchen, sondern diese muß bei der plötzlichen Richtungsänderung der Gesamtdämpfung, die in Übereinstimmung mit dem scharf ausgeprägten Knick in der Dehnungslinie steht, angenommen werden. Je größer nun die unschädliche Dämpfung im Vergleich zur schädlichen Dämpfung ist, desto unsicherer wird die Bestimmung des maßgeblichen Dämpfungsanstiegs, da ja auch die unschädliche Dämpfung immer mehr mit wachsender Belastung ansteigt. Die Möglichkeit, aus der Gesamtdämpfung durch Auswertung der Dehnungslinie wenigstens einen Anteil abzuspalten, wird in Zukunft derartige Messungen fruchtbarer gestalten.

In Abb. 81 sind einige Fälle der Zusammenwirkung von zwei Dämpfungsursachen zusammengestellt. In Abb. 81a ist lediglich eine schädliche Dämpfung angenommen worden. Der Dämpfungsanstieg muß also genau mit dem Knick in der Durchbiegungslinie, und auch mit der Dauerfestigkeit übereinstimmen. In diesem Fall ist also keine unschädliche Dämpfung vorhanden, oder aber sie bildet sich so schnell zurück, daß sie bei

Überschreitung der kritischen Last unter den bis dahin aufgebrachten Lastwechseln verschwunden ist. Der Fall b ist dadurch gekennzeichnet, daß eine elastische Dämpfung vorhanden ist, im Verlauf der Gesamtdämpfung kommt jedoch die verhältnismäßig große schädliche Dämpfung nach Überschreitung der Knickstelle in der Dehnungslinie noch deutlich zum Ausdruck. Der Einsatz der schädlichen Dämpfung macht sich hier in einer scharfen Richtungsänderung der Gesamtdämpfung bemerkbar.

Beim dritten Fall Abb. 81c ist eine große elastische Dämpfung vorhanden, der Einsatz der später hinzutretenden schädlichen Dämpfung ist daher im Verlauf der Gesamtdämpfung undeutlicher zu erkennen.

Man sieht also, daß durch Vergleich von Dämpfungs- und Dehnungskurven weitere Fortschritte in der Erkenntnis der inneren Vorgänge wechselbelasteter Werkstoffe zu erzielen sind. Allerdings ist häufig der Knick in der Dehnungslinie nur schwach angedeutet, so daß merkliche Fehler entstehen können. Aber auch in dieser Richtung ist ein weiterer Fortschritt möglich. In Abschnitt F wurde durch Messungen gezeigt, daß die Schaubilder dieses Dehnungskurvenverfahrens weitgehend von der besonderen Ausbildung der Prüfeinrichtung beeinflußbar sind. Je härter die Prüfeinrichtung ist, desto schärfer spricht diese auf beginnende bleibende Verformungen an. Während bisher der Einsatz bildsamer Vorgänge lediglich durch eine mehr oder weniger deutliche Richtungsänderung angezeigt wird, wobei je nach der Wahl der Meßpunkte merkliche Unsicherheiten in der Bestimmung des tatsächlichen Knickpunktes auftreten können, wird nunmehr der Einsatz bildsamer Vorgänge durch einen deutlichen Spannungsabfall gekennzeichnet.

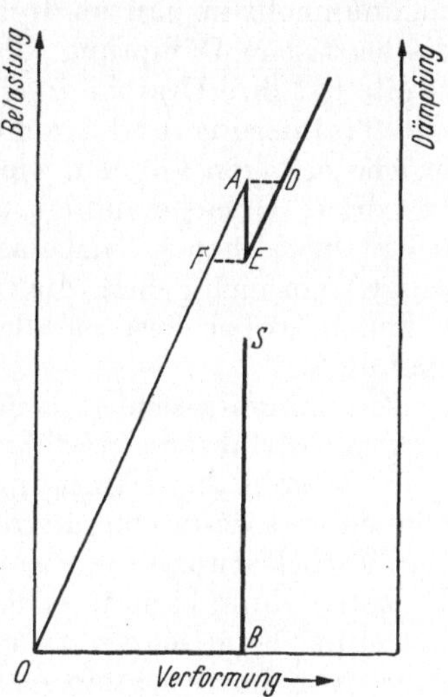

Abb. 82. Dämpfungsanstieg bei plötzlichem Fließen.

Wenn demnach die Durchbiegung zunächst bis zum Punkt A geradlinig gemäß Abb. 82 ansteigt und nunmehr ein Spannungsabfall bis E eintritt, so kann aus der Dehnung $EF = AD$ ein Wert für die Dämpfung gewonnen werden. Diese ist bis zum Punkt B Null, um dann plötzlich bis zur Spitze S hochzuschießen. Ist dieser Spannungsabfall etwa in ähnlicher Weise wie bei dem oben gezeigten Beispiel für Aluminium lediglich ein Anzeichen für eine Vergleichmäßigung des Kraftverlaufs, verbunden mit einer Nachwirkung, so muß bei einer Wiederholung des Versuchs dieser Spannungsabfall verschwunden sein. Entsprechend muß aber auch die zugehörige Dämpfung verschwinden, wie dies bei der Besprechung der Nachwirkung eingehend aufgezeigt wurde. Diese Erscheischeinung ist z. B. für ,,heat bursts" verantwortlich zu machen, womit im englischen Schrifttum die plötzlich einsetzende Erwärmung und anschließende erneute Abkühlung bezeichnet wird.

Werden nun durch die Vorbehandlung diese Unstetigkeitsstellen allmählich beseitigt und entsprechend auch die zugehörigen Dämpfungsschwankungen durchlaufen, so zeigt sich bei einem erneuten Belastungsversuch der maßgebliche Spannungsabfall, der nunmehr die Überschreitung der Dauerfestigkeit anzeigt. Die zugehörige Dämpfung kann jetzt nicht mehr allmählich verschwinden, denn bei einem erneuten Versuch wird an der gleichen oder niedrigeren Stelle wiederum ein Lastabfall gefunden. Der Werkstoff ist also jetzt endgültig überbelastet und die sich zeigende Dämpfung muß sich allmählich vergrößern, sie kann keinen stabilen Endwert erreichen.

Diese Überlegungen zeigen demnach, daß die aus der Dehnungslinie entnommene Dämpfung ihrerseits aus zwei Teilen bestehen kann, so daß sich nunmehr im ganzen drei Dämpfungsursachen ergeben. Die erste ist die elastische Dämpfung, die keinen schädlichen Einfluß anzeigt. Die zweite hat ihre Ursache in einer Umlagerung des Werkstoffs, verbunden mit Trainierung und Nachwirkung, wobei plötzliche Dämpfungsausbrüche erfolgen können, die aber bald wieder in sich zusammenfallen. Die dritte Ursache endlich ist durch die Überschreitung einer maßgeblichen kritischen Grenzbelastung gegeben, wobei unheilbare Veränderungen vor sich gehen, die in einer kräftigen Dämpfung zum Ausdruck kommen, wobei diese im allgemeinen bis zum endgültigen Bruch zunehmen muß.

Zusammenfassend läßt sich demnach der technische Stand der Abkürzungsverfahren etwa folgendermaßen umreißen:

1. Sowohl das Dämpfungs- als auch das Dehnungskurvenverfahren können erst dann endgültige Werte liefern, wenn der Werkstoff durch eine Vorbelastung in seinen endgültigen Zustand übergeführt ist. Diese Vorbehandlung kann je nach dem Werkstoff schon unter der steigenden Belastung beim Kurzzeitversuch beendet sein, sie kann aber auch Millionen von Lastwechseln nötig machen.

2. Grundsätzlich ist zu beachten, daß Kurzzeitversuche mit ansteigender Belastung, Dauerversuche aber heute ausschließlich nach dem Wöhler-Verfahren mit absteigender Belastung durchgeführt werden. Hieraus müssen sich zum mindesten bei trainierbaren Werkstoffen gewisse Unterschiede ergeben.

3. Neben einer schädlichen Dämpfung, deren Auftreten das Überschreiten der kritischen Belastungsgrenze andeutet, kann auch eine unschädliche Dämpfung vorhanden sein, die sich ihrerseits wiederum aus einer elastischen Dämpfung und einer allmählich verschwindenden Nachwirkungsdämpfung infolge Vergleichmäßigung des inneren Kraftverlaufs zusammensetzen kann. Aber auch in dem Verlauf der Gesamtdämpfung kommt der Einsatz der wirklich schädlichen Dämpfung häufig deutlich durch einen unvermittelten Dämpfungsanstieg zum Ausdruck. Meistens wird die Entnahme der Dauerfestigkeit aus Dämpfungsmessungen jedoch unsicher bleiben.

4. Das Dehnungskurvenverfahren verspricht demgegenüber einen grundsätzlichen Fortschritt, da der Einsatz bleibender, schädlicher Dämpfung nach einer Beseitigung der Nachwirkungsdämpfung klar zum Aus-

druck kommt. Aus dem Verhältnis der bleibenden zur elastischen Dehnung kann ein Maß für diese schädliche Dämpfung gewonnen werden, so daß die Gesamtdämpfung in entsprechende Anteile getrennt werden kann.

5. Die Verbesserung der Anzeige bleibender Verformungen durch entsprechende Gestaltung der Prüfeinrichtungen läßt einerseits den Einsatz bleibender Verformungen wesentlich deutlicher als bisher erkennen, andererseits kann nun die Nachwirkungsdämpfung abgespalten werden. Dämpfungsmeßeinrichtungen, die während der Prüfung sofort die Dämpfung für jeden Belastungszyklus abzulesen gestatten, werden in Zukunft die Gesamterscheinung der Dämpfung wesentlich besser erkennen lassen.

6. Durch Kurzzeitversuche kann nur ein mittlerer, idealer Wert der Dauerfestigkeit ermittelt werden, da Vorgänge in sehr kleinen Volumelementen, in denen eine Überbelastung auftritt, im Gesamthaushalt keine Rolle spielen können. Je nach der Kerbempfindlichkeit des Werkstoffes muß also unter Umständen die im Dauerversuch festgestellte Dauerfestigkeit tiefer liegen.

Immerhin sollte man sich durch die bisherigen Mißerfolge nicht entmutigen lassen und sollte der Frage der Bestimmung der Dauerfestigkeit durch Kurzzeitversuche weiter nachgehen. Die verhältnismäßig kleinen Abweichungen der tatsächlich vorhandenen Dauerfestigkeit von den im Kurzzeitversuch festgestellten Werten geben die Hoffnung, daß im Werkstoff bei Überschreitung der Dauerfestigkeit Vorgänge sich abspielen, die durch Versuche zu ermitteln sind, wenn man das Zusammenwirken der verschiedensten, oben dargestellten Einflüsse berücksichtigt. Eine endgültige Klarstellung der hiermit verbundenen Fragen würde zu einer Klärung der Vorgänge in belasteten Werkstoffen wesentlich beitragen.

V. Kurzzeitverfahren mit Vorbehandlung der Probe.

Aus den bisherigen Betrachtungen ergibt sich, daß der zu untersuchende Werkstoff erst im Laufe der Belastung endgültige Werte der meßbaren Eigenschaften annimmt. Schon die Betrachtungen der Nachwirkung, *K* III, insbesondere auch die Überlegungen nach *K* IV ergeben, daß die einem Kurzzeitversuch zugrunde liegenden, physikalischen Eigenschaften die mannigfaltigsten Veränderungen erleiden, so daß zunächst diese Veränderungen durch eine entsprechende Vorbelastung hervorgerufen werden müssen, um die endgültigen Werte zu erhalten. Gleichgültig, ob es sich um die Messung der Dämpfung, oder aber um die Ermittlung des Knickes in der Dehnungslinie handelt, stets sind nur durch eine Vorbelastung endgültige Werte zu erhalten. Die hierzu nötige Belastungsdauer kann so kurz sein, daß wie z. B. beim Kupfer schon durch die Vorbelastungen auf den niedrigen Laststufen die kritische Zone bereits mit annähernd endgültigen Werten durchschritten wird; sie kann aber auch außerordentlich lang sein, so daß zunächst ein Dauerversuch mit Millionen von Lastwechseln angestellt werden muß.

Es ist nun interessant, daß zwei Kurzzeitverfahren in der letzten Zeit beschrieben wurden, die auf diese Vorbelastung Rücksicht nehmen.

1. Verfahren von Esau und Kortum.

Esau und Kortum[1] belasten den Prüfstab auf einer Dauerprüf-Ausschwingmaschine mit stufenweise zunehmender Belastung, wobei auf den einzelnen Belastungsstufen solange gewartet wird, bis sich ein endgültiger Wert der Enddämpfung bei einem anschließenden Ausschwingversuch zeigt. Wird die Belastung weiter gesteigert, so tritt schließlich kein stabiler Endwert der Dämpfung mehr auf, die Dämpfung nimmt also dauernd zu. Die dem letzten, gleichbleibenden Dämpfungswert zugeordnete Spannung wird als Dauerwechselfestigkeit angesehen. Dieses Verhalten der Dämpfung ist ohne weiteres einleuchtend, wenn man sich daran erinnert, daß Dämpfung und Nachwirkung sehr eng zusammenhängen. Erreicht die Dämpfung nicht mehr einen stabilen Endwert, so bedeutet dies, daß die Nachwirkung nicht mehr zum Stillstand kommen kann und daher allmählich ein Bruch sich ausbilden muß. Da bei diesem Verfahren von kleinen Belastungen aufsteigend gemessen wird, andererseits bei der Bestimmung der Dauerwechselfestigkeit heute so gut wie durchweg nach dem Wöhlerverfahren mit absteigender Belastung gearbeitet wird, so müssen sich auch hier bei trainierbaren Werkstoffen gewisse Abweichungen zeigen.

2. Verfahren von Moore und Wishart.

Nach einem „Overnight Endurance-Limit-Test" genannten Verfahren von Moore und Wishart[2] werden 5 bis 6 Probestäbe vorgesehen, wobei jedes Probestück mit einer bestimmten Anzahl von Belastungswechseln vorbelastet wird. Die Höhe der Belastung wird so gewählt, daß der erste Stab sicher unterhalb der Dauerwechselfestigkeit beansprucht wird. In allmählicher Steigerung wird die Belastung für die weiteren Stäbe höher gewählt, so daß der letzte Stab mit Gewißheit oberhalb der Dauerwechselfestigkeit beansprucht wird. Nachdem eine bestimmte Anzahl von Lastwechseln aufgebracht ist, werden die Stäbe aus der Dauerprüfmaschine genommen und einem statischen Zugversuch unterworfen. Hierbei wird gefunden, daß die Zerreißfestigkeit derjenigen Proben, die unterhalb der Dauerfestigkeit beansprucht wurden, entweder unbeeinflußt oder aber erhöht ist, während die anderen Proben, in denen sich infolge höherer Dauerlast eine Ermüdung zeigt, eine erniedrigte Zerreißfestigkeit besitzen. Zeichnet man eine Kurve auf, in der als Abszisse die Zerreißfestigkeit, als Ordinate die Höhe der Dauerwechsellast aufgetragen wird, dann soll die gesuchte Dauerfestigkeit derjenigen Ordinate entsprechen, die mit dem Höchstwert der Abszisse, also der größten Zerreißfestigkeit übereinstimmt.

Bei diesem Verfahren wurde die Notwendigkeit einer entsprechenden Vorbehandlung ebenfalls erkannt. Ungünstig ist hierbei allerdings, daß die Zerreißfestigkeit als Vergleichsgrundlage herangezogen wird, denn diese hat sicher sehr wenig mit der Dauerwechselfestigkeit zu tun. Günstiger wäre es, wenn die Streckgrenze als Vergleich herangezogen würde,

[1] Esau, A. und H. Kortum: Meßtechn. Bd. 10 (1934) S. 21. — Ferner DRP. 568910.

[2] Moore und Wishart: Automot. Ind. Bd. 69 (1937) S 211.

und zwar in dem Sinne, daß die kritische Spannung ermittelt wird, bei der die vorbehandelten Proben auf einer harten Maschine einen deutlichen Spannungsabfall erstmalig aufweisen.

VI. Kurzzeitversuch und Statistik.

Es wurde gezeigt, wie in einer am Prüfstab bestimmbaren Meßgröße sehr verschiedene Einflüsse sich auswirken können. Dazu tritt noch ein weiterer Einfluß. Wenn man in einem Kurzzeitversuch irgendeine Größe in Abhängigkeit von der Belastung oder Verformung mißt, so ist man geneigt, dieses Schaubild als getreues Abbild der im Werkstoff sich abspielenden Vorgänge anzusehen. Steigt diese Kurve z. B. mit wachsender Belastung etwa allmählich an, so glaubt man damit eine bestimmte Werkstoffeigenschaft zu erfassen, die sich in jedem Volumelement in gleichartiger Weise abspielt. Die außen meßbaren Eigenschaften werden also als Summe einer großen Anzahl von gleichartigen Einzelerscheinungen aufgefaßt, die alle den gleichen Verlauf im kleinen zeigen. Man setzt also stillschweigend voraus, daß bei einer Unterteilung des Prüfstücks in beliebig kleine Elementarbereiche ähnliche Schaubilder wie am ganzen Prüfstück erhalten werden.

Wenn z. B. bei einem Zug-Druck-Versuch die verbrauchte Arbeitsleistung im ganzen Prüfstück gemessen wird, so teilt man die Gesamtleistung durch das Volumen, um den Verlauf in einem Elementarbereich zu erhalten. Man nimmt also stillschweigend an, daß, die Möglichkeit von Schwingungsversuchen an kleinen Bereichen vorausgesetzt, die hierbei gemessene Leistung in Abhängigkeit von der Belastung ungefähr das gleiche Schaubild wie beim ganzen Werkstück zeigen muß.

Diese stillschweigende Voraussetzung, die meistens bei der Betrachtung dieser und ähnlicher Kurven der Werkstoffprüfung gemacht wird, ist aber in vielen Fällen ergänzungsbedürftig. Schon im glatten Probestab, der auf Zug-Druck beansprucht wird, muß die Spannungsverteilung in den verschiedenen Volumelementen als sehr verschieden angenommen werden, da die Kraftlinien nicht parallel mit der Beanspruchungsrichtung verlaufen. Hierbei sei ganz abgesehen von der Beeinflussung einer praktisch nie ganz zu vermeidenden exzentrischen Einspannung. Die Beeinflussung der Streckgrenze z. B. zeigt, daß hierdurch eine wesentliche Beeinflussung des Fließvorgangs und damit auch der Dämpfungsvorgänge möglich ist.

Die einzelnen Bereiche werden also von dem Schwingungsvorgang sehr verschieden erfaßt, und ihr Beitrag zu der makroskopisch meßbaren Größe des ganzen Prüfkörpers muß sehr verschieden sein. Die außen meßbare Kurve ist also nicht nur von dem Verlauf der Arbeitsaufnahme in Abhängigkeit von der Spannung in einzelnen Elementarbereichen, sondern auch von der statistischen Verteilung der Beanspruchung abhängig.

Dieses Zusammenwirken von eigentlichen Werkstoffeigenschaften mit der statistischen Verteilung macht die Verfolgung von Werkstoffragen besonders schwierig. An Hand einiger ganz einfach gewählter Beispiele soll gezeigt werden, in welcher Weise diese zusammenwirken.

Ein Probestab sei in vier Teile aufgeteilt. Die verbrauchte Arbeit in einem solchen Teil sei gemäß Abb. 83a zunächst Null und steige nach Erreichen einer bestimmten Spannung A plötzlich geradlinig gemäß AB an. Es wird also angenommen, daß der Werkstoff eine ganz bestimmte kritische Spannung besitzt, bei der sprunghaft eine Änderung einsetzt. Ist die Spannung im Probestück gleichmäßig verteilt, so wird in allen vier Bereichen die kritische Spannung gleichzeitig überschritten. Als Abbild des inneren Vorganges ergibt sich also eine gerade Linie AC für den ganzen Prüfkörper, die sich aus der Zusammenzählung der vier Einzelbeträge der verbrauchten Leistung ergibt. Bemerkenswert ist, daß der plötzliche Anstieg der Leistung in der Gesamtkurve erhalten bleibt.

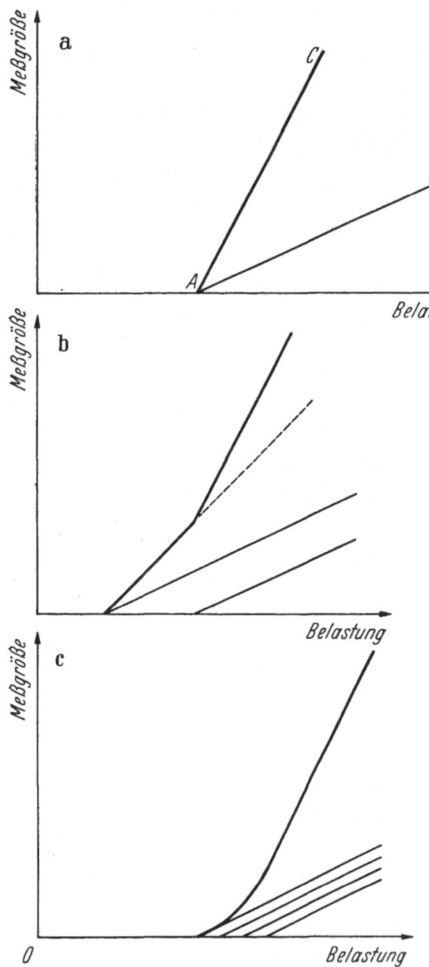

Abb. 83. Schwingungsmeßgröße in Abhängigkeit von der Verteilung der Belastung. a bei gleichmäßiger Belastungsverteilung; b bei zwei Belastungsstufen; c bei vier Belastungsstufen.

In einem zweiten Fall sei nun angenommen, daß nur die Hälfte der Teile regelmäßiges Verhalten zeigt und daß in den anderen Teilen, etwa durch ungünstige Lagerung zur Kraftrichtung eine innere Spannungserhöhung auftritt. Die Arbeitsaufnahme steigt zunächst nach Abb. 83b weniger steil als im Fall a an, dann zeigt sich mit wachsender Spannung ein Knick, an den sich ein steilerer Anstieg anschließt.

In einem dritten Fall sei angenommen, daß die einzelnen Bereiche nacheinander in kurzen Abständen gemäß der jeweiligen Spannungsverteilung ergriffen werden (Abb. 83c). Jeder Einzelbereich besitzt also auch hier eine kritische Spannung, bei der die Leistungsaufnahme plötzlich einsetzend geradlinig hochsteigt. Die Gesamtkurve der Leistung in Abhängigkeit von der außen feststellbaren mittleren Spannung steigt jedoch nunmehr in einem verhältnismäßig flachen Bogen an. Ein solcher Bogen braucht also nicht ein Abbild der inneren Vorgänge zu sein, er kann ebensogut auch aus einer größeren oder kleineren Streuung der inneren Spannung um einen Sollwert erklärt werden. Je größer die Streuung ist, desto flacher wird dieser Bogen, je kleiner jedoch die Streuung ist, desto schärfer wird sich eine besondere Werkstoffeigenschaft in dem Kurvenbild des Gesamtvorgangs ausprägen.

VII. Kurzzeitversuch und Kerbwirkung.

Es wurde schon mehrfach betont, daß die Berücksichtigung der Kerbwirkung im Kurzzeitversuch sehr schwierig ist, weil die Vorgänge in der sehr kleinen Kerbzone, also etwa die Nachwirkung, die Dämpfungsänderung und auch die Änderung der statischen Kennwerte im Gesamthaushalt der außen meßbaren Eigenschaften des ganzen Prüfkörpers nicht meßbar sind. Wenn z. B. gemäß Abb. 40 der Prüfstab in die eigentliche Kerbzone und in die daran anschließenden unverletzten Probestabenden aufgeteilt wird, so kann im allgemeinen die Dämpfungssteigerung bei Überschreitung der Dauerfestigkeit im Kerbgrund in der Gesamtdämpfung des Stabes kaum bemerkt werden. Dazu kommt, daß die Federung des Kerbvolumens mit derjenigen des ganzen Prüfstabes im gleichen Kraftfluß liegt, so daß bei der Beobachtung etwa von Nachwirkungserscheinungen oder bildsamen Dehnungen, selbst bei der Prüfung auf einer harten Maschine, die sehr weiche Eigenfederung des Prüfstabes die Vorgänge verwischt. Die im Vergleich zur Federung des Kerbvolumens sehr hohe Nachgiebigkeit des ganzen Stabes gleicht also irgendwelche plastischen Erscheinungen im Kerbgrund weitgehend aus.

Immerhin ergeben sich einige Gesichtspunkte, bei deren Berücksichtigung auch die Ermittlung des Einflusses von Kerbwirkungen möglich sein dürfte, und zwar in den Fällen, in denen eine künstliche Kerbe vorgesehen wird.

Genau so, wie in einer elektrischen Leitung die schwächste Stelle für die Durchschlagsicherheit der ganzen Leitung maßgebend ist, so ist auch bei einem mechanisch beanspruchten Werkstoff die am stärksten beanspruchte Stelle für die Haltbarkeit maßgebend. Es ist gleichgültig, ob in der Leitung oder im Werkstoff eine einzige derartige Stelle vorhanden ist, oder aber ob sehr viele solche Stellen vorgesehen werden. Wenn man demnach die Verminderung der Dauerfestigkeit durch eine Kerbe, etwa durch eine Eindrehung im Prüfstab zu ermitteln hat, so wird man vorteilhaft nicht nur eine einzige Kerbe anbringen, sondern man wird etwa ein Gewinde mit der vorgeschriebenen Kerbform auf der Oberfläche des Prüfstabes einschneiden. Ebenso kann man auch eine Vielzahl von Einzelkerben anbringen. Bedingung ist hierbei, daß die einzelnen Vertiefungen so weit auseinanderliegen, daß eine gegenseitige Beeinflussung ausgeschlossen ist. Man kann dann annehmen, daß in jeder Kerbe ungefähr der gleiche Vorgang sich abspielt. Die Summe dieser Vorgänge ist aber im Gesamthaushalt der Messung irgendeiner Größe eher feststellbar. Wird z. B. nunmehr die Dämpfung gemessen, so ist das Kerbvolumen, in dem die Dämpfung nach Überschreitung der kritischen Spannung im Kerbgrund stark ansteigt, wesentlich größer, da sich die Wirkung der einzelnen Kerben addiert. Auf diese Weise kann unter Umständen eine deutlichere Erfassung der Vorgänge in Kerben möglich sein.

Das gleiche gilt auch für die Messung etwa der Nachwirkung oder der bleibenden Verformung in Abhängigkeit von der Belastung. Die plastischen Dehnungen in den zahlreichen Kerben können sich nunmehr nicht nur wegen ihrer hohen Zahl stärker bemerkbar machen, sondern auch wegen der starken Vergrößerung des Verhältnisses von plastischer zu elastischer Dehnung der unverletzten Teile des Prüfstabes.

Hierbei muß allerdings die Einschränkung gemacht werden, daß unbekannte Kerbwirkungen, etwa durch Einschlüsse oder Fehlstellen im Werkstoff, nach wie vor sich der Messung entziehen. Stellt man aber durch die beschriebenen Versuche die Kerbempfindlichkeit eines Werkstoffes fest, so ist immerhin damit ein Anhaltspunkt dafür gegeben, in welchem Maße die Dauerfestigkeit durch unbekannte Einflüsse im einzelnen Fall herabgeworfen werden kann. Man wird dann von vornherein den betreffenden Werkstoff durch die jeweilige Kerbempfindlichkeit kennzeichnen, und so das Vorhandensein unbekannter Kerbstellen berücksichtigen können.

Ein zweiter Weg zur Untersuchung der Kerbempfindlichkeit ist dadurch gegeben, daß man die Kerbstelle allein als Probestück betrachtet. Schon an Hand der Abb. 40 wurde ausgeführt, daß als eigentliches Prüfstück nur die Kerbstelle in Frage kommt, und daß die sehr langen Prüfstabenden für die Messung nur hinderlich sind. Bei sonstigen physikalischen Messungen beschränkt man sich ebenfalls nur auf das wirklich interessierende Volumen, und man wird an dem zu untersuchenden Prozeß keine unnötigen Volumteile teilnehmen lassen.

Daraus ergibt sich für die praktische Prüfung eine wichtige Folgerung, die heute meist unbeachtet bleibt. Man beschränkt das Prüfstück in seiner Länge auf das zur sicheren Einspannung und zur Verhinderung gewisser Einspanneffekte unbedingt nötige Maß. Wenn man z. B. den Einfluß einer Bohrung in einem Stab beim statischen oder dynamischen Versuch zu untersuchen hat, so bringt man eine solche Bohrung nicht etwa in einem üblichen langen Prüfstab an, sondern man macht sowohl den gebohrten als auch den vollen Vergleichsstab so kurz wie möglich. Ebenso wird man, etwa bei der Untersuchung einer Schweißverbindung, die beiden Laschen so kurz wie irgend möglich machen.

N. Folgerungen und Forderungen.

In diesem Buche wurde versucht, die physikalischen Grundlagen der mechanischen Festigkeitsprüfung zu klären, das Gemeinsame der heute auseinanderfallenden statischen und dynamischen Forschungsrichtung aufzusuchen, und zu einer einheitlichen Werkstoffprüfung mit einheitlichen und wirklichkeitsnahen Kennwerten zu gelangen.

Es war häufig möglich, die gewonnenen Einsichten aus dem Schrifttum zu belegen und damit die sichere Grundlage für weitere Vorstöße zu gewinnen. Doch fehlen vielfach noch Versuche, die den gewonnenen Einsichten völlig angepaßt sind. Ihre Durchführung wäre sehr wünschenswert. Manche Fragen konnten nur berührt, mangels experimenteller Bestätigung aber nicht endgültig geklärt werden.

Die gewonnenen Erkenntnisse konnten in Einzelfällen schon für die praktische Werkstoffprüfung nutzbar gemacht werden, doch ist zur Erreichung des angestrebten Endzieles noch eine längere Entwicklungsarbeit nötig.

Die nachfolgende Zusammenfassung versucht, vom statischen Versuch ausgehend, die heute sich abzeichnende Entwicklung in kurzen Zügen zu skizzieren.

I. Der statische Versuch.

1. Nachteile.

Die statische Prüfung und die aus der statischen Zerreißprobe gewonnenen, statischen Festigkeitswerte haben folgende grundsätzliche Mängel:

a) Der durch den statischen Belastungsversuch zu ermittelnde Zusammenhang der Belastung mit der Verformung ist von einer Reihe von Einflüssen abhängig. Eingehend behandelt wurde der Einfluß der Eigenfederung der Prüfmaschine, der Versuchsgeschwindigkeit und der Prüfstabform.

b) Die diesem Belastungs-Verformungs-Schaubild entnommenen Festigkeitswerte, die bei bleibenden Verformungen bestimmter Größe festgesetzt werden, sind keine werkstoffbedingten Kennwerte, sondern sind völlig willkürlich gewählt. Sie hängen außerdem in der mannigfaltigsten Weise von den jeweiligen Versuchsbedingungen ab.

c) Die Bezugnahme der bleibenden Verformungsreste auf die Prüfstablänge ist unorganisch, da zwei verschiedenartige Größen in Vergleich gesetzt werden. Diese Bezugnahme ist überhaupt nur für Zug- oder Druckbelastung möglich, für andere Belastungen, wie Verdrehung und Biegung, verliert sie ihren Sinn.

d) Die zunächst nur für Eisenmetalle aufgestellten, statischen Festigkeitswerte werden auch auf Nichteisenmetalle übertragen. Diese Übertragung ist bedenklich, da infolge des verschiedenen E-Moduls dem gleichen Verformungsrest eine verschieden große, elastische Verformung entspricht.

e) Das übliche Belastungs-Verformungs-Schaubild läßt die im Werkstoff sich abspielenden Vorgänge nicht klar genug erkennen. Insbesondere ist der Beginn bleibender Verformungen nur schwer zu ermitteln.

f) Die verhältnismäßig große Prüfgeschwindigkeit des üblichen, statischen Zerreißversuchs führt, im Verein mit einer großen Eigennachgiebigkeit der heutigen Prüfeinrichtungen, zu einer Verwischung werkstoffbedingter Kennwerte.

g) Dazu treten eine Reihe von Zufälligkeiten bei der Ausführung eines statischen Versuchs, etwa unkontrollierbare Einflüsse der Einspannung, einer Außermittigkeit, von Erschütterungen u. dgl.

h) Die Durchführung der statischen Feinmessungen ist mit besonderen Schwierigkeiten verknüpft.

2. Weiterentwicklung.

Eine bessere Ausschöpfung statischer Messungen wird dadurch erreicht, daß die bleibende Verformung nicht zur Prüflänge, sondern zur elastischen Verformung dieser Prüflänge ins Verhältnis gesetzt, und dieses Verhältnis in Abhängigkeit von der Verformung oder der Belastung in einem Schaubild aufgetragen wird. Dadurch werden folgende Vorteile erreicht:

a) Dieses Verhältnis läßt kritische Vorgänge in belasteten Werkstoffen deutlicher erkennen, als das übliche Schaubild. Insbesondere zeichnen sich beginnende Abweichungen von der Proportionalität zwischen Belastung und Verformung wesentlich schärfer ab.

b) Dieses Verhältnis hat allgemeine Bedeutung, es kann nicht nur für Zug oder Druck, sondern in der gleichen Weise auch für Verdrehung und Biegung gebildet werden.

c) Dieses Verhältnis berücksichtigt ferner die verschieden große elastische Verformung bei Werkstoffen mit verschiedenem E-Modul.

In prüftechnischer Hinsicht ist der statische Zerreißversuch besonders in Richtung klarer Federeigenschaften der Prüfeinrichtungen selbst noch entwicklungsfähig. Insbesondere die Maschine mit harter Eigenfederung dürfte in Zukunft die Untersuchung beginnender Fließerscheinungen sehr erleichtern. Die Beobachtung des Spannungsabfalls derartiger Einrichtungen bei Beginn des Fließens kann die üblichen Feinmessungen ersetzen, da aus der Größe des Spannungsrückgangs ohne weiteres auf die Größe der bildsamen Verformung geschlossen werden kann. Hierbei wird der Vorteil einer Mittelbildung über alle Fasern des Prüfstabes erreicht, während die Spiegelmessungen jeweils nur eine Faser erfassen.

Grundsätzlich kann aber nicht erwartet werden, daß das Verhalten eines Werkstoffes unter den Beanspruchungen des praktischen Betriebs durch willkürlich gewählte Festigkeitswerte maßgebend zu kennzeichnen ist, die einem einzigen Belastungsversuch entnommen werden. Es wurde gezeigt, daß die heutigen statischen Festigkeitswerte geradezu naturnotwendig im Laufe der Zeit gewissen Änderungen unterworfen sein müssen, damit überhaupt aus den zur Verfügung stehenden, unvollkommenen Werkstoffen ein technisches Gestalten möglich ist. Die statischen Festigkeitswerte können daher nur Anhaltspunkte für den Vergleich gleichartiger Werkstoffe unter gleichartigen Prüfbedingungen liefern. In dieser Hinsicht dürfte der statische Zerreißversuch stets seine Bedeutung behaupten, wobei man sich jedoch stets bewußt bleiben muß, daß es sich im Grunde um einen technologischen Versuch handelt.

Sobald man jedoch den heute üblichen, statischen Festigkeitswerten darüber hinaus eine allgemeinere, wissenschaftliche Bedeutung zumißt, muß dies zu Schwierigkeiten führen. Eine Wissenschaft, deren Grundwerte eine solche Willkür und Unsicherheit bei ihrer Begriffsbestimmung und Messung in sich bergen, muß sich allmählich in eine rein beschreibende Naturbetrachtung auflösen, denn jede Beziehung dieser Grundwerte untereinander, und auch zu anderen Eigenschaften kann im allgemeinen nicht von grundsätzlicher Gültigkeit sein.

II. Die Verknüpfung von statischen und dynamischen Messungen.

Durch die Bildung des Verhältnisses von bleibender zu elastischer Verformung wird — wie ausführlich gezeigt worden ist — im Grunde genommen ein kennzeichnender Wert für die Dämpfung des Werkstoffs gewonnen. Damit ist aber eine innige Verknüpfung zwischen statischen und dynamischen Messungen gelungen. Man kann nunmehr aus statischen Feinmessungen wenigstens einen Teil der Dämpfung ermitteln, man kann aber auch umgekehrt aus dynamischen Dämpfungsmessungen die bleibenden Verformungsreste, und damit auch statische Kennwerte ermitteln. Es ist nun möglich, den statischen Festigkeitswerten nachgebildete Kennwerte auf dynamischem Wege zu bestimmen. Die dynamische Elastizitätsgrenze, die dynamische Proportionalitätsgrenze, oder auch die dynamische Streckgrenze wird bei jenen dynamischen Belastungen festgesetzt, bei denen der Prüfstab die jeweiligen Verformungsreste zeigt.

Die statische Feinmessung kann demnach durch Dämpfungsmessungen ersetzt werden, wobei manche gewichtige, meßtechnische Vorteile erreicht werden. Vor allen Dingen ermöglicht die Dämpfungsmessung eine dauernde Überwachung des unter Last stehenden Werkstoffes, während die statische Feinmessung, schon infolge ihrer Umständlichkeit, meist nur ein einziges Mal ausgeführt wird. Hierdurch wird aber ein grundsätzlicher Mangel der statischen Feinmessungen deutlich sichtbar. Durch die bei dynamischen Dämpfungsmessungen von vornherein gegebene, oftmalige Wiederholung der Belastungswechsel zeigte sich sehr bald, daß die Dämpfung von einer großen Anzahl von Einflüssen abhängig ist. Sie ist selbst unter gleichbleibenden Versuchsbedingungen keine feststehende Größe, sie nimmt aber unter Umständen nach Durchschreiten eines mehr oder weniger verwickelten zeitlichen Verlaufs einen stabilen Endwert an. Daraus folgt, daß auch andere Kennwerte, insbesondere die statischen Festigkeitswerte, naturnotwendig entsprechende Änderungen durchlaufen müssen. So kann sich erst allmählich eine „wahre Elastizitätsgrenze" im Laufe der Belastung herausbilden, bei der die Forderung nach einem auf Null zurückgehenden Verformungsrest erfüllt ist.

Der statische Zerreißversuch kann daher grundsätzlich für Dauerbelastung, also für das wirkliche Verhalten eines Werkstoffes im Betrieb, keine maßgeblichen Kennwerte liefern, weil durch die einmalige Belastung des jungfräulichen Werkstoffs nicht die endgültigen Werte erfaßt werden, die der Werkstoff erst im Laufe längerer oder kürzerer Zeit annimmt. Ein statischer Versuch muß also im Grunde genommen so lange wiederholt werden, bis keine Veränderungen mehr auftreten.

Umgekehrt kann man einen Dauerversuch auffassen als eine häufige Wiederholung von einzelnen, statischen Belastungszyklen; entsprechend stellt eine Dauerprüfmaschine im Grunde genommen eine statische Maschine dar, auf der nicht ein einziger Belastungswechsel erfolgt, sondern bei der von vornherein eine vielmalige Wiederholung solcher statischer Belastungswechsel möglich ist. Durch eine solche Wiederholung der statischen Belastung werden nach Ablauf gewisser Änderungen der verschiedensten Eigenschaften endgültige Kennwerte erfaßt. Die Verfolgung dieser Eigenschaften, insbesondere der Nachwirkung, der Dämpfung, der Dehnungskurve, aber auch von elektrischen und magnetischen Eigenschaften, gibt die Möglichkeit, während eines Dauerversuchs über den jeweiligen Stand und die Entwicklungsrichtung der Anpassung des Werkstoffs an die aufgebrachte Belastung Kenntnis zu erhalten. Insofern als aus der Richtung der betreffenden Schaubilder unter Umständen schon vor Eintritt des Dauerbruchs entschieden werden kann, ob die Dauerfestigkeit überschritten ist, sind sog. Kurzzeitverfahren möglich.

III. Statisch-dynamische Prüfeinrichtung.

Die weitere Entwicklung der Prüftechnik wird daher, unter Vereinigung der heute üblichen statischen und dynamischen Messungen, in der Schaffung einer „statisch-dynamischen" Prüfmethode gesehen. Hierbei wird auf das Prüfstück nicht nur ein einziger, statischer Lastwechsel aufgebracht, sondern es wird von vornherein eine schnelle und vielmalige Wiederholung einzelner, statischer Lastwechsel vorgesehen, unter gleichzeitiger Verfolgung der Verformungsreste durch „Feinmessungen". Durch eine solche Prüfung werden die endgültigen Eigenschaften des

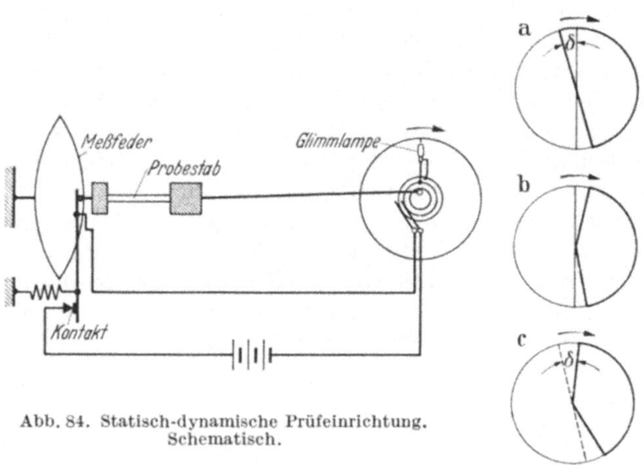

Abb. 84. Statisch-dynamische Prüfeinrichtung. Schematisch.

Werkstoffes erfaßt, die unter der Einwirkung der Belastung allmählich zum Vorschein kommen. Als wichtigste Kennziffer wird hierbei die wahre Elastizitätsgrenze ermittelt als diejenige kritische Belastungsgrenze, unter der der Werkstoffe gerade noch stabile Endwerte der verschiedenen Meßgrößen, insbesondere der Dämpfung und der Nachlängung annimmt.

Dieses Verfahren läuft also im Grunde genommen auf eine Dauerprüfung hinaus. Während jedoch bisher bei der Durchführung von Dauerversuchen die Dämpfung sozusagen nebenbei aus einem gewissen, wissenschaftlichen Interesse heraus bestimmt wurde, kommt nunmehr dieser Größe und ihrer Ermittlung eine grundlegende Bedeutung zu.

Eine auf diesen Überlegungen sich aufbauende Prüfeinrichtung sei kurz beschrieben. Hierbei soll nur das Wichtigste gekennzeichnet werden, wobei die praktische Ausführung im einzelnen sehr verschiedene Wege gehen kann.

Zunächst einige Worte über die Wahl der Arbeitsfrequenz, mit der auf dieser Maschine die einzelnen statischen Belastungszyklen folgen sollen. An sich ist es wünschenswert, die Belastungsfrequenz möglichst hoch zu wählen. Andererseits wird man jedoch eine solche Maschine nur so schnell laufen lassen, daß alle Störungen, insbesondere die Einflüsse der Massenträgheit, mit Sicherheit vermieden werden.

In Abb. 84 ist eine statisch-dynamische Prüfeinrichtung für Zug-Druck schematisch skizziert. Der Prüfstab ist in zwei Spannköpfen eingespannt, wobei der linke Spannkopf mit einer Meßvorrichtung für die Belastung verbunden ist. Diese Meßvorrichtung ist durch einen Federbügel angedeutet. Der rechte Spannkopf werde etwa durch eine Kurbelstange hin- und herbewegt, die ihren Antrieb durch einen außermittigen Bolzen auf einem Schwungrad erhält. Die ganze Einrichtung sei so stabil gebaut, daß ihre Eigenverformungen zu vernachlässigen sind.

Als Meßvorrichtung für die Dämpfung, bzw. für die Verformungsreste, ist eine Phasenmeßvorrichtung gemäß obiger Beschreibung vorgesehen. Durch die Kraftmeßeinrichtung wird ein um einen festen Drehpunkt schwenkbarer Hebel betätigt, der durch eine Feder fest gegen einen Anschlag gedrückt wird. Dieser Hebel trägt ferner einen Kontakt, der mit einem festen, aber einstellbaren Kontakt gerade zur Berührung kommt, wenn die Belastung Null ist. Durch diese Kontaktvorrichtung wird der Strom einer Batterie geschlossen, der über Bürsten und Schleifringe einer Glimmlampe zugeführt wird. Diese Glimmlampe ist in einer Bohrung des Schwungrades befestigt und liegt auf dem gleichen Radius mit dem außermittigen Bolzen.

Wird das Schwungrad in der eingezeichneten Pfeilrichtung in Umdrehung versetzt, so erfährt der Probestab eine Zugbelastung. Hierbei wird die Meßfeder gespannt, der Kontakt bleibt geschlossen. Hat nun die Last ihren Höchstwert erreicht und nimmt anschließend diese wieder ab, so wird der Kontakt geöffnet, wenn die Belastung durch Null hindurchgeht. Die Lampe brennt demnach auf dem rechten Halbkreis, sie bleibt dunkel auf dem linken Halbkreis. Während des Laufs der Maschine erscheint auf dem rechten Halbkreis des Schwungrades ein leuchtendes Band, dessen Enden scharf ablesbar sind. Dies gilt für elastische Verformungen. Wird nun die Last erhöht, so soll, beginnend beim Zugversuch, eine bleibende Verformung auftreten. Der Prüfstab erfährt also eine Längung, die beim Kraftdurchgang durch Null sich noch nicht zurückgebildet hat. Der Exzenter hat daher noch nicht seine unterste Stellung in diesem Augenblick erreicht, die Lampe wird also früher erlöschen. Beim sich anschließenden Druckversuch bleibt entsprechend eine Verkürzung des Stabes zurück, die Lampe wird entsprechend früher gezündet, da im Augenblick des Kraftdurchgangs durch Null das Schwungrad noch nicht seine Nullstellung erreicht hat. Der Durchmesser, auf dem Zünden und Löschen der Glimmlampe liegen, wird sich also um einen bestimmten Winkel δ gegen die Null-Lage drehen (Abb. 84a). Dies ist der Verlustwinkel, aus dem die Dämpfung und auch die Größe des jeweiligen Verformungsrestes zu bestimmen ist. Man kann also für jeden Belastungshub sofort den jeweiligen Verformungsrest ablesen, d. h.

also, man kann nun eine Reihe von einzelnen, sich folgenden, statischen Belastungszyklen mit gleichzeitiger Feinmessung durchführen.

Meist wird während eines solchen Versuchs eine Veränderung der Länge des Prüfstabes auftreten, sei es wegen Erwärmung, oder aber infolge Nachwirkungserscheinungen. Eine Längung des Prüfstabes ergibt die Abb. 84b, wenn keine Dämpfung vorhanden ist. Bei einer Verkürzung des Stabes wird ein hierzu symmetrisches Bild sich zeigen. Ist nun außer der Längung gleichzeitig eine Dämpfung vorhanden, so wird sich ein Zündbild nach Abb. 84c zeigen. Legt man einen Durchmesser so, daß er mit den beiden Radien einen gleichen Winkel δ einschließt, so wird dadurch eine Trennung der Einflüsse von Nachlängung und Dämpfung erreicht.

Durch Versuche konnte nachgewiesen werden, daß die Lampe zu ihrer Zündung etwa einen Kontakthub von $^1/_{1000}$ mm benötigt, so daß eine genügende Empfindlichkeit erreicht wird. Die Genauigkeit kommt zum mindesten derjenigen von statischen Feinmessungen gleich. Nach der Tabelle S. 128 beträgt der Verlustwinkel für den betreffenden Stahl an der 0,001%-Grenze 0,0073. Dies entspricht bei einem Radius des Schwungrades von 500 mm einer Verschiebung von 3,6 mm. Wenn man also die Wechsellast allmählich steigert, so dreht sich hierbei der Zünddurchmesser aus seiner senkrechten Nullstellung entgegen zur Drehrichtung des Schwungrades. Wenn die 0,001%-Grenze erreicht wird, so beträgt die Verschiebung der Zündstelle, auf dem Umfang des Schwungrades gemessen, 3,6 mm. Für die Streckgrenze des genannten Stahles dagegen ergibt sich ein Verlustwinkel nach statischen Messungen von 0,36. Entsprechend wandert die Zündstelle auf dem Umfang des Schwungrades um 180 mm aus.

Will man also die dynamische Streckgrenze etwa im Zug-Druck-Versuch ermitteln, so wird die Last solange gesteigert, bis diese Auswanderung von 180 mm eingetreten ist. Läßt man nun die Maschine eine Zeitlang laufen, so erkennt man sofort, ob die Dämpfung und damit auch der Verformungsrest größer oder kleiner wird, man kann also feststellen, ob die dynamische Streckgrenze durch die Dauerbelastung gesenkt oder gehoben wird. Bei der Untersuchung von Kupfer z. B. kann man also gemäß den durch die Abb. 79 dargestellten Vorgängen sofort ein schnelles Zurückwandern der Zündlage zur Nullstellung beobachten. Eine solche Maschine ist in Vorbereitung.

IV. Der statisch-dynamische Festigkeitswert.

Durch einen sehr häufig wiederholten statischen Belastungszyklus gehen also im Werkstoff gewisse Veränderungen vor sich, nach deren Ablauf die endgültigen Eigenschaften zum Vorschein kommen. Insbesondere besteht eine kritische Grenzbelastung, unter der gerade noch die außen meßbaren Eigenschaften stabile Endwerte annehmen. So kommt bei zügiger Belastung unter einer bestimmten Grenzlast z. B. die Nachlängung gerade noch zum Stillstand, wobei der jeweilige Verformungsrest immer kleiner werden muß, bis er schließlich Null wird. Der Werkstoff muß also nach genügend langer Wiederholung von statischen Belastungszyklen ein durch die Definition der E-Grenze vorgeschriebenes Verhalten zeigen, wenn überhaupt ein technisches Gestalten möglich sein soll. Die maßgebliche Festigkeitszahl des oft wiederholten statischen Belastungsversuchs ist also die wahre Elastizitätsgrenze. Unter dieser kritischen Last kann der Werkstoff ohne Bruch eine beliebige Anzahl von Lastwechseln ertragen.

Diese wahre E-Grenze entspricht also der im Dauerversuch festgestellten Dauerfestigkeit. Die statische und die dynamische Forschungsrichtung besitzen im Grunde genommen einen einheitlichen und einzigen, wirklichkeitsnahen Kennwert.

Der sehr oft wiederholte statische Versuch kann als Kurzzeitversuch angesehen werden, bei dem aus dem Verlauf der außen meßbaren Eigenschaften wie Nachlängung, Verformungsrest, Dämpfung u. a. auf ein stabiles Endverhalten ohne Bruch geschlossen werden kann.

Allerdings ist hierbei die Einschränkung zu machen, daß in den stabilen Endwerten nur ein Mittelwert zu erfassen ist. In sehr kleinen Bereichen auftretende Überbelastungen, etwa infolge Kerbwirkung, können im allgemeinen nicht erfaßt werden, da dies im Gesamthaushalt der meßbaren Eigenschaften sich nicht bemerkbar machen kann. Es wurde gezeigt, daß immerhin auch in dieser Richtung noch Fortschritte zu erreichen sein werden.

Der bis zum endgültigen Bruch wiederholte, statische Belastungsversuch, also der dynamische Dauerversuch, wird daher die letzte Instanz sein, wenn die wahre E-Grenze und damit die Dauerfestigkeit eines überbelasteten Elementarbereichs festgestellt werden soll, da durch eine solche schwächste Stelle die praktische Haltbarkeit eines ganzen technischen Gebildes bestimmt ist.

Theorie und Praxis der Schwingungsprüfmaschinen. Anleitung zur Ausführung und Auswertung dynamischer Untersuchungen mit Hilfe künstlicher Erschütterungen. Von Dr. phil. **Wilhelm Späth,** Berat. Ingenieur. Mit 48 Textabbildungen. VI, 98 Seiten. 1934. RM 12.—

Die Dauerprüfung der Werkstoffe hinsichtlich ihrer Schwingungsfestigkeit und Dämpfungsfähigkeit. Von Prof. Dr.-Ing. **O. Föppl,** Braunschweig, Dr.-Ing. **E. Becker,** Ludwigshafen, und Dipl.-Ing. **G. v. Heydekampf,** Braunschweig. Mit 103 Textabbildungen. V, 124 Seiten. 1929. RM 8.55

Die Dauerfestigkeit der Werkstoffe und der Konstruktionselemente. Elastizität und Festigkeit von Stahl, Stahlguß, Gußeisen, Nichteisenmetall, Stein, Beton, Holz und Glas bei oftmaliger Belastung und Entlastung sowie bei ruhender Belastung. Von **Otto Graf.** Mit 166 Abbildungen im Text. VIII, 131 Seiten. 1929. RM 12.60; gebunden RM 13.95

Die Brinellsche Kugeldruckprobe und ihre praktische Anwendung bei der Werkstoffprüfung in Industriebetrieben. Von **P. Wilh. Döhmer,** Schweinfurt. Mit 147 Abbildungen im Text und 42 Zahlentafeln. VI, 186 Seiten. 1925. Gebunden RM 16.20

Riebensahm-Traeger, Werkstoffprüfung (Metalle). Zweite, erweiterte Auflage von Prof. Dr.-Ing. **P. Riebensahm,** Berlin. (Werkstattbücher, Heft 34.) Mit 97 Abbildungen im Text. 66 Seiten. 1936. RM 2.—

Kerbspannungslehre. Grundlagen für genaue Spannungsrechnung. Von **H. Neuber.** Mit 106 Abbildungen im Text und auf einer Tafel. VII, 160 Seiten. 1937. RM 15.—

Deutsche Austausch-Werkstoffe. Von Prof. Dipl.-Ing. **H. Bürgel** VDI, VAM, Chemnitz. (Schriftenreihe Ingenieurfortbildung, 2. Heft.) Mit 84 Abbildungen und 23 Zahlentafeln. VIII, 154 Seiten. 1937. RM 6.60

Wissenschaftliche Abhandlungen der Deutschen Materialprüfungsanstalten (früher: Sonderhefte der Mitteilungen der Deutschen Materialprüfungsanstalten).

(Sonderprospekt kostenlos.)

Meßgeräte im Industriebetrieb. Von **G. Wünsch,** Berlin, und **H. Rühle,** Berlin. Mit 371 Textabbildungen. VII, 315 Seiten. 1936. Gebunden RM 26.70

Zu beziehen durch jede Buchhandlung